建筑工程计量与计价（第2版）

JIANZHU GONGCHENG JILIANG YU JIJIA

国家开放大学造价课程组 编

国家开放大学出版社·北京

图书在版编目（CIP）数据

建筑工程计量与计价/国家开放大学造价课程组编．—2版．—北京：国家开放大学出版社，2023.1

ISBN 978-7-304-11729-0

Ⅰ.①建… Ⅱ.①国… Ⅲ.①建筑工程—计量—开放教育—教材②建筑造价—开放教育—教材 Ⅳ.①TU723.3

中国版本图书馆 CIP 数据核字（2022）第 254298 号

建筑工程计量与计价（第 2 版）

JIANZHU GONGCHENG JILIANG YU JIJIA

国家开放大学造价课程组 编

出版·发行：国家开放大学出版社

电话：营销中心 010-68180820　　总编室 010-68182524

网址：http://www.crtvup.com.cn

地址：北京市海淀区西四环中路 45 号　　**邮编**：100039

经销：新华书店北京发行所

策划编辑：陈艳宁　　**版式设计**：何智杰

责任编辑：王东红　　**责任校对**：张 娜

责任印制：武 鹏 沙 烁

印刷：三河市鹏远艺兴印务有限公司

版本：2023 年 1 月第 2 版　　2023 年 1 月第 1 次印刷

开本：787mm×1092mm 1/16　　**印张**：16　**字数**：361 千字

书号：ISBN 978-7-304-11729-0

定价：38.00 元

（如有缺页或倒装，本社负责退换）

意见及建议：OUCP_KFJY@ouchn.edu.cn

Preface | 前　言

本书是国家开放大学开放教育建设工程管理和工程造价等相关专业系列教材之一，根据国家开放大学“建筑工程计量与计价”课程的教学大纲编写。

本书主要依据《建设工程工程量清单计价规范》（GB 50500—2013）、《房屋建筑与装饰工程工程量计算规范》（GB 50854—2013）、《建筑工程建筑面积计算规范》（GB/T 50353—2013）、2021 年《北京市建设工程计价依据——预算消耗量标准》（京建法〔2021〕11 号）中的“房屋建筑与装饰工程”、《住房城乡建设部 财政部关于印发〈建筑安装工程费用项目组成〉的通知》（建标〔2013〕44 号）等文件的内容编写而成。

本书以 2021 年《北京市建设工程计价依据——预算消耗量标准》中的“房屋建筑与装饰工程”为基础，对定额计价的工程量计算规则进行了详细讲解，阐述了工程量清单的编制和工程量清单的计价方法。同时，本书以一个完整的工程招标控制价编制实例讲解了工程造价的计算过程，让学生能够按照“列项、计量、组价、计费”的顺序进行房屋建筑与装饰工程的计量与计价。另外，本书中还列举了大量例题和工程实例，使内容更贴近工程造价领域的运行模式，体现教学内容的实用性和先进性。

本书的策划、设计、编写由国家开放大学造价课程组完成，国家开放大学李淑任课程组组长，北京工业职业技术学院张丽丽担任主编，北京工业职业技术学院王璿和乔素燕担任副主编。本书的具体编写分工如下：李淑编写了单元 1 的 1.4 和 1.5 的内容，王璿编写了单元 4 的 4.2 至 4.8 的内容，乔素燕编写了单元 4 的 4.1 和各单元引例部分的内容，其余内容由张丽丽编写。

由于编者知识水平有限，书中难免存在疏漏之处，敬请广大读者批评指正。

编者

2022 年 11 月

Contents | 目　录

本书课程思政元素

教师可根据下表中的内容导引、思考问题和课程思政元素，引导学生进行思考或展开研讨。

序号	单元	内容导引	思考问题	课程思政元素	页码
1	单元 1	引例　北京大兴国际机场	北京大兴国际机场的造价是如何确定的	大国风范、工匠精神	P2
2	单元 2	引例　《营造法式》	我国现阶段存在的建筑工程定额有哪些；这些建筑工程定额应如何使用	中国古建筑文化、工匠精神、规范意识	P26
3	单元 3	引例　国际工程造价计价模式	如何参照国际惯例、规范及常规做法来确定工程造价呢	规范意识、长远发展	P53
4		3.2.7　工程量清单示例	如何进行工程量清单的编制	规范意识、实战能力	P63
5	单元 4	引例　建筑面积计算争议	建筑面积计算规则有哪些；如何利用规则进行计算呢	规范意识、工匠精神	P82
6		引例　因工程量计算不准确引起结算时的造价争议	如何快速、准确计算工程量；计算工程量时需要考虑哪些因素	规范意识、社会责任、工匠精神	P83
7		4.3　知识链接	新型墙体材料应用后如何计量与计价	党的二十大报告指出，要实施全面节约战略，发展绿色低碳产业，倡导绿色消费，加快发展方式绿色转型	P120
8		4.4　知识链接	装配式建筑的构件如何计量与计价	党的二十大报告提出，“积极稳妥推进碳达峰碳中和”	P139
9	单元 5	引例　A 公司虚增建筑安装成本事件	建筑安装工程费用由哪些项目组成；建筑安装工程费用中的哪些费用不可作为竞争性费用；作为工程造价从业人员应该如何做到在遵守职业道德和国家法律法规的前提下进行建筑安装工程费用的计算	法律意识、规范意识、道德意识	P205
10	单元 6	招标控制价编制实例	如何进行招标控制价的编制；规费、税金能否让利	规范意识、实战能力	P222

本书动画资源

教师和学生可配合下表中的动画资源，进行“单元4　房屋建筑与装饰工程量计算”中相应部分内容的教学和学习。

序号	名称	二维码	内容
1	动画：建筑面积的计算		依据中华人民共和国住房和城乡建设部颁布的《建筑工程建筑面积计算规范》（GB/T 50353—2013），进行某别墅建筑面积计算
2	动画：土方工程计量列项计算		依据《房屋建筑与装饰工程工程量计算规范》（GB 50854—2013），进行土方工程量计算时土方的列项内容
3	动画：混凝土带形基础列项计算		依据2021年《北京市建设工程计价依据——预算消耗量标准》中的“房屋建筑与装饰工程”的规定，讲解带形基础的混凝土及模板的工程量计算
4	动画：构造柱、圈梁、过梁列项及工程量计算		依据2021年《北京市建设工程计价依据——预算消耗量标准》中的“房屋建筑与装饰工程”的规定，讲解构造柱、圈梁、过梁的混凝土及模板的工程量计算
5	动画：现浇混凝土柱、梁、板列项计算		依据2021年《北京市建设工程计价依据——预算消耗量标准》中的“房屋建筑与装饰工程”的规定，讲解柱、梁、板的混凝土及模板的工程量计算
6	动画：块料楼地面工程量计算		依据2021年《北京市建设工程计价依据——预算消耗量标准》中的“房屋建筑与装饰工程”的规定，讲解块料楼地面的工程量计算

本书视频资源

教师和学生可配合下表中的视频资源，进行相应部分内容的教学和学习。

序号	名称	二维码	序号	名称	二维码
1	听老师讲：工程建设基础知识		9	听老师讲：混凝土工程相关知识及列项	
2	听老师讲：建筑工程计量与计价概述		10	听老师讲：门窗工程量计算	
3	听老师讲：工程造价的计价模式		11	听老师讲：屋面工程工程量计算	
4	听老师讲：工程量计算的基本原理		12	听老师讲：楼地面工程量计算	
5	听老师讲：层高与檐高		13	听老师讲：天棚装饰工程量计算	
6	听老师讲：建筑面积计算		14	听老师讲：墙面抹灰及涂料面层工程量计算	
7	听老师讲：土方工程相关知识及列项		15	听老师讲：工程水电费及措施项目工程量计算	
8	听老师讲：砌筑工程相关知识及列项				

单元1 UNIT 1

建筑工程计量与计价相关知识

本单元共包括5个知识点，约需要6个小时的有效时间来学习，学习周期为1.5周。

学习目标

知识点	教学目标	技能要点
1. 工程建设基础知识； 2. 建筑工程计量与计价概述； 3. 工程造价的计价模式； 4. 工程量计算的基本原理； 5. 层高与檐高	1. 了解建筑业、建筑产品的相关知识； 2. 理解建筑工程计价的概念、特征、分类，掌握两种计价模式的区别； 3. 掌握工程量计算的顺序； 4. 掌握层高与檐高计算方法	1. 能正确分解建设工程项目； 2. 能按工程建设的不同阶段进行工程造价分类； 3. 能对给定的案例指出其所采用的计价方法； 4. 能依据具体工程选用工程量计算顺序； 5. 能正确计算出建筑物的层高和檐高

引例　北京大兴国际机场

北京大兴国际机场（见图1-1）于2019年9月25日正式投入运营，为4F级国际机场、世界级航空枢纽、国家发展新动力源。从空中俯瞰，整座大兴国际机场就像一只凤凰，它那五条长廊就如同凤凰的尾巴一般，在中国大地上缓慢展开。作为迄今为止世界上最大的机场，北京大兴国际机场被西方媒体称为“新世界七大奇迹”之首，被视为不可能完成的任务。投入运营时，这座大型国际机场创造了多项世界之最：世界规模最大的单体机场航站楼、世界施工技术难度最高的航站楼、世界最大的采用隔震支座的机场航站楼、世界最大的无结构缝一体化航站楼。

图1-1　北京大兴国际机场

截至2021年2月，北京大兴国际机场航站楼面积为78万平方米；民航站坪设223个机位，其中76个近机位、147个远机位；有4条运行跑道，东一、北一和西一跑道宽60米，分别长3 400米、3 800米和3 800米，西二跑道长3 800米，宽45米，另有3 800米长的第五跑道作为军用跑道；至2025年，可满足旅客吞吐量7 200万人次、货邮吞吐量200万吨、飞机起降量62万架次的使用需求。

这个耗时不到5年的“新世界七大奇迹”之首的背后，凝聚了无数建设者辛勤的汗水和智慧，铸就了中国民航的时代丰碑，向世界展现了中国工程建筑的雄厚实力，彰显了中国的大国风范。自2014年12月北京大兴国际机场开工以来，针对每一个项目、每一个工程，机场建设者都力求高标准、高质量地完成，以工匠精神推进精细化管理，以创新精神推进新技术、新工艺的应用。

思考：据了解，北京大兴国际机场是世界上投资规模巨大的机场之一，总投资高达4 500亿元，那么北京大兴国际机场的造价是如何确定的？

本单元导读

在开启建筑工程计量与计价课程的学习之前，我们需要首先了解工程建设的基础知识，包括工程建设概念、基本程序和项目划分的方法；了解建筑工程计量与计价的相关概念，工程造价的计价模式，工程量计算的基本原理等，以便为后面的学习打下良好的基础。

听老师讲：工程建设基础知识

1.1 工程建设基础知识

1.1.1 工程建设的概念

工程建设是指固定资产扩大再生产的新建、扩建、改建、恢复工程及与之相关联的其他工作，其中新建和扩建是工程建设的主要形式。工程建设是一种综合性的经济活动，即把一定的建筑材料、设备通过购置、建造与安装等活动转化为固定资产的过程，以及与之相关联的工作，如征用土地、房屋拆迁、勘察设计、培训职工、工程监理等。

国家强调要充分发挥现有企业的作用，有计划、有步骤、有重点地对现有企业进行以改进技术、增加产品品种、提高质量、治理“三废”（废水、废气、废渣）、劳动安全、节约资源为主要目的的更新改造建设项目，这也是固定资产扩大再生产的一个方面。因此，工程建设包括基本建设和更新改造建设。

1.1.2 工程建设的内容

工程建设的内容包括以下四个方面：

1. 建筑工程

建筑工程是指永久性和临时性的建筑物和构筑物的土建、采暖、通风、给水排水、照明、动力、电信管线的敷设、设备基础、工业炉砌筑、金属结构、厂区竖向布置，铁路、公路、桥涵、农用水利工程，以及建筑场地的平整、清理和绿化工程等。

2. 安装工程

安装工程是指一切需要安装与不需要安装的生产、动力、电信、起重、运输、医疗、实验等设备的装配、安装工程，附属于被安装设备的管线敷设、金属支架、梯台和有关保温、油漆、测试、试车等工作。

3. 设备、工具和器具购置

设备、工具和器具购置是指在车间、实验室、医院、学校、车站等场所应配备的各种设备、工具、器具、生产家具和实验仪器的购置。

4. 其他工程建设工作

其他工程建设工作是指除上述以外的各种工程建设工作，如勘察设计、征用土地、拆迁安置、机构筹建、培训职工等。

1.1.3 工程基本建设程序

工程基本建设程序是指在工程基本建设的整个过程中，各项工作所必须遵循的先后次序。我国的工程基本建设程序包括项目建议书阶段、可行性研究阶段、设计阶段、建设准备阶段、建设实施阶段和竣工验收阶段，如图1-2所示。

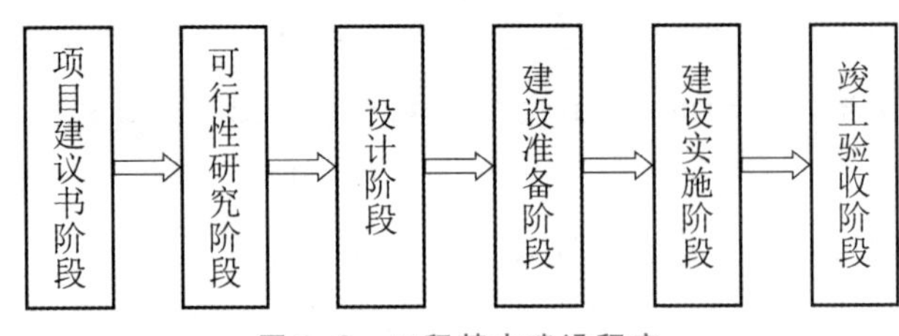

图1-2 工程基本建设程序

特别提示

工程基本建设程序是人们在认识客观规律的基础上制定出来的，不能任意颠倒，但是可以合理交叉。

1. 项目建议书阶段

项目建议书是对拟建项目的设想，是投资决策前的建议性文件。项目建议书的主要作用是对拟建项目进行初步说明，论述项目建设的必要性、可行性和获利的可能性，以便供基本建设管理部门选择，并确定是否进行下一步工作。

2. 可行性研究阶段

建设项目的可行性研究，是对建设项目技术可行性和经济合理性的分析。根据建设项目可行性研究的结果，编制可行性研究报告。

项目建议书的内容

特别提示

可行性研究报告经批准后，不得随意修改和变更。当在建设规模、产品方案、建设地区、主要协作关系等方面有变动或突破投资控制数额时，应经原批准机关同意。经过批准的可行性报告，是确定建设项目、编制设计文件的依据。

3. 设计阶段

特别提示

设计是有关建设工程实施的计划与安排，决定建设工程的功能。设计是根据报批的可行性研究报告进行的，一般分为初步设计和施工图设计两个阶段。

（1）初步设计

根据有关设计基础资料，拟定工程建设实施的初步方案，阐明工程在拟定的时间、地点以及投资数额内的技术上的可行性和经济上的合理性，并编制项目的总概算。初步设计文件由设计说明书、设计图纸、主要设备原材料表和工程概算书四部分组成。

（2）施工图设计

施工图设计是根据批准的初步设计文件，将工程建设方案进一步具体化、明确化，通过详细的计算和安排，绘制出正确、完整的建筑安装图纸，并编制施工图预算。

4. 建设准备阶段

建设准备阶段要进行工程开工前的各项准备工作，其主要内容如下：

① 征地拆迁。征地拆迁是根据我国的土地管理法规和城市规划进行的，通常由用地单位支付一定的土地补偿费和安置补助费。

② 五通一平。五通一平包括工程施工现场的通路、通电、通水、通信、通气和场地平整。

③ 组织建设施工招投标工作，择优选定施工单位。

④ 临时设施。临时设施又称临建，是指为保证建筑安装工程的顺利进行，在施工现场搭设的生产及生活所用的临时的建筑物、构筑物和其他设施。

临时设施的范围

⑤ 办理工程开工手续。

⑥ 施工单位的进场准备工作。

5. 建设实施阶段

（1）施工顺序

施工顺序是根据建筑安装工程的结构特点、施工方法，合理地安排施工各主要环节的先后次序。合理的施工顺序，使工程具有工期短、效益好的特点。

一般工业与民用建筑的施工顺序通常应遵循以下原则：

① 主要建筑物开工、竣工的先后顺序，应满足生产工艺流程配套生产的要求。

② 先地下，后地上。先进行地下管网、地下室、基础的工程施工，然后进行地上的工程施工。

③ 先土建，后安装。一般工程以土建为主，先进行施工，然后进行安装。在土建施工中，要预留安装用槽、调试预埋管件等。

④ 先结构，后装饰。但为节省工期，多层建筑经常采用立体交叉作业，此时应保证已完工程和后建工程不受损坏和污染。

⑤ 对于装饰工程，要按照先上后下的顺序进行工程施工。

⑥ 对于管道、沟渠，要按照先上游后下游的顺序进行工程施工。

（2）施工依据

为了达到建筑功能的要求，工程施工应严格按照以下内容进行：

① 施工图纸。

② 施工验收规范是国家根据建筑技术政策、施工技术水平、建筑材料及施工工艺的发展，统一制定的建筑施工法规。施工验收规范中规定了建筑施工中各分项工程的施工关键、技术要求、质量标准，是衡量建筑施工水平和工程质量的基本依据。

③ 质量检验评定标准是对工程质量进行检查和等级评定的依据。

④ 施工技术操作规程是对建筑安装工程的施工技术、质量标准、材料要求、操作方法、设备和工具的使用、施工安全技术及冬期施工技术等的规定。

⑤ 施工组织设计是建筑施工企业根据施工任务和建筑对象，针对建筑物的特点和要求，结合本企业施工的技术水平和条件，对施工过程的安排。

⑥ 各种定额。定额是指在正常施工条件下，完成单位合格产品所要消耗的资金、劳力、材料、机械设备的数量，是衡量成本费用、进行经济效益考核的主要依据。

⑦ 有关的工程合同文件是对工程项目的质量、进度等目标进行有效控制的依据。

（3）生产准备

在工程建设实施完成后，要进行生产准备工作，以确保工程顺利进入生产阶段。生产准备的主要内容有：

① 招收和培训人员。

② 生产组织准备，包括生产管理机构的设置、管理制度的制定、生产人员的配置等方面的内容。

③ 生产技术准备，包括国内装置设计资料的汇总，有关的国外技术资料的翻译、编辑，各种机械操作规程的编制，各种工程控制软件的调试等。

④ 生产物资的准备，包括落实生产原材料、半成品、燃料、动力、水、气的来源和其他协作条件、组织工具、器具、备品、备件的生产和购置。

6. 竣工验收阶段

竣工验收

竣工验收是建设项目全过程的最后一个环节，是全面考核建设项目成果、检验设计和工程质量的必要步骤，也是建设项目转入生产或使用的标志。

按照国家规定，建设项目质量验收合格后，建设单位应在规定的时间内将工程竣工验收报告和有关文件报建设行政管理部门备案。

1.1.4　基本建设项目划分

基本建设项目按从大到小可划分为五个层次，分别是建设项目、单项工程、单位工程、分部工程和分项工程。

1. 建设项目

建设项目是指在一个场地上或几个场地上按一个总体设计进行施工的各个工程项目的总和。每一个建设项目都有计划任务书和独立的总体设计。一个建设项目可以只有一个单项工程，也可以由若干个单项工程组成。

2. 单项工程

单项工程是建设项目的组成部分，指具有独立的设计文件，能独立施工，建成后可以独立发挥生产能力或使用效益的工程，如学校的教学楼、办公楼、图书馆、食堂、宿舍等。

3. 单位工程

单位工程是单项工程的组成部分，指具有独立的设计文件，能独立施工，但一般不能独立发挥生产能力或使用效益的工程。任何一个单项工程都是由若干个不同专业的单位工程组成的。民用项目主要包括土建、给水排水、采暖、通风、电气照明等单位工程；工业项目因为工程内容复杂，且时有交叉，所以单位工程的划分比较困难。以一个车间为例，其中土建工程、机电设备安装、工艺设备安装、工业管道安装、给水排水、暖通、电气安装、自动仪表安装等可各为一个单位工程。除土建工程以外，其余的单位工程均可称为安装工程。

4. 分部工程

分部工程是单位工程的组成部分，是按照单位工程的不同部位、不同施工方式或不同材料和设备种类，从单位工程中划分出来的中间产品。例如，土建单位工程由土石方工程、桩基工程、砖石工程、混凝土及钢筋混凝土工程、金属结构工程、构件运输及安装工程、木结构工程、楼地面工程、屋面工程和装饰工程等分部工程组成；给水排水工程由管道、管道支架制作安装、管道附件、卫生器具制作安装等分部工程组成。

5. 分项工程

分项工程是分部工程的组成部分，是指通过简单的施工过程就能生产出来，并可以利用某种计量单位计算的最基本的中间产品，是按照不同施工方法或不同材料和规格，从分部工程中划分出来的。例如，钢筋混凝土工程可划分为模板、钢筋、混凝土等分项工程；给水排水工程按照管道使用材料的不同，可分为镀锌钢管、不锈钢管、塑料管等分项工程。

基本建设项目划分实例如图1-3所示。

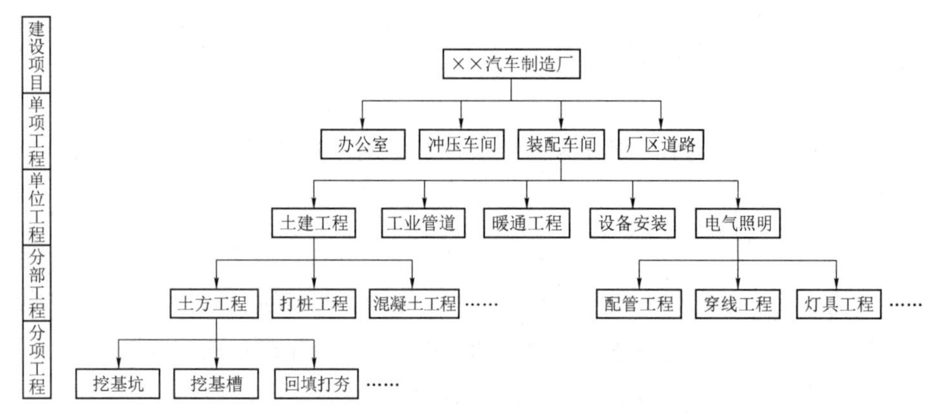

图1-3 基本建设项目划分实例

随学随练

一、填空题

1. 我国的工程基本建设程序包括项目建议书阶段、______阶段、设计阶段、______阶段、建设实施阶段和______阶段。

2. 基本建设项目按从大到小可划分为五个层次，分别是建设项目、______工程、______工程、______工程和______工程。

二、判断题

1. 一般工业与民用建筑的施工顺序是先地下、后地上。（ ）

2. 一般工业与民用建筑的施工顺序是先土建，后安装。（ ）

三、单选题

1. 以一所新建学校的建设工程为例，其中一栋教学楼，其属于（ ）工程，土建工程属于（ ）工程。

A. 单项工程　B. 单位工程　C. 分部工程　D. 分项工程

2. 钢筋混凝土工程可划分为模板、钢筋、混凝土等（ ）工程。

A. 单项工程　B. 单位工程　C. 分部工程　D. 分项工程

1.1 随学随练答案

听老师讲：建筑工程计量与计价概述

1.2　建筑工程计量与计价概述

1.2.1　建筑工程计量的概念

建筑工程计量就是依据相关的规则，准确、合理地计算建筑产品的数量和生产合格的建筑产品所产生的各种消耗的数量。建筑工程计量是建筑工程计价的前提和基础，计量的准确性直接影响计价的准确性和合理性。

1.2.2　建筑工程计价的概念

建筑工程计价，又称工程造价，是指依据一定的计价模式，采用科学、合理的方法计算建筑工程的造价。工程造价即建筑工程产品的价格，它由成本、利润和税金组成。工程造价的含义一般有两种：一种是指建设项目的建设成本，即一个建设项目从筹建到竣工验收所需费用的总和；另一种是指建设工程的承发包价格。第一种含义是从工程项目建设全过程的角度对工程造价的理解，可以使我们从总体上了解工程造价的构成；第二种含义是从市场交易的角度对工程造价的认识。

1.2.3　建筑工程计价的特征

建筑产品是一种特殊商品，具有生产的单件性、产品的固定性，以及投资额巨大、建设周期长等特点。建筑工程计价的特征包括以下几点：

1. 单件性

建筑产品的个体差别性决定了每项工程都必须单独计算造价。

2. 多次性

建设工程项目建设周期长、规模大、造价高，这就要求在工程建设的各个阶段多次计价，并对其进行监督和控制，以保证工程造价计算的准确性和控制的有效性。多次性计价特征决定了工程造价不是固定、唯一的，而是随工程的进行逐步深化、细化和接近实际造价。

3. 组合性

建设项目是一个工程综合体，包含很多内在联系但又互相独立的工程。建设项目的划分是由总到分的过程：建设项目划分为若干个单项工程，单项工程划分为若干个单位工程，单位工程划分为若干个分部工程，分部工程再细化为若干个分项工程。工程造价的计算就是一个逐步组合的过程：分项工程和分部工程造价组成单位工程造价，单位工程造价组成单项工程造价，单项工程造价组成建设项目总造价。

4. 方法的多样性

多次性计价过程中，每次计价均有各自的计价依据，对造价的精确度要求也各不相同，这就决定了计价方法有多样性特征。

5. 依据的复杂性

工程造价的构成复杂，影响因素多，且计价方法具有多样性特征，所以工程造价的依据种类也多，主要可分为以下七类：

① 设备和工程量的计算依据，包括项目建议书、可行性研究报告、设计文件等。

② 计算人工、材料、机械等实物消耗量的依据，包括各种定额。

③ 计算工程单价的价格依据，包括人工单价、材料单价、机械台班单价等。

④ 计算设备单价的依据。

⑤ 计算相关费用的费用定额和指标等。

⑥ 政府规定的税率、费率等。

⑦ 调整工程造价的依据，如文件规定、物价指数和工程造价指数等。

1.2.4 工程造价的分类

基于建筑工程的复杂性、建筑产品的特点和建筑工程造价的特征，按工程项目的构成，工程造价可分为建设项目总造价、单项工程造价和单位工程造价；按工程建设的阶段不同，工程造价可分为投资估算、设计概算、施工图预算、招标控制价（标底）、投标报价、合同价款、竣工结算和竣工决算等。

① 投资估算。投资估算是对拟建工程所需投资预先测算和估算的过程，通常采用估算指标编制。投资估算可作为资金筹措及建设资金贷款计划的依据。

② 设计概算。设计概算是预先计算和确定的建设项目从筹建到竣工验收及交付使用的全部建设费用的文件。

③ 施工图预算。施工图预算比设计概算更为详尽和准确，但同样要受前一阶段所确定的工程造价的控制。

④ 招标控制价（标底）。在工程招标发包的过程中，招标控制价主要是由招标人根据国家、省级或行业建设主管部门颁发的有关计价依据和办法，采用清单计价规范编制而成的。按设计施工图纸计算的工程造价，是招标人对工程发包的最高限价。招标控制价又称拦标价、预算控制价、最高报价。

⑤ 投标报价。投标报价是在工程招标发包的过程中，由投标人按照招标文件的要求，根据工程特点，并结合自身的施工技术、装备和管理水平，依据有关计价规定，自主确定的工程造价，是投标人希望达到的工程承包交易的期望价格，原则上它不能高于招标人设定的

招标控制价。

⑥ 合同价款。合同价款是在工程发包和承包交易完成后，由发包和承包双方以合同形式确定的工程承包交易价格。采用招标发包的工程，其合同价款应为投标人的中标价，即投标报价。

⑦ 竣工结算。竣工结算是在工程完工并经建设单位及有关部门验收后，施工企业根据合同规定，按照施工时经发包和承包双方认可的实际完成工程量、现场情况记录、设计变更通知、现场签证、预算定额、材料预算价格和各种费用取费标准等资料，向建设单位办理结算工程价款，以及补偿施工过程中的资金耗费、确定施工盈亏的经济活动。

⑧ 竣工决算。竣工决算是在工程竣工投产后，由建设单位编制的建设项目从筹建到竣工验收、交付使用全过程中实际支付的全部建设费用的经济性文件。竣工决算价是整个建设工程的最终实际价格。

工程造价的分类及其相互关系示意图如图 1-4 所示。

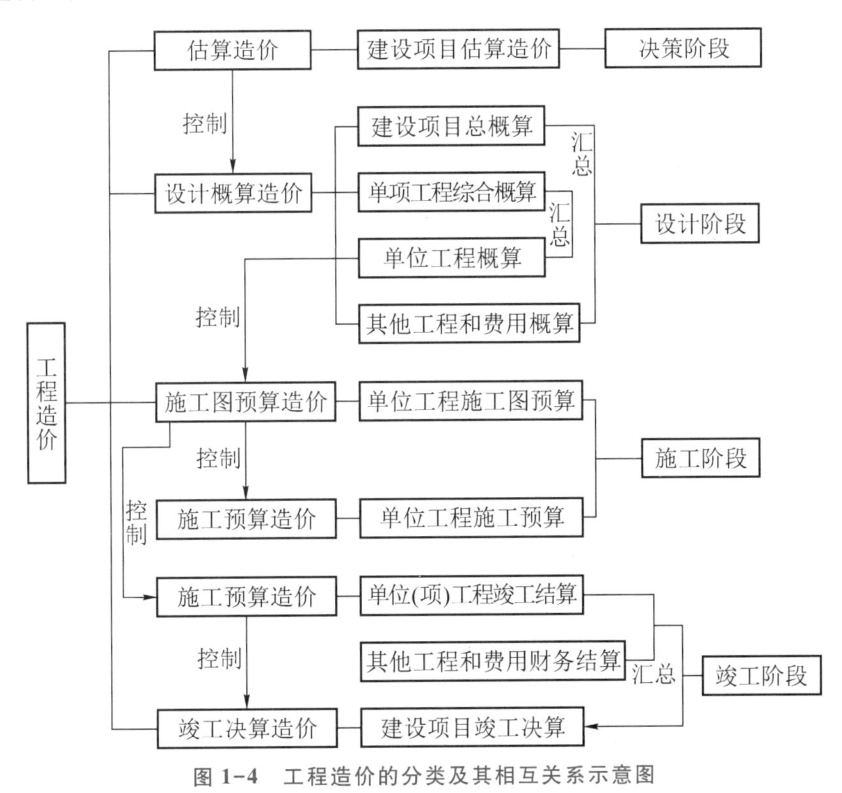

图 1-4　工程造价的分类及其相互关系示意图

随学随练

一、填空题

1. 按工程建设的阶段不同，工程造价可分为______、______、______、招标控制价（标底）、投标报价、______、竣工结算和______等。

2. 按工程项目的构成，工程造价可分为建设项目总造价、______和______。

二、判断题

1. 工程造价是固定的、唯一的、一次性计价。 (　　)

2. 竣工决算价是整个建设工程的最终实际价格。 (　　)

三、单选题

1. (　　) 是对拟建工程所需投资预先测算和估算的过程，采用估算指标编制，可作为资金筹措及建设资金贷款计划的依据。

A. 投资估算　　B. 设计概算

C. 施工图预算　　D. 投标报价

2. (　　) 是在工程发包和承包交易完成后，由发包和承包双方以合同形式确定的工程承包交易价格。

A. 投资估算　　B. 设计概算

C. 合同价款　　D. 投标报价

1.2　随学随练答案

1.3　工程造价的计价模式

听老师讲：工程造价的计价模式

工程造价的计价模式是指根据不同的计价原则、计价依据、造价计算方法、计价目的确定工程造价的计价方法。按照编制依据，工程造价的计价模式可分为定额计价模式和工程量清单计价模式。

1.3.1　定额计价模式

定额计价模式是利用国家或地区颁布的概预算定额、概预算单价进行工程造价计算的一种方法。

1. 定额计价模式的基本环节

定额计价模式的基本环节包括以下几个方面：

① 计算定额（施工）工程量。计算定额（施工）工程量是指依据设计图纸、施工方案

与施工组织设计及工程量计算规则计算各分项工程的数量。

② 套用定额。套用定额是指用各分项工程的定额（施工）工程量乘以根据概预算定额和各个生产要素的预算价格确定的分项工程的预算单价，汇总后得出单位工程的人工费、材料费和施工机械使用费之和。

③ 计算费用。在套用定额计算结果的基础上，按照既定的程序计算工程施工所需的其他各项费用、利润和税金，汇总后得出工程造价。

特别提示

概预算定额、生产要素的预算价格、费用计算程序都是由造价管理部门制定或规定的，因此，定额计价模式是我国计划经济时期使用的一种计价方法，在市场经济条件下使用时需要对其进行改革。

2. 定额计价模式下建筑工程计价文件的编制方法

定额计价模式下建筑工程计价文件的编制方法通常有两种：单价法和实物法。

（1）单价法

用单价法编制单位工程计价文件的步骤如图 1-5 所示。

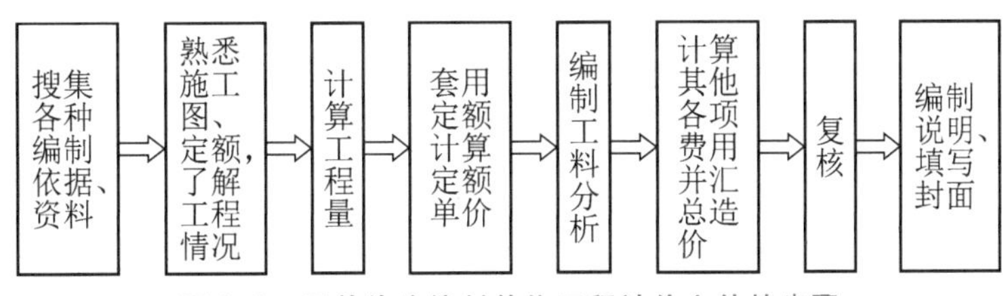

图 1-5　用单价法编制单位工程计价文件的步骤

用单价法编制的单位工程计价文件，其单位工程直接工程费的计算公式为

$$单位工程直接工程费 = \sum(分项工程量 \times 预算定额单价)$$

（2）实物法

用实物法编制单位工程计价文件的步骤如图 1-6 所示。

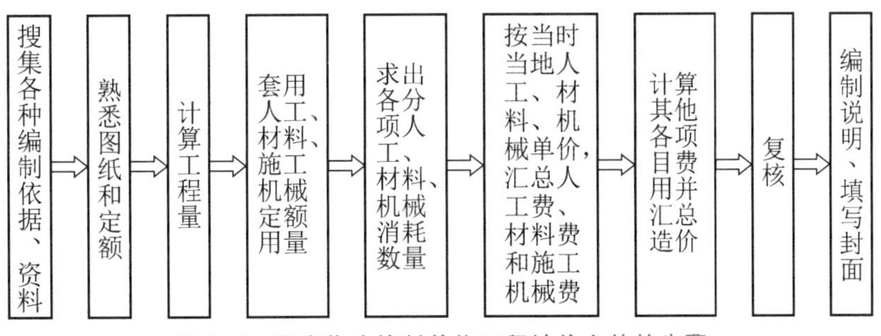

图 1-6　用实物法编制单位工程计价文件的步骤

用实物法编制单位工程计价文件，其单位工程直接工程费的计算公式为

$$
\begin{aligned}
\text{单位工程直接工程费} = & \sum(\text{分项工程量} \times \text{人工定额用量} \times \text{当时当地人工工资单价}) + \\
& \sum(\text{分项工程量} \times \text{材料定额用量} \times \text{当时当地材料预算单价}) + \\
& \sum(\text{分项工程量} \times \text{施工机械定额用量} \times \text{当时当地机械台班单价})
\end{aligned}
$$

1.3.2 工程量清单计价模式

工程量清单计价模式是建设工程招投标工作中，由招标人或其委托的有资质的中介机构按照国家统一的工程量计算规则提供反映工程实体数量和措施性消耗的工程量清单，并作为招标文件的一部分提供给投标人，由投标人根据企业定额合理确定人工、材料、施工机械等要素的投入与配置，合理安排、确定现场管理和施工技术措施，依据各生产要素的市场价格和企业自身的实际情况自主确定工程造价的计价方式。

工程量清单计价模式是国际上较为通行的计价方式，其改变了企业过分依赖国家或地区预算定额的状况，鼓励企业根据自身的条件编制企业定额，依据市场价格自主报价。工程量清单计价模式通过公开竞争的形式形成的价格能更加准确地反映出工程成本和企业竞争力，同时对从事工程量清单和报价编制的人员提出了更新和更高的要求，有利于提高我国工程造价的管理水平。

1. 工程量清单计价

工程量清单计价是指投标人完成由招标人提供的工程量清单中的项目所需的全部费用，包括分部分项工程费、措施项目费、其他项目费、规费和税金。

工程量清单计价应采用综合单价。综合单价是指完成一个规定清单项目或措施清单项目所需的人工费、材料费、工程设备费、施工机械使用费、企业管理费、利润，以及一定范围内的风险费用。

2. 工程量清单计价的主要依据

工程量清单计价应依据《建设工程工程量清单计价规范》（GB 50500—2013）进行编制。《建设工程工程量清单计价规范》（GB 50500—2013）是为规范建设工程施工过程中发包和承包的计价行为，统一建设工程计价文件的编制原则和计价方法，根据《中华人民共和国建筑法》《中华人民共和国民法典》《中华人民共和国招标投标法》等法律法规制定的规范性文件。

特别提示

《建设工程工程量清单计价规范》（GB 50500—2013）规定：全部使用国有资金投资或国有资金投资为主的工程建设项目，必须采用工程量清单计价。非国有资金投资的工程建设项目，可采用工程量清单计价。

《建设工程工程量清单计价规范》（GB 50500—2013）的主要内容包括：工程量清单编制、招标控制价、投标价、合同价款约定、工程计量、合同价款调整、合同价款期中支付、竣工结算与支付、合同价款争议的解决、工程造价鉴定等。

3. 工程量清单计价的特点

① 提供了一个平等的竞争条件。

② 满足竞争的需要。

③ 有利于工程款的拨付和工程造价的最终确定。

④ 有利于实现风险的合理分担。

⑤ 有利于业主对投资的控制。

1.3.3 定额计价和工程量清单计价的区别

定额计价和工程量清单计价的区别见表 1-1。

表 1-1 定额计价和工程量清单计价的区别

序号	项目	定额计价	工程量清单计价
1	环境	计划经济（不竞争）	市场经济（竞争）
2	定价权	政府定价	企业自主定价
3	量、价关系	量价合一（均由投标人做）	量价分离（量由招标人提供，价由投标人报）
4	计价模式	分部分项工程费包括了定额分部分项工程费、价差和利润	人工费、材料费、机械费、管理费、利润形成综合单价（单位成本加利润）
5	计量规则	各地区规定不一致	按全国规定执行
6	计量单位	按定额消费量的批量单位	按实体工程工程量的基本单位
7	管理费和利润计算	按取费程序表计算	包括在综合单价内，不单独计算
8	风险分担	根据合同种类决定	合理分担
9	计算规则	净用量、损耗量和采用措施的增加量	工程净用量
10	特点	地区性、时间性、单位性、多次性	竞争、强制、通用性，利于业主对投资的控制

随学随练

一、填空题

1. 按照编制依据，工程造价的计价模式可分为______和______。

2. 定额计价模式下建筑工程计价文件的编制方法通常有两种：______和______。

二、判断题

1. 定额计价模式是我国计划经济时期使用的一种计价方法，在市场经济条件下需要对其进行改革。（　）

2. 工程量清单计价的一个特点是提供了一个平等的竞争条件。（　）

三、问答题

工程量清单计价的特点有哪些？

1.3　随学随练答案

听老师讲：工程量计算的基本原理

1.4　工程量计算的基本概念

1.4.1　概述

工程量计算是指建设工程项目以工程设计图纸、施工组织设计或施工方案及有关技术经济文件为依据，按照相关工程国家标准的计算规则、计量单位等规定，进行工程数量计算的活动，在工程建设中简称工程计量。

工程量计算是编制建筑工程施工图预算的基础工作。工程量是预算文件的重要组成部分，工程量计算的准确性会影响整个工程预算造价，进而影响整个工程建设过程的造价计价与控制。工程量是施工企业编制施工计划、合理安排施工进度、组织劳动力，以及供应材料、机具的重要依据，是基本建设财务管理、会计核算的重要指标。

1. 工程量的含义

工程量是以物理计量单位或自然计量单位所表示的建筑工程各分项工程或结构构件的数量。

物理计量单位是以物体的某种物理属性为计量单位，如以长度（m）、面积（m^2）、体积（m^3）、质量（t）等为计量单位。

自然计量单位是以物体本身的自然属性为计量单位，如以件、台、个、座、套等为计量单位。

2. 工程量计算的原则

为快速、准确地计算工程量，计算过程中应遵循以下原则：

① 计算工程量的项目与相应的定额项目在工作内容、计量单位、计算方法、计算规则

上一致。

② 工程量的计算精度应统一。

③ 要避免漏算、错算和重复计算。

④ 尺寸取定应准确。

3. 工程量计算的依据

① 施工图纸及设计说明、相关图集、设计变更资料、图纸答疑和会审记录等。

② 经审定的施工组织设计。

③ 招投标文件的商务条款、工程施工合同。

④ 有关的工程量计算规则。

1.4.2　工程量计算顺序

为了便于工程量的计算和审核，防止出现重算和漏算的现象，计算工程量时必须按照一定的顺序和方法进行。具体的计算顺序应根据具体工程和个人习惯来确定。常用的计算顺序和方法有以下几种：

1. 分部工程工程量的计算顺序

① 按施工顺序计算，即按工程施工顺序的先后次序来计算工程量。由基层到面层或从下层到上层逐层计算，如依次计算土方、基础、墙体、地面、楼面、屋面、窗、内外装修等的工程量。

② 按预算定额分部分项顺序计算。将建筑工程与装饰工程区分开，按当地定额中的分部分项编排顺序来计算工程量，如按土石方工程、桩基工程、砌筑工程、混凝土工程、模板工程、钢筋工程等的顺序计算工程量。依据定额中分部分项顺序逐项地计算，能防止漏项，并有利于工程量的整理与报价，比较适合初学者。

③ 按统筹原理计算。对工程量计算规则进行分析，找出各数据之间的内在联系和规律，统筹安排工程量计算顺序，以达到节约时间、提高效率的目的。例如，在计算砌筑工程量前先算出门窗、构造柱、圈梁等的工程量。

2. 相同分项工程工程量的计算顺序

① 按顺时针顺序计算。从平面图左上角开始，按顺时针方向逐步计算，绕一周后再回到左上角为止。这种方法适用于计算外墙、外墙基础、外墙装修、楼地面、天棚等的工程量。如图 1-7 所示，计算外墙工程量，由左上角开始，沿图中箭头所示方向逐段计算；计算天棚、楼地面的工程量亦可按图中箭头或编号顺序进行。

② 按先横后竖的顺序计算，即依据平面图，先横后竖，先上后下，先左后右依次计算。这种方法适用于计算内墙基础、内墙、隔墙、天棚等的工程量。如图 1-8 所示，计算内墙工程量，先计算横线，按先上后下、先左后右的原则，计算顺序应该为①、②、③、④、

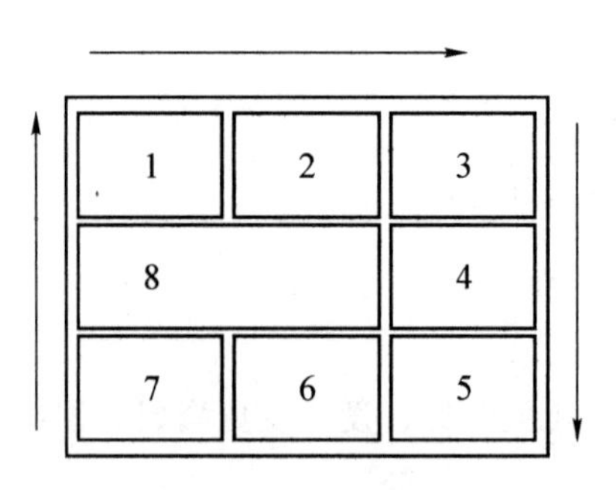

图1-7　按顺时针顺序计算工程量

⑤；再计算竖线，仍然按先上后下、先左后右的原则，计算顺序应该为⑥、⑦、⑧、⑨、⑩。

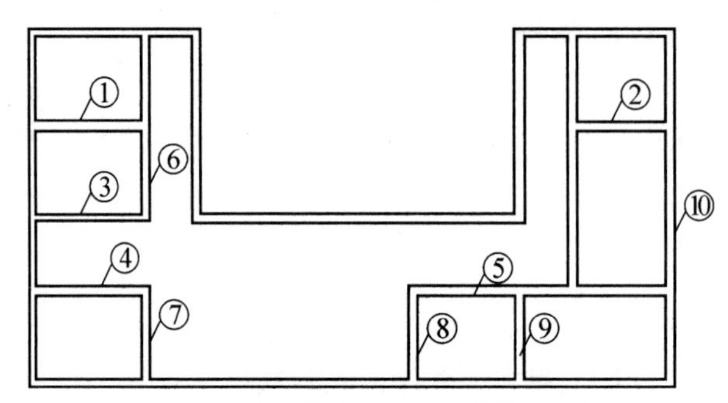

图1-8　按先横后竖的顺序计算工程量

③ 按编号顺序计算。按图纸上注明的不同类别的构件、配件的编号顺序进行计算。这种方法适用于计算打桩工程，如计算钢筋混凝土柱、梁、板等构件，金属构件、门窗等建筑构件的工程量。如图1-9所示，框架梁和柱的平面布置图的工程量可按图中编号顺序进行计算。

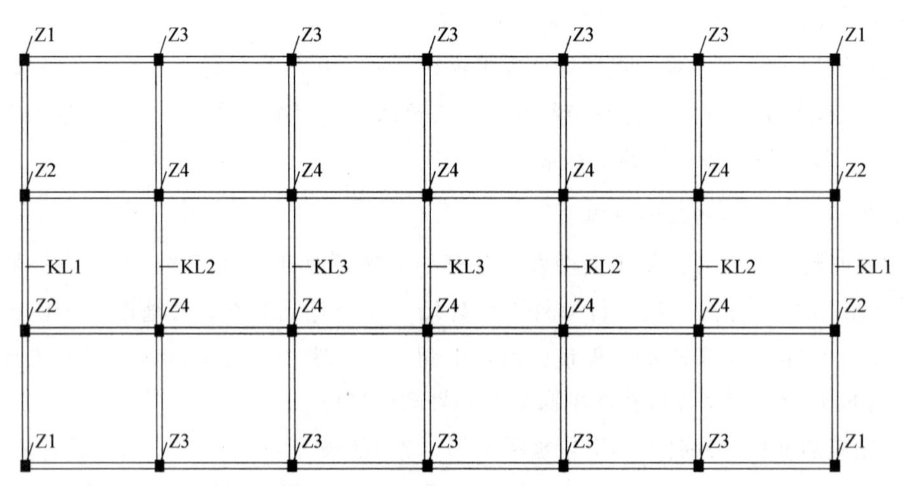

图1-9　按编号顺序计算工程量

④ 按定位轴线编号计算。对于比较复杂的建筑工程，按设计图纸上标注的定位轴线编号顺序计算，即按先纵轴后横轴的顺序。按定位轴线编号计算不易出现漏项或重复计算的情况，这种方法适用于计算条形基础土方、基础垫层、砖墙等工程的工程量。

1.4.3 建筑基数

建筑基数是指计算工程量时重复使用的数据。借助建筑基数可以使有关数据重复使用而不重复计算，从而减少工作量、提高效率。经过对建筑施工图预算中各分项工程量计算过程的分析，常用数据为“三线一面”，即外墙外边线长（$L_{外}$）、外墙中心线长（$L_{中}$）、内墙净长线长（$L_{内}$）和底层建筑面积（$S_{底}$）。

1. 外墙外边线长（$L_{外}$）

外墙外边线长（$L_{外}$）为建筑平面图中外墙外边线的总长度。

$$外墙外边线长(L_{外}) = 建筑物平面图的外围周长之和$$

与外墙外边线长（$L_{外}$）有关的项目有散水、外墙脚手架、外墙勾缝、外墙抹灰等分项工程。

2. 外墙中心线长（$L_{中}$）

外墙中心线长（$L_{中}$）为建筑平面图中外墙中心线的总长度。

$$外墙中心线长(L_{中}) = L_{外} - 外墙厚 \times 4$$

与外墙中心线（$L_{中}$）有关的项目有外墙的基槽、基础垫层、基础、砌体、圈梁等分项工程。

3. 内墙净长线长（$L_{内}$）

内墙净长线长（$L_{内}$）为建筑平面图中内墙净长线的总长度。

$$内墙净长线长(L_{内}) = 建筑物平面图中所有的内墙净长度之和$$

与内墙净长线长（$L_{内}$）有关的项目有内墙的基槽、基础垫层、基础、砌体、圈梁等分项工程。

4. 底层建筑面积（$S_{底}$）

$$底层建筑面积(S_{底}) = 底层勒脚以上外围水平投影面积$$

与底层建筑面积（$S_{底}$）有关的项目有平整场地、室内回填土、地面垫层、地面面层、顶棚面抹灰等分项工程。

1.4.4 工程量计算的注意事项

工程量计算的正确与否直接影响施工图预算的编制质量的高低，计算工程量时应注意以下内容：

1. 按照工程量计算规则计算

在计算工程量时，必须严格执行定额规定的工程量计算规则，以免造成工程量计算的误差。预算定额中对分项工程的工程量规则和计算方法都做了具体规定，例如，计算砌筑墙体的工程量时，应以立方米（m^3）为单位进行计算，扣除门窗框外围面积，0.3 m^2 以上的洞口及圈梁、过梁、构造柱等所占的面积。

2. 按照一定的顺序进行计算

在进行工程量计算时，为了做到不重复、不漏项，应该预先确定合理的计算顺序。

3. 计算单位要与定额规定的单位一致

按照施工图纸计算工程量时，各分项工程的工程量计算单位，必须与定额中相应项目的计算单位保持一致，不能根据自己的主观臆断随意改变。

4. 计算口径要一致

按照定额规定中各分项工程所包括的工作内容来划分项目。例如，在计算楼地面工程中的整体楼地面时，2021 年《北京市建设工程计价依据——预算消耗量标准》中的“房屋建筑与装饰工程”中包括了结合层、找平层、面层，因此，在确定项目时，对结合层和找平层就不需要再列项重复计算。

5. 尽量分层分段计算

按照施工图纸计算工程量时，为避免漏项，除按照一定的顺序进行计算外，要尽量做到按楼层计算。例如，结构计算按楼层，内装修按楼层且分房间计算；外装修按施工层分立面计算，或按施工方案的要求分段计算，或按使用的材料不同分别计算。

6. 必须自我检查复核

每计算完一项内容和计算完全部工程量后都应该进行自我检查复核，力求准确无误。

随学随练

一、填空题

经过对建筑施工图预算中各分项工程量计算过程的分析，常用数据为“三线一面”，即外墙______长、外墙______长、内墙______长、______建筑面积。

二、判断题

1. 物理计量单位是以物体的某种物理属性为计量单位，如以长度（m）、面积（m^2）、

体积（m^3）、个等为计量单位。（　　）

2. 自然计量单位是以物体本身的自然属性为计量单位，如以件、台、座、套等为计量单位。（　　）

三、计算题

计算如图 1-10 所示的建筑平面图的“三线一面”。

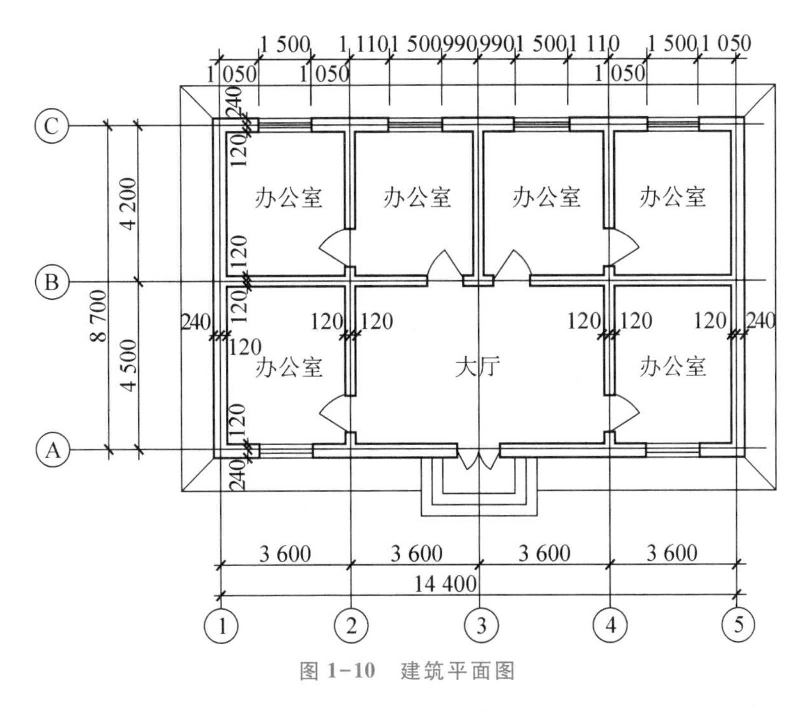

图 1-10　建筑平面图

1.4　随学随练答案

1.5　层高与檐高

听老师讲：层高与檐高

建筑物的层高和檐高在工程量计算、施工图预算时都有非常重要的作用，因此，必须对其准确计算。层高是定额中计算结构工程、装修工程的主要依据；檐高是选择垂直运输机械的类型、确定是否计算高层建筑超高费、确定是否符合定额工效的主要依据。

1.5.1 建筑物层高的计算

建筑物首层层高根据室内设计地坪标高至首层顶部的结构层（楼板）顶面的高度来确定，其余各层层高均为上下结构层顶面标高之差，如图1-11所示。

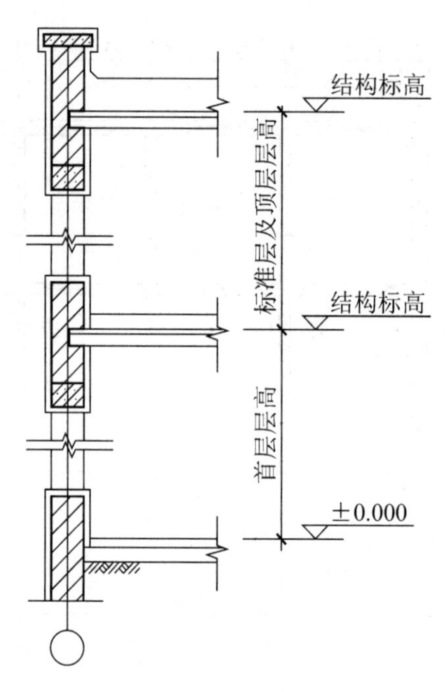

图1-11 建筑物层高示意图

1.5.2 建筑物檐高的计算

建筑物檐高的计算分为以下五种情况：

① 平屋顶带挑檐建筑物檐高，从室外设计地坪标高算至挑檐下皮的高度，如图1-12所示。

② 平屋顶带女儿墙建筑物檐高，从室外设计地坪标高算至屋顶结构板上皮的高度，如图1-13所示。

③ 坡屋面或其他曲屋面屋顶建筑物檐高，从室外设计地坪标高算至墙（支撑屋架的墙）的中心线与屋面板交点的高度，如图1-14所示。

④ 阶梯式建筑物，按高层的建筑物计算檐高。

⑤ 突出屋面的水箱间、电梯间、楼梯间、亭台楼阁等均不计算檐高。

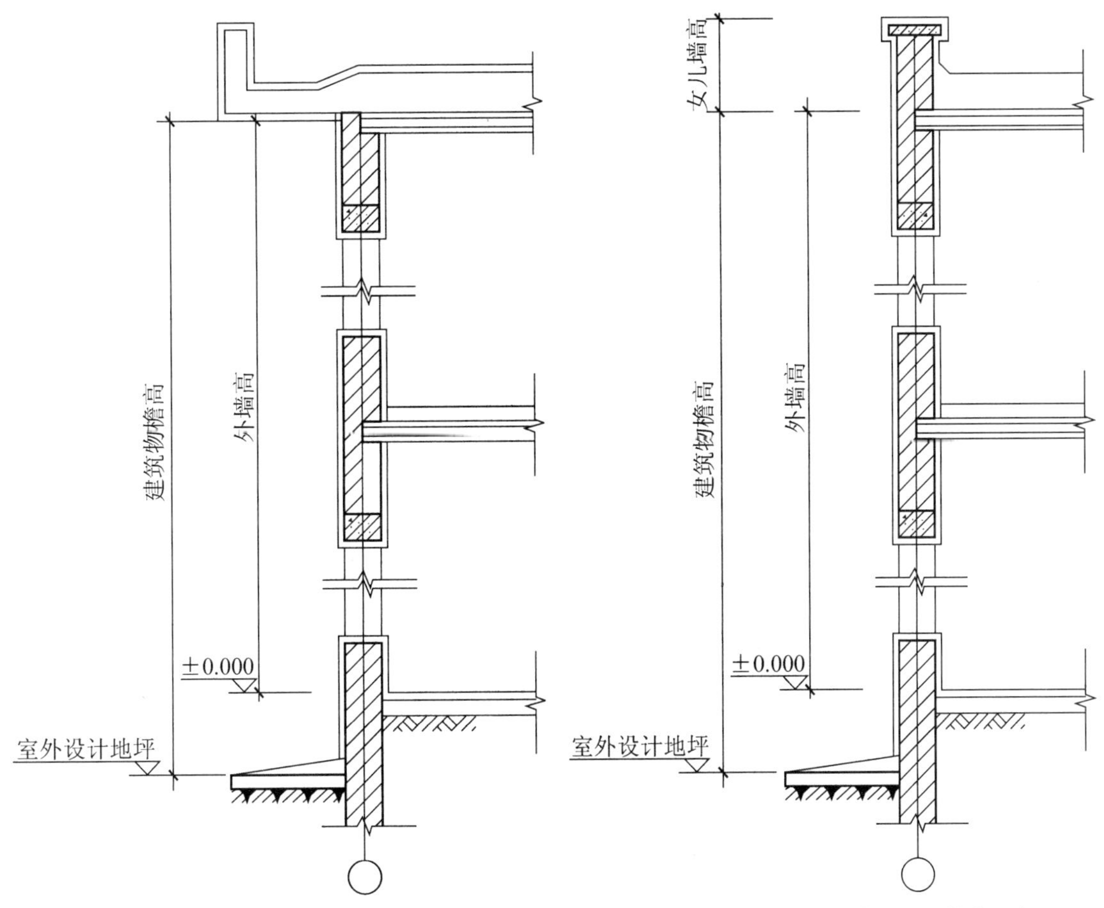

图 1-12　平屋顶带挑檐建筑物檐高示意图

图 1-13　平屋顶带女儿墙建筑物檐高示意图

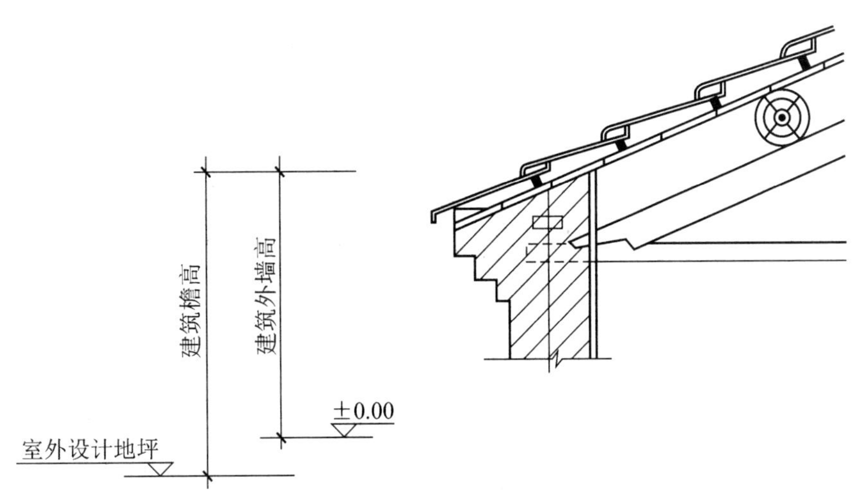

图 1-14　坡屋顶建筑物檐高示意图

随学随练

一、填空题

1. 建筑物首层层高，按______标高至首层顶部的结构层（楼板）顶面的高度确定，其余各层层高均为上下结构层顶面标高之差。

2. 平屋顶带挑檐建筑物檐高，从室外设计地坪标高算至______的高度。

二、判断题

1. 突出屋面的水箱间、电梯间、楼梯间、亭台楼阁等均不计算檐高。（　　）

2. 阶梯式建筑物，按高层的建筑物计算檐高。（　　）

三、计算题

墙身大样示意图如图1-15所示，试计算该建筑物的檐高。

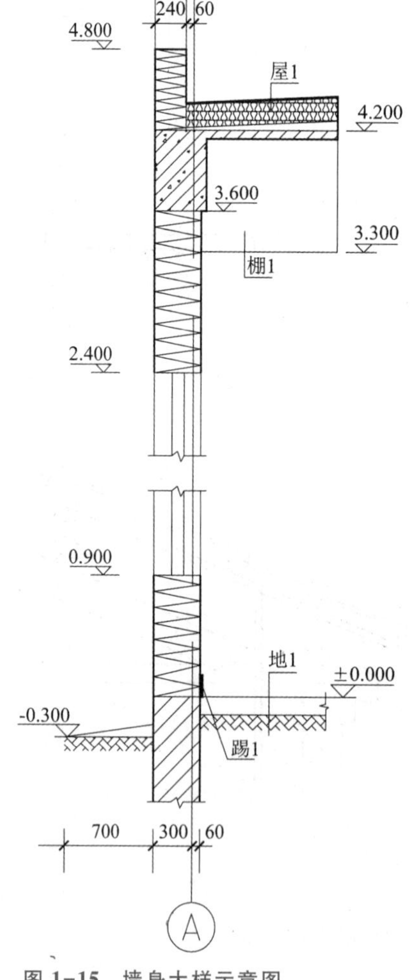

图1-15　墙身大样示意图

1.5　随学随练答案

本单元小结

通过本单元的学习，学生需要掌握以下内容：

我国的工程基本建设程序包括项目建议书阶段、可行性研究阶段、设计阶段、建设准备阶段、建设实施阶段和竣工验收阶段。

基本建设项目按从大到小可划分为五个层次，分别是建设项目、单项工程、单位工程、分部工程和分项工程。

工程造价即建筑工程产品的价格，它是由成本、利润和税金组成的。工程造价具有单件性、多次性、组合性、方法的多样性、依据的复杂性几种特征。

按工程项目的构成，工程造价可分为建设项目总造价、单项工程造价和单位工程造价；按工程建设的阶段不同，工程造价可分为投资估算、设计概算、施工图预算、招标控制价（标底）、投标报价、合同价款、竣工结算和竣工决算等。

按照编制依据，工程造价的计价模式可分为定额计价模式和工程量清单计价模式。

建筑基数是指计算工程量时重复使用的数据。

层高是定额中计算结构工程、装修工程的主要依据；檐高是选择垂直运输机械的类型、确定是否计算高层建筑超高费、确定是否符合定额工效的主要依据。

单元 2 UNIT 2

建筑工程定额

本单元共包括 3 个知识点，需要 8 个小时的有效时间来学习，学习周期为 2 周。

学习目标

知识点	教学目标	技能要点
1. 建筑工程定额概述； 2. 施工定额； 3. 预算定额	1. 了解建筑工程定额的分类； 2. 理解建筑工程定额的性质和作用； 3. 熟悉各类定额的关系和区别	1. 会套用定额子目； 2. 能够进行施工定额的计算； 3. 能够进行预算定额中各消耗量指标的计算

引例 《营造法式》

北宋时期著名的土木建筑家李诫编著的《营造法式》一书（见图 2-1），不仅是一部土木建筑工程技术方面的巨著，也是一部工料计算方面的巨著。书中的“功限”和“料例”两个部分，分别相当于现在的人工消耗定额和材料消耗定额。《营造法式》是中国建筑史上广大劳动人民的智慧结晶，为我国古建筑发展做出了重要的贡献，同时，阐释了建筑背后的中国文化。“营造”在古代就是建筑营建的意思，而“法式”在宋代指政府制定的法令与成规。从这个角度来看，《营造法式》并不是一本设计或者施工的指导规范，而是政府制定的建筑工程领域的法规，实际上是用于建筑工程的预算定额，用来节制工程所涉及的财政开支。李诫根据过往主持营建的经验，综合考虑工艺要求、材料运输、时间长短等各种因素，制定了详细的估工方法。李诫这样一位古代工匠令人敬仰，在当代我们应将其所具有的工匠精神传承下来且发扬光大。

图 2-1 《营造法式》

思考：定额是随着社会化大生产的发展以及管理科学的产生而产生的。在建筑工程管理中，建筑工程定额从计划经济时期就一直存在，并一直运用于我国的工程建设，那么我国现阶段存在的建筑工程定额有哪些？这些建筑工程定额应如何使用？

本单元导读

在社会生产中，为了生产出某种合格产品，必须消耗一定的资源，资源消耗的数量越大，产品的成本越高，价格也就相应地增加。要想降低产品的价格，必须降低产品生产过程中的资源消耗。但是，这种消耗不能无限度地降低，要根据一定时期的生产水平和对产品质量的要求，规定出一个合理的消耗标准，这种标准即定额。

定额中数量标准的多少称为定额水平，它是一定时期生产力水平高低的反映，与劳动生产率的高低成正比，与资源消耗量的多少成反比。定额水平分为平均先进水平和社会平均水平。

2.1 建筑工程定额概述

定额的起源

建筑工程定额是指工程建设中，在正常的施工条件和合理组织劳动、合理使用材料及机械的条件下，完成单位合格建筑产品所必须消耗的人工、材料、机械、资金等资源的数量标准。这种量的规定，反映出完成工程建设中的某项合格建筑产品与各种生产消耗之间特定的数量关系。

建筑工程定额不仅规定了各种资源和资金的消耗量，还规定了应完成的工作内容、应达到的质量标准和安全要求，因此，它是质量和数量的统一体。

2.1.1 建筑工程定额的制定原则

1. 平均先进的原则

定额水平，应该反映在正常条件下的生产技术水平和管理组织水平，体现大多数人员经过努力能够达到的平均先进的原则。定额水平既要反映多项先进经验和成果，又要从实际出发，全面分析各种可行因素和不可行因素。只有这样，才能调动广大职工的积极性，提高劳动生产率，降低人工、材料和施工机械的消耗，保证工程较好地完成。

2. 简明、适用、粗细适当的原则

因为工程量的计算与定额项目划分的繁简有密切的关系，所以在编制定额、划分定额项目时，要求贯彻简明、适用、粗细适当的原则，做到项目齐全、计算简单、使用方便，从而全面发挥定额的作用。

定额的粗细与定额项目的多少有关，由于建筑产品千差万别，定额的项目处理更加复杂。定额的粗细，必须具有适用性。不具有适用性，定额的简明和粗细适当原则都是毫无意义的。定额粗细适当的前提是必须保证定额为施工生产、投标和分配服务，力求做到简而全面，细而不繁，使用方便。

特别提示

定额的编制和贯彻都离不开群众，因此编制定额必须走群众路线。专职定额机构和专职定额人员要与群众结合，共同调查讨论，贯彻以专为主、专群结合的原则，这样才能保证定额的质量。

2.1.2 建筑工程定额的分类

建筑工程定额是工程建设中各类定额的总称，它包括许多种类的定额，按照不同的分类方法，可分为不同的定额类型。

1. 按定额反映的物质消耗内容分类

按反映的物质消耗内容分类，工程定额可分为劳动消耗定额、材料消耗定额和机械台班消耗定额。

2. 按定额编制的程序和用途分类

按编制的程序和用途分类，工程定额可分为施工定额、预算定额、工期定额、概算定额、概算指标和投资估算指标等。

3. 按专业和费用性质分类

按专业和费用性质分类，工程定额可分为建筑工程定额、安装工程定额、工器具定额、建筑安装工程费用定额、工程建设其他费用定额等。

4. 按管理权限和执行范围分类

按管理权限和执行范围分类，工程定额可分为全国统一定额、专业专用和专业通用定额、行业统一定额、地方统一定额、企业补充定额、临时定额等。

特别提示

地方统一定额是在考虑地区性特点和全国统一定额水平的条件下编制的，只在规定的地区范围内执行。例如，北京市就有自己的地方统一定额，包括投资估算指标、概算定额（2016 年）、预算定额（2012 年）、预算消耗量标准（2021 年）、工期定额（2009 年）、修缮定额（2005 年）。

2.1.3 建筑工程定额的性质

1. 科学性

定额是根据当时的实际生产力水平，在长期严密的观察、测定、综合分析研究、总结生产实践经验、广泛收集有关资料的基础上制定出来的。它遵循客观规律，用科学的方法确定各项消耗量标准，反映了当前建筑业的生产力水平，具有一定的科学性。

2. 法令性

定额是由国家各级主管部门组织编制和颁发的一种具有法令性的指标，具有经济法规的性质。在规定的范围内，任何单位和个人都必须严格遵守执行，未经原制定单位批准，不得随意改变其内容和水平。

3. 群众性和先进性

定额的制定和执行都有广泛的群众基础。建筑工程定额是把工人、技术人员、专职定额人员三方面结合在一起，从实际出发，按正常施工条件和平均先进水平（多数企业或个人可达到或超过的水平）制定的，能反映当前实际生产力水平。同时，定额的执行也必须依靠广大群众的生产实践活动，因此它具有一定的群众性和先进性。

4. 时效性和稳定性

定额是对一定时期建筑工程技术和管理水平的真实反映。随着生产力的发展，原有的定额会越来越不适应当前的生产力水平，必须对其重新编制或修订才能适应当前生产力的发展，这就是定额的时效性。但是，定额从制定到贯彻执行需要一个过程，因此，它又需要一个稳定的时间来保证人们学习、执行，这个时间一般为5~10年，这就是定额的稳定性。

5. 针对性

定额的针对性非常强，一种产品（工序）执行一项定额，而且一般不能相互套用。一项定额，它不仅是该产品（或工序）的资源消耗的数量标准，而且规定了完成该产品（或工序）的工作内容、质量标准和质量要求，应用时不能随意套用。

2.1.4 建筑工程定额的作用

建筑工程定额作为加强企业经营管理、组织施工、决定分配的工具，主要作用表现在以下四个方面：

1. 编制计划的依据

定额本身反映了资源消耗的数量标准，因此，无论是国家还是企业在编制计划时，都要依据定额。

2. 确定建筑工程造价的依据

建筑工程造价是依靠设计规定的工程标准、数量及相应的定额标准、预算价值来确定的。

3. 加强企业管理的工具及贯彻按劳分配原则的尺度

定额本身是一种法定标准，无论企业或个人都要严格执行，企业在编制施工进度计划和组织劳动力等各项管理工作中，都需要以定额为计算标准，因此，定额是加强企业管理的重要工具；同时，定额里的工时消耗指标可用来考核每个工人的工作完成情况，以此来支付劳动报酬，因此，定额还是贯彻按劳分配原则的尺度。

4. 总结先进生产方法的手段

定额在制定时必须经过对生产过程的观察、实测、分析、研究、综合，因此，定额是能够准确反映生产力水平的。我们可以使用定额制定的方法，对某一产品的生产方法进行总结，找到一个比较完善的生产方法，在生产中进行推广运用。

随学随练

一、填空题

1. 定额水平分为______水平和______水平。

2. 建筑工程定额不仅规定了各种资源和资金的消耗量，还规定了应完成的工作内容、应达到的质量标准和安全要求，因此，它是______和______的统一体。

二、判断题

1. 定额是由国家各级主管部门组织编制和颁发的一种具有法令性的指标。在使用过程中，单位和个人可以根据需要改变其内容和水平。（　）

2. 一项定额，它不仅是该产品（或工序）的资源消耗的数量标准，而且规定了完成该产品的工作内容、质量标准和质量要求，具有较强的针对性，应用时不能随意套用。（　）

三、单选题

1. 按定额反映的物质消耗内容分类，工程定额可分为（　）、材料消耗定额和机械台班消耗定额。

A. 劳动消耗定额　B. 工期消耗定额　C. 施工定额　D. 概算指标

2. 按专业和费用性质分类，工程定额可分为建筑工程定额、安装工程定额、工器具定额、（　）、工程建设其他费用定额等。

A. 施工定额　B. 工期定额

C. 建筑安装工程费用定额　D. 概算指标

2.1 随学随练答案

2.2 施工定额

施工定额是确定建筑安装工人或小组在正常施工条件下，完成每一计量单位合格的建筑安装产品所消耗的人工、机械和材料的数量标准。施工定额是企业内部使用的一种定额，由劳动定额、材料消耗定额和机械台班使用定额三个相对独立的部分组成。

2.2.1 劳动定额

劳动定额也称人工定额，是指在正常的施工技术和组织条件下，完成单位合格产品所需要的劳动消耗量的标准。劳动定额是衡量工人劳动生产率、考核工作效率的标准，是确定定员标准和合理组织生产的重要依据。劳动定额按其表现形式可分为时间定额和产量定额。

1. 时间定额

时间定额是指在一定的施工技术和组织条件下，某工种、某种技术等级的工人班组或个人，完成单位合格产品所必须消耗的工作时间。这段时间包括基本工作时间、辅助工作时间、准备与结束时间、必须休息时间和不可避免的中断时间。

时间定额的计量单位，以完成单位产品所消耗的“工日”来表示，如工日/米、工日/平方米、工日/立方米、工日/吨等。每个工日规定为8小时，时间定额的计算公式为

$$\text{个人完成单位产品的时间定额(工日)}=\frac{1}{\text{每工日产量}} \tag{2-1}$$

或

$$\text{小组完成单位产品的时间定额(工日)}=\frac{\text{小组成员工日数总和}}{\text{小组的产量}} \tag{2-2}$$

2. 产量定额

产量定额是指在一定的施工技术和生产组织条件下，某工种、某种技术等级的工人班组或个人，在单位时间（工日）内所应完成合格产品的数量。

产量定额的计量单位，以产品的计量单位和工日来表示，如米/工日、平方米/工日、立方米/工日、吨/工日等。产量定额的计算公式为

$$\text{个人产量定额}=\frac{1}{\text{个人完成单位产品的时间定额(工日)}} \tag{2-3}$$

或

$$\text{小组产量定额}=\frac{\text{小组的产量}}{\text{小组完成单位产品的时间定额(工日)}} \tag{2-4}$$

例2-1 构造柱混凝土浇筑工程，每完成10 m^3的混凝土浇筑，需要15人工作8小时，试求其小组产量定额与时间定额和个人产量定额与时间定额。

解： 8小时即一个工日。

$$小组产量定额 = 10（立方米/工日）$$

$$小组时间定额 = 1 \div 10 = 0.1（工日/立方米）$$

$$个人产量定额 = 10 \div 15 \approx 0.667（立方米/工日）$$

$$个人时间定额 = 0.1 \times 15 = 1.5（工日/立方米）$$

例 2-2 某工程砌筑 120 m^3的砖基础，每天有 22 名专业工人投入施工，时间定额为 0.89 工日/立方米，试计算完成该工程所需的定额施工天数。

解：

$$总工日数 = 120 \times 0.89 = 106.8（工日）$$

$$所需的定额施工天数 = 106.8 \div 22 \approx 5（天）$$

例 2-3 已知某抹灰班有 13 名工人在抹住宅楼砂浆墙面，抹灰工人产量定额为 10.2 立方米/工日，试求施工 25 天后，抹灰班完成的抹灰面积。

解：

$$总工日数 = 13 \times 25 = 325（工日）$$

$$应完成抹灰面积 = 10.2 \times 325 = 3\ 315（m^3）$$

3. 时间定额和产量定额的关系

时间定额和产量定额之间是互为倒数的关系，即

$$时间定额 \times 产量定额 = 1$$

由此可知，当时间定额增加时，产量定额就相应减少；当时间定额减少时，产量定额就相应增加。但二者增减的百分比并不相同。例如，当时间定额增加 10% 时，产量定额的减少量为

$$\frac{1}{1+0.1} \times 100\% \approx 90.9\%$$

2.2.2 材料消耗定额

材料消耗定额是指在合理使用材料和在正常的施工条件下，生产单位合格的建筑产品所必须消耗的一定品种、规格的建筑材料，包括原材料、半成品、燃料、配件、水和电等的数量标准。

材料消耗定额的作用：材料消耗定额是建筑企业确定材料需要量和储备量的依据；材料消耗定额是建筑企业编制材料计划，进行单位工程核算的基础；材料消耗定额是施工队工人班组签发限额领料单的依据；材料消耗定额是推行经济承包制，促进企业合理用料的重要手段。

材料消耗定额（消耗量）包括直接消耗在建筑产品实体上的净用量和在施工现场内运输及操作过程中不可避免的损耗量（不包括二次搬运、场外运输等损耗）。材料消耗定额的

公式为

$$材料消耗量=材料净用量+材料损耗量 \tag{2-5}$$

$$材料损耗量=材料净用量\times材料损耗率 \tag{2-6}$$

整理后得

$$材料消耗量=材料净用量\times(1+材料损耗率) \tag{2-7}$$

根据材料使用次数的不同，建筑安装材料可分为非周转性材料和周转性材料两类。

1. 非周转性材料消耗量的计算

非周转性材料又称直接性材料，是指在建筑工程施工中，一次性消耗并直接构成工程实体的材料，如砖、砂、石、钢筋、水泥等。

常用的非周转性材料消耗量的制定方法有观测法、试验法、统计法和计算法（本书重点讲述计算法）。计算法是根据施工图纸直接计算材料用量的方法。这是一种理论计算法，只能算出单位产品的材料净用量，但材料损耗量仍要在现场通过实测取得。二者相加构成材料消耗量。计算法适用于计算块状、板类建筑材料的消耗量。

用计算法确定材料消耗量举例如下：

（1）砌体材料消耗量计算

① 计算1 m^3标准砖墙的砖和砂浆的材料消耗量。标准砖墙的计算厚度见表2-1。

表2-1　标准砖墙的计算厚度

墙厚砖数/个	1/2	3/4	1	3/2	2
墙厚/m	0.115	0.180	0.240	0.365	0.490

计算公式为

$$砖的净用量(块)=\frac{2\times墙厚砖数}{墙厚\times(砖长+灰缝厚)\times(砖厚+灰缝厚)} \tag{2-8}$$

$$砂浆的净用量=1-砖的净用量\times一块砖的净体积 \tag{2-9}$$

$$砖的消耗量=砖的净用量\times(1+砖的损耗率) \tag{2-10}$$

$$砂浆的消耗量=砂浆的净用量\times(1+砂浆的损耗率) \tag{2-11}$$

其中，一块砖的净体积=长×宽×厚=0.24×0.115×0.053=0.001 462 8（m^3），灰缝厚=10 mm。

据此，砌体材料消耗量的通用计算公式为

$$块料的净用量=\frac{一个标准块中块料的数量\times工程量}{一个标准块的体积} \tag{2-12}$$

$$砂浆的净用量=工程量-一个块料体积\times块料的净用量 \tag{2-13}$$

$$块料的消耗量=块料的净用量\times(1+块料的损耗率) \tag{2-14}$$

$$\text{砂浆的消耗量}=\text{灰缝砂浆的净用量}\times(1+\text{灰缝砂浆的损耗率}) \tag{2-15}$$

例 2-4 若标准砖和砂浆的损耗率均为 1%，试计算 1 m^3一砖厚的标准砖墙的砖和砂浆的消耗量。

解： 每块标准砖的体积 = 长×宽×厚 = 0.24×0.115×0.053 = 0.001 462 8(m^3)，灰缝厚 = 10 mm。

$$\text{砖净用量}=\frac{2\times1\times1}{0.24\times(0.24+0.01)\times(0.053+0.01)}\approx529(\text{块})$$

$$\text{砂浆净用量}=1-529\times0.001\,462\,8\approx0.226(m^3)$$

$$\text{砖的消耗量}=529\times(1+1\%)\approx534(\text{块})$$

$$\text{砂浆的消耗量}=0.226\times(1+1\%)\approx0.228(m^3)$$

② 砌块墙材料消耗量计算。可直接使用砌体材料消耗量的通用计算公式进行计算。

例 2-5 已知砌块规格：长×宽×厚 = 390 mm×190 mm×190 mm，灰缝厚为 10 mm，砌块与砂浆的损耗率均为 2%。试确定 25 m^3、190 mm 厚混凝土空心砌块墙的砂浆和砌块的消耗量。

解：

$$\text{砌块的净用量}=\frac{1\times25}{0.19\times(0.39+0.01)\times(0.19+0.01)}\approx1\,645(\text{块})$$

$$\text{砂浆的净用量}=25-0.39\times0.19\times0.19\times1\,645\approx1.84(m^3)$$

$$\text{砌块的消耗量}=1\,645\times(1+2\%)\approx1\,678(\text{块})$$

$$\text{砂浆的消耗量}=1.84\times(1+2\%)\approx1.877(m^3)$$

（2）块料面层材料消耗量的计算

块料面层一般指瓷砖、地面砖、墙面砖、大理石、花岗岩等。块料面层材料消耗量的计算公式为

$$\text{块料面层的净用量}=\frac{\text{工程量}}{(\text{块料长}+\text{灰缝厚})\times(\text{块料宽}+\text{灰缝厚})} \tag{2-16}$$

$$\text{灰缝砂浆的净用量}=(\text{工程量}-\text{块料长}\times\text{块料宽}\times\text{块料面层的净用量})\times\text{灰缝厚} \tag{2-17}$$

$$\text{结合层砂浆的净用量}=\text{工程量}\times\text{结合层砂浆厚度} \tag{2-18}$$

$$\text{块料面层材料消耗量}=\text{块料面层的净用量}\times(1+\text{块料面层的损耗率}) \tag{2-19}$$

$$\text{砂浆的消耗量}=(\text{灰缝砂浆的净用量}+\text{结合层砂浆的净用量})\times(1+\text{砂浆的损耗率}) \tag{2-20}$$

例 2-6 用 1∶1 水泥砂浆贴 150 mm×150 mm×5 mm 瓷砖墙裙，结合层砂浆厚 10 mm，灰缝砂浆厚 2 mm。若瓷砖损耗率为 1.5%，砂浆损耗率为 1%，试计算每 100 m^2瓷砖墙裙的瓷砖和砂浆的消耗量。

解：

$$\text{瓷砖的净用量}=\frac{100}{(0.15+0.002)\times(0.15+0.002)}\approx4\,328.3(\text{块})$$

$$\text{灰缝砂浆的净用量}=(100-0.15\times0.15\times4\,328)\times0.002\approx0.005(m^3)$$

$$结合层砂浆的净用量=100\times0.01=1(m^3)$$

$$瓷砖的消耗量=4\ 328.3\times(1+1.5\%)\approx4\ 394(块)$$

$$砂浆的消耗量=(0.005+1)\times(1+1\%)\approx1.015(m^3)$$

（3）防水卷材消耗量的计算

防水卷材消耗量的计算公式为

$$卷材净用量=\frac{工程量}{(卷材宽-长边搭接宽)\times(卷材长-短边搭接宽)}\times每卷面积 \tag{2-21}$$

$$防水卷材消耗量=卷材净用量\times(1+卷材的损耗率) \tag{2-22}$$

例2-7 已知350号石油沥青油毡每卷规格为宽915 mm，长21.86 m，按规定铺贴时长边方向搭接宽80 mm，短边方向搭接宽125 mm，施工操作损耗率为1%。试求屋面铺100 m² 两层油毡卷材时的油毡总消耗量。

解：

$$油毡净用量=\frac{100}{(0.915-0.08)\times(21.86-0.125)}\times0.915\times21.86\approx110.21(m^2)$$

$$两层油毡净用量=2\times110.21=220.42(m^2)$$

$$油毡总消耗量=220.42\times(1+1\%)\approx222.62(m^2)$$

2. 周转性材料消耗量的计算

周转性材料是指在施工中不是一次性消耗的材料，而是随着多次使用逐渐消耗的材料，并在使用过程中不断补充，多次重复使用、反复周转但并不构成工程实体的工具性材料，如脚手架、挡土板、临时支撑、各种模板等。因此，周转性材料的消耗量，应按照多次使用、分次摊销的方法进行计算。周转性材料消耗量分别用一次使用量和摊销量两个指标表示。

（1）一次使用量

一次使用量是指周转性材料在不重复使用的条件下的一次使用量。它一般供建设单位和施工企业申请备料和编制施工作业计划使用，一般根据施工图计算得出，与各分部分项工程的名称、部位、施工工艺和施工方法有关。

例如，钢筋混凝土模板的一次使用量的计算公式为

$$一次使用量=1\ m^3构件模板接触面积\times1\ m^2接触面积模板用量\times(1+制作损耗率) \tag{2-23}$$

① 损耗率。损耗率又称补损率，是指周转性材料使用一次后，因损坏不能再次使用的数量占一次使用量的百分数。

② 周转次数。周转次数是指新的周转性材料从第一次使用（假定不补充新料）到材料不能再使用时的可重复使用的次数。

③ 周转使用量。周转使用量是指周转性材料每周转一次时所需材料的平均数量。周转使用量的计算公式为

$$
\begin{aligned}
\text{周转使用量} &= \frac{\text{一次使用量}+\text{一次使用量}\times(\text{周转次数}-1)\times\text{损耗率}}{\text{周转次数}} \\
&= \text{一次使用量}\times\left[\frac{1+(\text{周转次数}-1)\times\text{损耗率}}{\text{周转次数}}\right]
\end{aligned} \tag{2-24}
$$

④ 周转回收量。周转回收量是指周转性材料在一定的周转次数下，平均每周转一次可以回收的数量。周转回收量的计算公式为

$$
\begin{aligned}
\text{周转回收量} &= \frac{\text{一次使用量}-\text{一次使用量}\times\text{损耗率}}{\text{周转次数}} \\
&= \text{一次使用量}\times\left(\frac{1-\text{损耗率}}{\text{周转次数}}\right)
\end{aligned} \tag{2-25}
$$

（2）摊销量

摊销量是指周转性材料按照多次使用，应分摊到每一计量单位分项工程或结构构件上的材料消耗数量。

① 现浇混凝土结构的模板摊销量的计算。现浇混凝土结构的模板摊销量的计算公式为

$$
\text{现浇混凝土结构的模板摊销量}=\text{周转使用量}-\text{周转回收量} \tag{2-26}
$$

例 2-8 某工程现浇钢筋混凝土梁，每 10 m^3混凝土梁的模板接触面积为 80 m^2，每 1 m^2模板接触面积需用板材 1.63 m^3。制作损耗率为 3%，周转次数为 7 次，每次周转损耗率为 15%。试计算现浇 10 m^3混凝土梁模板的周转使用量、周转回收量和摊销量。

解：

$$\text{一次使用量}=(80\div10)\times1.63\times(1+3\%)\approx13.43(m^3)$$

$$\text{周转使用量}=13.43\times\left[\frac{1+(7-1)\times15\%}{7}\right]\approx3.65(m^3)$$

$$\text{周转回收量}=13.43\times\left(\frac{1-15\%}{7}\right)\approx1.63(m^3)$$

$$\text{摊销量}=3.65-1.63=2.02(m^3)$$

② 预制混凝土结构的模板摊销量的计算。预制混凝土结构的模板摊销量的计算按多次使用平均摊销的计算方法计算，不计算每次周转损耗率，因此，只需确定周转次数和模板一次使用量即可。预制混凝土结构的模板摊销量的计算公式为

$$
\text{预制混凝土结构的模板摊销量}=\frac{\text{一次使用量}}{\text{周转次数}} \tag{2-27}
$$

例 2-9 预制 1 m^3钢筋混凝土过梁，每 1 m^3钢筋混凝土过梁模板一次使用量为 1.016 m^3，周转 20 次，试计算其摊销量。

解：

$$\text{摊销量}=\frac{1.016}{20}\approx0.051(m^3)$$

2.2.3 机械台班使用定额

1. 机械台班使用定额的概念

机械台班使用定额是指在合理的劳动组织、合理使用机械和正常的施工技术条件下，完成单位合格产品所必须消耗的机械台班数量的标准，简称机械台班定额。

机械台班定额以台班为单位。一台机械工作一个工作班（8小时）称为一个台班。如果两台机械共同工作一个工作班，或者一台机械工作两个工作班，则称为两个台班。

2. 机械台班使用定额的表现形式

机械台班使用定额的表现形式有两种，分别是机械台班时间定额和机械台班产量定额。

（1）机械台班时间定额

机械台班时间定额是指在合理的劳动组织、合理使用机械和正常的施工技术条件下，使用某种规定的机械完成单位合格产品所必须消耗的台班数量。机械台班时间定额的计算公式为

$$\text{机械台班时间定额}=\frac{1}{\text{机械台班产量定额}} \tag{2-28}$$

（2）机械台班产量定额

机械台班产量定额是指在合理的劳动组织、合理使用机械和正常的施工技术条件下，使用某种机械在单位时间内完成单位合格产品的数量。机械台班产量定额的计算公式为

$$\text{机械台班产量定额}=\frac{1}{\text{机械台班时间定额}} \tag{2-29}$$

机械台班时间定额与机械台班产量定额之间互为倒数关系。

3. 机械台班人工配合定额

机械必须由工人小组配合使用。机械台班人工配合定额是指机械台班配合使用部分，即机械台班劳动定额。机械台班人工配合定额的表现形式为机械台班工人小组的人工时间定额和完成合格产品的数量，其公式为

$$\text{单位产品的时间定额（工日）}=\frac{\text{小组成员班组总工日数}}{\text{每台班产量}} \tag{2-30}$$

$$\text{机械台班产量定额}=\frac{\text{每台班产量}}{\text{班组总工日数}} \tag{2-31}$$

例2-10 用6 t塔式起重机吊装某种混凝土构件，由1名吊车司机、8名安装起重工、2名电焊工组成的综合小组共同完成，已知机械台班产量定额为40块。试计算吊装每一块混凝土构件的机械台班时间定额和机械台班人工配合定额。

解：（1）计算吊装每一块混凝土构件的机械台班时间定额

$$机械台班时间定额=\frac{1}{机械台班产量定额}=\frac{1}{40}=0.025(台班)$$

（2）计算吊装每一块混凝土构件的机械台班人工配合定额

① 分工种计算。

$$吊车司机时间定额=1\times0.025=0.025(工日)$$

$$安装起重工时间定额=8\times0.025=0.2(工日)$$

$$电焊工时间定额=2\times0.025=0.05(工日)$$

② 综合小组计算。

$$机械台班人工配合定额=(1+8+2)\times0.025=0.275(工日)$$

或

$$机械台班人工配合定额=\frac{1+8+2}{40}=0.275(工日)$$

随学随练

一、填空题

1. 施工定额由______定额、______消耗定额和______使用定额组成。

2. 根据材料使用次数的不同，建筑安装材料分为______材料和______材料两类。

二、判断题

1. 时间定额和产量定额之间是互为倒数的关系，当时间定额增加时，产量定额就相应减少；当时间定额减少时，产量定额就相应增加，二者增减的百分比相同。（　　）

2. 非周转性材料又称直接性材料，是指在建筑工程施工中，一次性消耗并直接构成工程实体的材料，如砖、砂、石、钢筋、模板等。（　　）

三、计算题

1. 甲、乙两工人安装木门，甲工人安装 90 m^2 所需要的时间和乙工人安装 120 m^2 所需要的时间相等。若甲、乙两工人共同协作，每工日可安装 35 m^2，试求甲、乙两工人的产量定额和时间定额各是多少。

2. 某屋面尺寸为 36 m×12 m，采用预制混凝土板隔热层，混凝土板规格为 495 mm×495 mm×30 mm，结合层厚 10 mm，灰缝厚 5 mm，砂浆和混凝土板的损耗率均为 1%。试确定混凝土板和砂浆的消耗量。

3. 计算 20 m^3标准砖半砖墙所需标准砖和砂浆的消耗量（砂浆和标准砖的损耗率均为 1%）。

2.2 随学随练答案

2.3 预算定额

2.3.1 概述

建筑工程预算定额简称预算定额，是由国家主管部门颁发的，确定在正常合理的施工条件下，完成一定计量单位的分项工程或结构构件所必需的人工、材料和施工机械台班消耗的数量标准。

预算定额是以施工定额为基础进行编制的，但二者之间又有本质的不同。首先，定额性质不同。预算定额是一种计价定额，是编制施工图预算、招标控制价、投标报价、工程结算的依据；而施工定额是企业内部使用的定额，是施工企业编制施工预算的依据，具有企业定额的性质。其次，定额水平不同。预算定额反映社会平均水平，而施工定额反映平均先进水平，所以施工定额水平一般要高于预算定额水平，约高10%。最后，定额内容不同。预算定额比施工定额综合的内容更多，预算定额既包括为完成该分项工程或结构构件的全部工序，又包括施工定额中未包含的内容，如施工组织间歇时间、零星用工、材料在现场内的超运距用工等。

预算定额是编制施工图预算和工程造价的主要依据，是编制单位估价表的主要依据，是编制概算定额和概算指标的主要依据。对开展招标和投标的工程来说，预算定额是确定工程招标控制价和投标报价，签订工程合同的依据。预算定额是建设单位和建筑施工企业进行工程结算和决算的依据，是建筑施工企业编制施工计划、组织施工、进行经济核算、加强经营管理的依据。

2.3.2 预算定额中消耗量指标的确定

预算定额中的消耗量指标包括人工消耗量指标、材料消耗量指标及施工机械台班消耗量指标。

1. 人工消耗量指标的确定

预算定额的人工消耗量又称定额人工工日，是指为完成某一计量单位的分项工程或结构构件所需的各种用工量的总和。人工消耗量包括基本用工量、辅助用工量、材料超运距用工量和人工幅度差。

（1）基本用工量

基本用工量是指完成定额计量单位的主要用工量，如砌筑墙体时的砌砖、调运砂浆和运砖

的用工量。基本用工量按综合取定的工程量和劳动定额进行计算。基本用工量的计算公式为

$$基本用工量=\sum（综合取定的工程量\times劳动定额） \quad (2-32)$$

（2）辅助用工量

辅助用工量是指劳动定额中不包括，但预算定额中又必须考虑的用工量，主要是指施工现场发生的材料加工的用工量，如筛沙子、淋石灰膏、整理模板等的用工量。辅助用工量的计算公式为

$$辅助用工量=\sum（材料加工数量\times相应的加工劳动定额） \quad (2-33)$$

（3）材料超运距用工量

材料超运距用工量是指预算定额取定的各种材料的运距超过劳动定额规定的运距时应增加的用工量。材料超运距用工量的计算公式为

$$超运距=预算定额取定运距-劳动定额已包括的运距$$

$$超运距用工量=\sum（超运距材料数量\times时间定额） \quad (2-34)$$

（4）人工幅度差

人工幅度差是指预算定额和劳动定额由于水平不同而引起的水平差，是包括在劳动定额中，并且预算定额中也必须考虑的工时消耗。例如，工序交叉、搭接停歇的时间损失，机械临时维修、小修、移动等的时间损失，工程检验的时间损失，施工中难以预料的少量零星用工，等等。人工幅度差的计算公式为

$$人工幅度差=(基本用工量+辅助用工量+材料超运距用工量)\times人工幅度差系数 \quad (2-35)$$

式中，人工幅度差系数一般为 10%～15%。

综合式（2-32）、式（2-33）、式（2-34）和式（2-35）可得，人工消耗量指标的计算公式为

$$\begin{aligned}人工消耗量指标&=基本用工量+辅助用工量+材料超运距用工量+人工幅度差\\&=(基本用工量+辅助用工量+材料超运距用工量)\times(1+人工幅度差系数)\end{aligned} \quad (2-36)$$

2. 材料消耗量指标的确定

预算定额中材料消耗量指标的确定，可分为非周转性材料（一次性材料）消耗量指标的确定和周转性材料（如模板、脚手架等）消耗量指标的确定。

（1）非周转性材料消耗量指标的确定

非周转性材料消耗量指标的计算公式为

$$\begin{aligned}非周转性材料消耗量&=材料净用量+材料损耗量\\&=材料净用量\times(1+材料损耗率)\end{aligned} \quad (2-37)$$

材料损耗率为材料损耗量与材料净用量的百分比，即

$$材料损耗率=\frac{材料损耗量}{材料净用量}\times 100\% \tag{2-38}$$

（2）周转性材料消耗量的确定

周转性材料消耗量的确定，一般用一次使用量和摊销量两个指标表示。一次使用量是指材料在不重复使用的条件下一次使用的数量，一般此指标供建设单位和施工企业申请备料和编制施工作业计划之用。摊销量按照多次使用，分次摊销的方法计算，预算定额消耗量标准中规定的数量是使用一次应摊销的实物量。周转性材料消耗量的计算公式为

$$摊销量=周转使用量-回收量\times 回收系数 \tag{2-39}$$

式中，周转使用量和周转回收量的计算同式（2-24）和式（2-25）。

3. 施工机械台班消耗量指标的确定

施工机械台班消耗量指标的确定，可以分为以手工操作为主的工人班组所配备的施工机械和以机械化施工过程为主的施工机械两种机械台班消耗量指标。

（1）以手工操作为主的工人班组所配备的施工机械台班消耗量

例如，砂浆、混凝土搅拌机、垂直运输用塔式起重机，为小组配用，应以小组产量计算施工机械台班消耗量，其计算公式为

$$施工机械台班消耗量=\frac{预算定额项目计量单位值}{小组总产量} \tag{2-40}$$

式中，小组总产量的计算公式为

$$小组总产量=小组总人数\times \sum(分项计算取定的比重\times 劳动定额每工日综合产量) \tag{2-41}$$

（2）以机械化施工过程为主的施工机械台班消耗量

例如，机械化土石方工程、打桩工程、机械化运输及吊装工程所用的大型机械及其他专用机械，应在劳动定额中的台班定额的基础上另加机械幅度差。

机械幅度差是指在劳动定额中的机械台班消耗量中未包括，而机械在合理的施工组织条件下所必需的停歇时间。机械幅度差会影响机械的生产效率，因此，预算定额的计算中应给予考虑。机械幅度差的内容包括：施工机械转移工作面及配套机械互相影响损失的时间；在正常施工情况下，机械施工中不可避免的工序间歇；工程结尾工作量不饱满所损失的时间；检查工程质量而影响机械操作的时间；临时水电线路在施工过程中移动位置所发生的机械停歇时间；等等。机械幅度差用机械幅度差系数表示。以机械化施工过程为主的施工机械台班消耗量的计算公式为

$$施工机械台班消耗量=\frac{预算定额项目计量单位值}{机械台班产量}\times(1+机械幅度差系数) \tag{2-42}$$

机械幅度差系数表见表2-2。

表 2-2 机械幅度差系数表

序号	项目	机械幅度差系数	序号	项目	机械幅度差系数
1	机械土方	25%	4	构件运输	25%
2	机械石方	33%	5	构件安装：起重机械及电焊机	30%
3	机械打桩	33%			

2.3.3 人工、材料、施工机械台班预算价格的确定

随着工程造价管埋体制和工程计价模式的改革，量价分离的计价模式和工程量清单计价模式逐渐被推广使用，因此，在建筑工程中需要编制动态的人工、材料和施工机械台班的预算价格。

1. 人工预算价格的确定

人工预算价格又称人工工日单价或定额工资单价，是指一个建筑安装工人一个工作日应计入的全部人工费用，基本上反映了建筑安装工人的工资水平和一个工人在一个工作日中可以得到的报酬。定额工资单价由基本工资、辅助工资、工资性质津贴、职工福利费、交通补助和劳动保护费构成。

2. 材料预算价格的确定

材料预算价格是指材料（包括构件、成品及半成品）由来源地或交货点到达工地、仓库或施工现场指定堆放点后的出库价格，由材料原价、供销部门手续费、材料包装费、材料运杂费和材料采购及保管费组成，同时，需扣除包装品回收价值。材料预算价格的计算公式为

材料预算价格=(材料原价+材料供销部门手续费+材料包装费+材料运杂费)×(1+采购及保管费率)-包装品回收价值 (2-43)

（1）材料原价

材料原价是指材料出厂价、市场采购价或进口材料价。在编制材料预算价格时，尤其是编制地区材料预算价格时，因为要考虑材料的不同、供应渠道的不同、材料来源地的不同，所以材料原价可以根据供应数量比例，按加权平均方法计算。材料原价的计算公式为

$$\overline{P}=\frac{\sum_{i=1}^{n}P_iQ_i}{\sum_{i=1}^{n}Q_i} \tag{2-44}$$

式中：$\overline{P}$——加权平均材料原价；

P_i——各来源地材料原价；

Q_i——各来源地材料数量。

例 2-11 某工地所需标准砖，由甲、乙、丙三地供应，标准砖的出厂价见表 2-3。试求标准砖的材料原价。

表 2-3 标准砖的出厂价

货源地	数量/千块	出厂价/（元/千块）
甲地	900	155.00
乙地	1 500	150.00
丙地	600	152.00

解：

$$\bar{P}=\frac{155\times900+1500\times150+600\times152}{900+1500+600}=151.90(\text{元/千块})$$

（2）材料供销部门手续费

材料供销部门手续费是指购买材料的单位不能直接向生产厂家采购、订货，必须经过物资供销部门供应时所支付的手续费，包括材料入库、出库、管理和进货运杂费等。材料供销部门手续费的计算公式为

$$\text{材料供销部门手续费}=\text{材料原价}\times\text{手续费率} \tag{2-45}$$

（3）材料包装费

材料包装费是指为了便于储运材料、保护材料，使材料不受损失而发生的包装费用，主要是指耗用的包装品的价值和包装费用。材料包装费的计算公式为

$$\text{材料包装费}=\text{发生包装品的数量}\times\text{包装品单价} \tag{2-46}$$

$$\text{包装品回收价值}=\text{材料包装费}\times\text{包装品回收率}\times\text{包装品残值率} \tag{2-47}$$

例 2-12 水泥用纤维袋包装，每吨用 20 个袋子，每个袋子的单价为 5.50 元，回收率 60%，残值率 50%。试计算每吨水泥的包装费、包装品回收价值。

解：

$$\text{包装费}=20\times5.50=110.00(\text{元/吨})$$

$$\text{包装品回收价值}=110.00\times60\%\times50\%=33.00(\text{元/吨})$$

（4）材料运杂费

材料运杂费是指材料由其来源地运至工地、仓库或堆放场地的全部运输过程中，所支出的一切费用，包括车、船等的运费，调车费或驳船费，装卸费及合理的材料运输损耗费等。其中，调车费是指机车到非公用装货地点装货时的调车费用；装卸费是指火车、汽车、轮船出入仓库时的搬运费；材料运输损耗费是指材料在运输、装卸和搬运过程中发生的合理（定额）损耗费。材料运杂费的计算公式为

$$\text{材料运杂费}=\text{运费}+\text{调车费或驳船费}+\text{装卸费}+\text{材料运输损耗费} \tag{2-48}$$

注意：从工地、仓库或堆放场地运到施工地点的各种费用不包含在预算价格的材料运杂费中，而应包括在预算定额的原材料运输费中，或者计入材料二次搬运费中。

① 加权平均运费的计算。当同一种材料有几个货源地时，按各货源地供应的数量比例和运费单价，计算加权平均运费。加权平均运费的计算公式为

$$\overline{P}=\frac{\sum_{i=1}^{n}P_iQ_i}{\sum_{i=1}^{n}Q_i} \tag{2-49}$$

式中：$\overline{P}$——加权平均运费；

P_i——各来源地材料运输单价；

Q_i——各来源地材料供应量或供应量占总供应量的百分比。

其他调车费、驳船费、装卸费的计算方法同运费的计算方法相同，即当同一种材料有几个货源地时，按各货源地供应的数量比例和费用单价，计算加权平均费用。

② 材料运输损耗费的计算。材料运输损耗费的计算公式为

材料运输损耗费=(加权平均材料原价+材料供销部门手续费+材料包装费+运费+调车费或驳船费+装卸费)×运输损耗率　　(2-50)

式中，运输损耗率按国家有关部门规定的损耗率来确定。

(5) 材料采购及保管费

材料采购及保管费是指材料供应部门在组织采购、供应和保管材料过程中所发生的各项费用。材料采购及保管费的计算公式为

材料采购及保管费=(加权平均材料原价+材料供销部门手续费+材料包装费+材料运杂费)×采购及保管费率　　(2-51)

式中，采购及保管费率综合取定值一般为 2.5%。

例 2-13　根据表 2-4 的涂料预算价计算某涂料的材料预算价格。采用塑料桶包装，每桶装 20 kg，每个桶单价 12 元，回收率 80%，残值率 60%。

表 2-4　涂料预算价

货源地	质量/kg	出厂价/(元/千克)	运费/(元/千克)	装卸费/(元/千克)	运输损耗率	材料供销部门手续费率	采购及保管费率
甲地	1 000	24.00	1.6	0.7	2.0%	3%	2.5%
乙地	600	26.50	1.4	0.8	2.0%	3%	2.5%
丙地	1 500	27.00	1.3	0.6	2.0%	3%	2.5%

解：①加权平均材料原价

$$\overline{P}=\frac{24.00\times1\ 000+26.50\times600+27.00\times1\ 500}{1\ 000+600+1\ 500}\approx25.94(\text{元/千克})$$

② 材料供销部门手续费

$$材料供销部门手续费=25.94\times3\%\approx0.78(元/千克)$$

③ 材料包装费

$$材料包装费=\frac{12.00}{20}=0.60(元/千克)$$

$$包装品回收价值=0.6\times0.8\times0.6=0.288(元/千克)$$

④ 材料运杂费

$$运费=\frac{1.6\times1\ 000+1.4\times600+1.3\times1\ 500}{1\ 000+600+1\ 500}\approx1.42(元/千克)$$

$$装卸费=\frac{0.7\times1\ 000+0.8\times600+0.6\times1\ 500}{1\ 000+600+1\ 500}\approx0.67(元/千克)$$

$$材料运输损耗费=(25.94+0.78+0.6+1.42+0.67)\times2\%\approx0.59(元/千克)$$

$$材料运杂费=1.42+0.67+0.59=2.68(元/千克)$$

⑤ 材料预算价格

$$该涂料的材料预算价格=(25.94+0.78+0.6+2.68)\times(1+2.5\%)-0.288\approx30.46(元/千克)$$

例 2-14 工程需要某材料，甲地可以供货 15%，原价为 90.50 元/吨；乙地可以供货 45%，原价为 92.00 元/吨；丙地可以供货 15%，原价为 94.00 元/吨；丁地可以供货 25%，原价为 93.50 元/吨。甲、乙两地为汽车运输，运距分别为 60 km 和 70 km，运费为 0.50 元/（千米/吨)，装卸费为 3.5 元/吨，调车费为 2.8 元/吨，途中损耗 2.5%；丙、丁两地为水路运输，丙地运距 100 km，丁地运距 110 km，运费为 0.40 元/（千米/吨)，装卸费为 4.5 元/吨，驳船费为 2.5 元/吨，途中损耗 3%。材料包装费均为 12 元/吨，材料采购及保管费率为 2.5%，试计算该材料的预算价格。

解：

$$加权平均材料原价=90.50\times15\%+92.00\times45\%+94.00\times15\%+93.50\times25\%=92.45(元/吨)$$

$$材料包装费=12\ 元/吨$$

材料运杂费：

$$运费=(15\%\times60+45\%\times70)\times0.50+(15\%\times100+25\%\times110)\times0.40=37.25(元/吨)$$

$$装卸费=(0.15+0.45)\times3.50+(0.15+0.25)\times4.50=3.90(元/吨)$$

$$调车费或驳船费=(15\%+45\%)\times2.80+(15\%+25\%)\times2.50=2.68(元/吨)$$

$$加权平均路途损耗率=(15\%+45\%)\times2.5\%+(15\%+25\%)\times3\%=2.7\%$$

$$材料运输损耗费=(92.45+12+37.25+3.90+2.68)\times2.7\%\approx4.00(元/吨)$$

$$材料运杂费=37.25+3.90+2.68+4.00=47.83(元/吨)$$

$$该材料的预算价格=(92.45+12+47.83)\times(1+2.5\%)\approx156.09(元/吨)$$

此外，也可将式（2-43）材料预算价格中的五项费用划分为三项，即供应价格、市内运费和采购及保管费。材料预算价格的计算公式为

$$材料预算价格=供应价格+市内运费+采购及保管费 \tag{2-52}$$

$$供应价格=材料原价+供销部门手续费+包装费+外埠运费 \tag{2-53}$$

$$采购及保管费=(供应价格+市内运费)\times采购及保管费率 \tag{2-54}$$

例 2-15 3 mm 厚的浮法玻璃供应价格为 23.00 元/平方米，市内运费为供应价格的 3%，采购及保管费率为 2.5%，试求其预算价格。

解：

$$市内运费=23.00\times3\%=0.69(元/平方米)$$

$$采购及保管费=(23.00+0.69)\times2.5\%\approx0.59(元/平方米)$$

$$预算价格=供应价格+市内运费+采购及保管费=23.00+0.69+0.59=24.28(元/平方米)$$

进口材料、设备预算价格的组成。进口材料、设备预算价格的计算公式为

$$M=A+B \tag{2-55}$$

$$N=(M+C)\times(1+2.5\%) \tag{2-56}$$

式中：M——进口材料、设备供应价格；

N——进口材料、设备预算价格；

A——材料、设备到岸期完税后的外汇牌价折合成人民币价格；

B——实际发生的外埠运杂费；

C——实际发生的市内运杂费；

2.5%——材料采购及保管费率。

特别提示

当所用材料、设备不在材料预算价格中时，应由实际供应价格（含实际发生的外埠运杂费）加市内运杂费和采购及保管费，组成补充预算价格。

3. 施工机械台班预算价格的确定

施工机械台班预算价格亦称施工机械台班使用费，是指在单位工作台班中为使机械正常运转所分摊和支出的各项费用。这些费用按其性质划可分为第一类费用和第二类费用。

第一类费用亦称不变费用，是指属于分摊性质的费用，包括折旧费、大修理费、经常修理费、安拆费及场外运费。

第二类费用亦称可变费用，是指属于支出性质的费用，包括燃料动力费、人工费、养路费及车船使用税、保险费。

（1）第一类费用的计算

① 折旧费。折旧费是指机械设备在规定的使用期限内（耐用总台班），收回其原值及支付贷款利息等费用。折旧费的计算公式为

$$折旧费=\frac{机械预算价格\times(1-残值率)+贷款利息}{耐用总台班} \tag{2-57}$$

机械预算价格由机械出厂（或到岸完税）价格和由生产厂（销售单位交货地点或口岸）运至使用单位库房，并经过主管部门验收的全部费用组成。例如，国产运输机械预算价格的计算公式为

$$\text{国产运输机械预算价格}=\text{销售价}\times(1+\text{购置附加费})+\text{运杂费} \tag{2-58}$$

残值率为机械报废时其回收残余价值占原值的比率，一般为 3%～5%。

耐用总台班为机械设备从开始投入使用至报废前所使用的总台班数。耐用总台班的计算公式为

$$\text{耐用总台班}=\text{大修理间隔台班}\times\text{大修理周期} \tag{2-59}$$

例 2-16 6 t 载重汽车的销售价为 80 000 元，购置附加费率为 10%，运杂费为 6 000 元，残值率为 3%，大修理间隔台班为 550 个，大修理周期为 3 个，贷款利息为 4 600 元，试计算 6 t 汽车台班折旧费。

解：

$$6\text{ t 汽车预算价格}=80\ 000\times(1+10\%)+6\ 000=94\ 000\text{（元）}$$

$$\text{耐用总台班}=550\times3=1\ 650\text{（个）}$$

$$6\text{ t 汽车台班折旧费}=\frac{94\ 000\times(1-3\%)+4\ 600}{1\ 650}\approx58.05\text{（元/台班）}$$

② 大修理费。大修理费是指机械设备按规定的大修理间隔台班进行大修理，以恢复正常使用功能所需支出的费用。大修理费的计算公式为

$$\text{大修理费}=\frac{\text{一次大修理费}\times(\text{大修理周期}-1)}{\text{耐用总台班}} \tag{2-60}$$

$$\text{大修理周期}=\text{寿命期大修次数}+1 \tag{2-61}$$

例 2-17 6 t 载重汽车一次大修理费为 9 600 元，寿命期大修次数为 2 次，耐用总台班为 1 800 个，试计算 6 t 汽车台班大修理费。

解：

$$\text{大修理周期}=2+1=3\text{（个）}$$

$$6\text{ t 汽车台班大修理费}=\frac{9\ 600\times(3-1)}{1\ 800}\approx10.67\text{（元/台班）}$$

③ 经常修理费。经常修理费是指机械设备除大修理外的各级保养及临时故障所需支出的费用，包括为保障机械正常运转所需的替换设备、随机配置的工具、附具的摊销及维护费用，机械正常运转及日常保养所需润滑、擦拭材料费用，以及机械停置期间的维护保养费用等。经常修理费的计算公式为

$$\text{台班经常修理费}=\text{台班大修理费}\times\text{经常修理费系数} \tag{2-62}$$

式中，经常修理费系数的计算公式为

$$经常修理费系数=\frac{典型机械台班经常修理费测算值}{典型机械台班大修理费测算值}$$

例 2-18 经测算 6 t 载重汽车的台班经常修理费系数为 5.7，根据例 2-17 计算出的台班大修理费，计算 6 t 汽车台班经常修理费。

解：

$$6\ \text{t}汽车台班经常修理费=10.67\times5.7\approx60.82\ （元/台班）$$

④ 安拆费及场外运输费。安拆费是指机械在施工现场进行安装、拆卸所需的人工、材料、机械和试运转费用，以及机械辅助设施（如行走轨道、枕木等）的折旧、搭设、拆除等费用。安拆费的计算公式为

$$安拆费=\frac{机械一次安装拆卸费\times年平均拆卸次数}{年工作台班} \tag{2-63}$$

场外运输费是指机械整体或分体自停放场地运至施工现场或由一工地运至另一工地的运输、装卸、辅助材料及架线费用。场外运输费的计算公式为

$$场外运输费=\frac{(一次运输及装卸费+辅助材料一次摊销费+一次架线费)\times年运输次数}{年工作台班} \tag{2-64}$$

（2）第二类费用的计算

① 燃料动力费。燃料动力费是指机械设备在运转施工作业中所耗用的电力、风力、水及各种燃料（煤、木材等）的费用。燃料动力费的计算公式为

$$燃料动力费=台班燃料动力消耗量\times燃料动力的预算价格 \tag{2-65}$$

例 2-19 6 t 载重汽车每台班耗用汽油 33.00 kg，1 kg 汽油单价 3.40 元，试计算 6 t 汽车燃料动力费。

解：

$$6\ \text{t}汽车燃料动力费=33.00\times3.40=112.20(元/台班)$$

② 人工费。人工费是指机上司机、司炉及其他操作人员的工作日工资及上述人员在机械规定的年工作台班以外的基本工资和工资性津贴。人工费的计算公式为

$$人工费=机上操作人员人工工日数\times工日单价 \tag{2-66}$$

例 2-20 6 t 载重汽车每个台班的机上操作人工工日数为 1.25 个，人工工日单价为 30 元，试计算 6 t 汽车人工费。

解：

$$6\ \text{t}汽车人工费=1.25\times30=37.50(元/台班)$$

③ 养路费及车船使用税。养路费及车船使用税是按国家规定应缴纳的养路费、运输管理费、车辆年检费、牌照费和车船使用税等的台班摊销费用。养路费及车船使用税的计算公式为

$$养路费及车船使用税=\frac{载重量\times年工作月数\times养路费+年车船使用税}{年工作台班}+保险费及年检费 \tag{2-67}$$

$$保险费及年检费=\frac{年保险费及年检费}{年工作台班} \tag{2-68}$$

例 2-21　6 t 载重汽车每月应缴纳养路费 120 元/吨，每年应缴纳保险费 900 元、车船使用税 50 元/吨，每年工作台班 240 个，年工作月数为 10 个月，保险费及年检费共计 2 200 元，计算 6 t 汽车养路费及车船使用税。

解：

$$6\ t汽车养路费及车船使用税=\frac{6\times10\times120+900+6\times50}{240}+\frac{2\ 200}{240}\approx44.17(元/台班)$$

随学随练

一、判断题

1. 预算定额反映社会平均水平，而施工定额反映平均先进水平，所以施工定额水平一般要高于预算定额水平。（　　）

2. 材料预算价格的运杂费中包括了材料的二次搬运费。（　　）

二、单选题

1. 材料预算价格是指材料的（　　）。

A. 出库价格　　B. 材料原价　　C. 材料运杂费　　D. 材料包装费

2. 人工幅度差是指预算定额和劳动定额由于水平不同而引起的水平差，是包括在劳动定额中，而且预算定额中也必须考虑的工时消耗，如（　　）。

A. 工序交叉、搭接停歇的时间损失　　B. 砌筑墙体中的砌砖时间

C. 调运砂浆时间　　D. 运砖时间

三、计算题

现浇混凝土梁，每 10 m^3 混凝土接触面积为 78.9 m^2，每 10 m^2 接触面积需模板量 1.63 m^2。制作损耗率 5%，周转次数 7 次，补损率 15%，回收系数 0.5。试计算浇筑 10 m^3 混凝土梁模板的摊销量。

2.3　随学随练答案

本单元小结

通过本单元的学习，学生需要掌握以下内容：

预算定额是由国家主管部门颁发的，确定在正常合理的施工条件下，完成一定计量单位的分项工程或结构构件所必需的人工、材料和施工机械台班消耗的数量标准。

劳动定额和机械台班使用定额按其表现形式可分为时间定额和产量定额，二者互为倒数关系。

预算定额中的消耗指标包括人工消耗量指标、材料消耗量指标及机械台班消耗量指标。

人工消耗量指标包括基本用工量、辅助用工量、材料超运距用工量和人工幅度差。

材料消耗量指标分为非周转性材料（一次性材料）和周转性材料（如模板、脚手架等）消耗量指标。

施工机械台班消耗量指标分为以手工操作为主的工人班组所配备的施工机械和以机械化施工过程为主的施工机械两种机械台班消耗量指标。

人工预算价格由基本工资、辅助工资、工资性质津贴、职工福利费、交通补助和劳动保护费构成。

材料预算价格由材料原价、材料供销部门手续费、材料包装费、材料运杂费和材料采购及保管费组成。

施工机械台班预算价格亦称施工机械台班使用费，是指在单位工作台班中为使机械正常运转所分摊和支出的各项费用。这些费用按其性质可划分为第一类费用和第二类费用。

第一类费用亦称不变费用，是指属于分摊性质的费用，包括折旧费、大修理费、经常修理费、安拆费及场外运费。

第二类费用亦称可变费用，是指属于支出性质的费用，包括燃料动力费、人工费、养路费及车船使用税、保险费。

单元3 UNIT 3

建设工程工程量清单计价规范及清单计价

本单元共包括3个知识点，需要8个小时的有效时间来学习，学习周期为2周。

学习目标

知识点	教学目标	技能要点
1. 建设工程工程量清单计价规范概述； 2. 建设工程工程量清单的编制； 3. 工程量清单计价	1. 了解实行工程量清单计价的目的、意义、“13计价规范”的作用和适用范围； 2. 掌握建设工程工程量清单的编制方法； 3. 了解工程量清单计价时招标控制价的编制方法、工程合同价款的约定和工程竣工结算的程序	1. 能编制建设工程工程量清单； 2. 能够正确选用招标控制价编制表格； 3. 能进行工程合同价款的约定和完成工程竣工结算

引例 国际工程造价计价模式

20世纪80年代末至90年代初，世界各国对工程项目计价理论及计价方法开始了综合与集成阶段的研究。一些发达国家的计价模式是在市场经济的基础上建立起来的，并适应各自国内建筑市场的发展规律。这些先进的计价模式普遍采用工程量清单计价方法（美国除外），该计价方法是切实实现工程价格市场化和公平竞争的有效方式，是一种很有推广价值的市场经济计价方法。国际上在工程造价管理过程中，各国的计价模式不同，英、美、日三国的计价模式使用比较普遍。

英国工程造价计价模式。英国的计价模式为工料测量体系，采用工料测量工程计价方法，并依照统一的工程量计算规则的规定划分工程分项。英国的工程量计算规则是依据皇家特许测量师学会编制的《建筑工程工程量标准计算规则》（*Standard Method of Measurement of Building Works*）和英国土木工程师学会编制的《土木工程工程量标准计算规则》（*Civil Engineering Standard Method of Measurement*）计算工程量。消耗量标准及价格标准应用政府颁发的造价指标，物价指数，有关统计资料、刊物定期登载的有关的国内外工程价格资料，私人公司编制的工程价格和价目表，有关专业学会和联合会所属情报机构颁发的造价资料，大专院校、建筑研究部门发表的研究资料等。

美国工程造价计价模式。美国的市场化程度最高，它既没有统一的国家定额也没有统一的工程量计量规则，工程估价方法多种多样。承包商和咨询机构依据自己的估价系统进行工程估价；各个行业协会定期发布工程造价指南、各地指导费率标准等造价信息，对建筑工程计价进行引导和限制。这些都是由美国国内高度发达的市场经济所决定的。

日本工程造价计价模式。日本的工程定额是量价分离的，即工程定额只是消耗量的标准，只反映人、材、机详细的实物消耗量，而其相应的价格由市场决定，费率标准由企业自行确定。

我国加入世界贸易组织（World Trade Organization，WTO）后，建筑业一方面面临着严峻的挑战，另一方面又遇到了难得的发展机遇。这对工程造价的影响尤其显著。国外建筑商进入我国建筑市场，市场竞争程度加剧，使承揽建设任务的难度加大。

思考：我国建设工程造价已走上国际市场，如何参照国际惯例、规范及常规做法来确定工程造价呢？

本单元导读

2003年2月17日，中华人民共和国建设部（现中华人民共和国住房和城乡建设部）发布了国家标准《建设工程工程量清单计价规范》（GB 50500—2003），这是我国进行工程造价管理改革的一个里程碑。根据该清单计价规范在执行过程中积累的经验和反映出的问题，经论证和修订，2008年7月9日，中华人民共和国住房和城乡建设部发布了《建设工程工程量清单计价规范》（GB 50500—2008），并于2008年12月1日开始实施。2012年12月25日，中华人民共和国住房和城乡建设部发布了《建设工程工程量清单计价规范》（GB 50500—2013）（简称“13计价规范”），以及《房屋建筑与装饰工程工程量计算规范》（GB 50854—2013）、《通用安装工程工程量计算规范》（GB 50856—2013）等9本计量规范，简称“13计量规范”，并于2013年7月1日开始施行。

本单元主要学习如何依据“13计量规范”和“13计价规范”编制工程量清单、进行工程量清单计价。

3.1 建设工程工程量清单计价规范概述

3.1.1 基本概念

1. 工程量清单

工程量清单是载明拟建工程的分部分项工程项目、措施项目、其他项目的名称和相应数量以及规费、税金项目等内容的明细清单。工程量清单应由具有编制能力的招标人或受其委托，具有相应资质的工程造价咨询人员编制。工程量清单分为招标工程量清单和已标价工程量清单两类。

① 招标工程量清单，是指招标人依据国家标准、招标文件、设计文件及施工现场实际情况编制的，随招标文件发布，供投标报价的工程量清单，包括相应的说明和表格。

② 已标价工程量清单，是指投标文件中已标明价格，经算术性错误修正（如有）且承包人已确认的工程量清单，包括相应的说明和表格。

2. 工程量清单计价

① 工程量清单计价是建设工程招投标中，招标人按照国家统一的工程量计算规则提供工程数量，由投标人依据工程量清单自主报价，并经过评审低价中标的工程造价计价方式。

② 工程量清单计价应包括按招标文件规定，完成工程量清单所列项目的全部费用，包括分部分项工程费、措施项目费、其他项目费、规费和税金。

③ 工程量清单计价采用综合单价计价。综合单价是指完成一个规定清单项目所需的人工费、材料和设备费、施工机具使用费、企业管理费与利润，以及一定范围内的风险费用。

3.1.2　实行工程量清单计价的意义

1. 实行工程量清单计价，将改革以工程预算定额为计价依据的计价模式

长期以来，我国招标控制价、投标报价、竣工结算均以工程预算定额作为主要依据。1992 年，为了使工程造价管理由静态管理模式逐步转变为动态管理模式，以适应建设市场改革的要求，针对工程预算定额编制和使用中存在的问题，我国提出了“控制量、指导价、竞争费”的改革措施，但随着建设市场化进程的发展，这种做法仍然难以改变工程预算中存在的国家指令性定额的状况，难以进一步提高竞争意识，难以满足招标、投标和评标的要求。工程量清单计价改革了工程预算定额为计价依据的计价模式。

2. 实行工程量清单计价，有利于公开、公平、公正竞争

工程量清单计价是市场形成工程造价的主要形式，有利于发挥企业自主报价的能力，实现由政府定价到市场定价的转变；有利于改变招标单位在招标中盲目压价的行为，从而真正体现公开、公平、公正的竞争原则，反映市场经济规律。

3. 实行工程量清单计价，有利于招投标双方合理承担风险，提高管理水平

采用工程量清单计价模式招投标，对发包单位来说，由于工程量清单是招标文件的组成部分，招标单位必须编制出准确的工程量清单，并承担相应的风险，这能促进招标单位提高管理水平；由于工程量清单是公开的，能避免工程招标中的弄虚作假、暗箱操作等不规范行为。对承包企业来说，其必须对单位工程成本、利润进行分析，统筹考虑，精心选择施工方案，并根据企业的定额合理确定人工、材料和设备、施工机械等要素的投入与配置，优化组合，合理控制现场费用和施工技术措施费用，确定投标价并承担相应的风险。企业必须改变过去过分依赖国家发布定额的状况，根据自身的条件编制出自己的企业定额。

4. 实行工程量清单计价，有利于我国工程造价管理中政府职能的转变

实行工程量清单计价，将有利于我国工程造价管理中政府职能的转变，即由过去根据政府控制的指令性定额编制工程预算转变为根据工程量清单进行计价，由过去的政府直接干预转变为对工程造价的依法监管，从而将有效地强化政府对工程造价的宏观调控。

5. 实行工程量清单计价，有利于我国建筑企业增强国际竞争能力

要增强国际竞争能力，我国建筑企业就必须使用国际通行的计价方法。工程量清单计价是国际通行的计价方法，只有在我国实行工程量清单计价，为建设市场主体创造一个与国际惯例接轨的市场竞争环境，才有利于提高国内各建设市场主体参与国际化竞争的能力，有利于提高工程建设的管理水平。

3.1.3 “13计价规范”编制的指导思想和原则

“13计价规范”编制的指导思想是按照政府宏观调控、市场竞争形成价格的要求，创造公平、公正、公开的竞争环境，以建立全国统一的、有序的建筑市场。“13计价规范”在编制中既要与国际惯例接轨，又要考虑我国的实际国情，应主要坚持以下原则：

1. 政府宏观调控、企业自主报价、市场竞争形成价格

（1）政府宏观调控

① 全部使用国有资金或以国有资金投资为主的工程建设项目要严格执行“13计价规范”的有关规定，这与《中华人民共和国招标投标法》规定的政府投资要进行公开招标是相适应的。

②“13计价规范”统一了分部分项工程项目名称、计量单位、工程量计算规则、项目编码，为建立全国统一的建设市场和规范计价行为提供了依据。

③“13计价规范”中没有人工、材料和机械的消耗量，这必然会促使企业提高管理水平，引导企业学会编制自己的消耗量定额，增强竞争能力。

（2）企业自主报价、市场竞争形成价格

为使企业自主报价、参与市场竞争，将企业能自主选择的施工方法、施工措施，以及人工、材料、机械的消耗量水平、取费等均交由企业来确定，给企业留有充分选择的权利，以促进企业之间的自由竞争，提高企业生产力水平。

特别提示

“13计价规范”不规定人工、材料和机械消耗量，这为企业报价提供了自主空间，投标企业可以结合自身的生产效率、消耗水平和管理能力与已储备的本企业报价资料，按照“13计价规范”规定的原则和方法投标报价。工程造价的最终确定，由发承包双方在市场竞争中按价值规律通过合同确定。

2. 与现行预算定额既有机结合又有所区别

预算定额是计划经济的产物，有许多方面不适应“13计价规范”的编制指导思想，主要表现在：

① 施工工艺、施工方法是根据大多数企业的施工方法综合取定的。

② 人工、材料、机械消耗量是根据“社会平均水平”综合测定的。

③ 取费标准是根据不同地区的平均水平测算的。

因此，企业根据预算定额报价时就会表现为平均主义，使企业不能结合自身技术管理水平自主报价，不能充分调动自身加强管理的积极性。

预算定额是我国经过几十年实践总结得出的，在项目划分、计量单位、工程量计算规则

等方面具有一定的科学性和实用性。“13 计价规范”在编制过程中，应尽可能多地与预算定额衔接，但在有些方面与预算定额还是要有所区别。

3. 既考虑我国工程造价管理的现状，又尽可能与国际惯例接轨

“13 计价规范”在编制中，既借鉴了世界银行（The World Bank）、国际咨询工程师联合会（Fédération lnternationale Des lngénieurs Conseils，FIDIC）、英联邦国家的一些做法，同时也结合了我国现阶段的具体情况。

3.1.4 “13 计价规范”内容简介

“13 计价规范”包括规范条文和附录两部分。

规范条文共 16 章，包括总则、术语、一般规定、工程量清单编制、招标控制价、投标报价、合同价款约定、工程计量、合同价款调整、合同价款期中支付、竣工结算与支付、合同解除的价款结算与支付、合同价款争议的解决、工程造价鉴定、工程计价资料与档案、工程计价表格。规范条文就适用范围、作用，以及计量活动中应遵循的原则、工程量清单编制的规则、工程量清单计价的规则、工程量清单计价格式及编制人员资格等做出了明确规定。

附录分为附录 A、附录 B、附录 C、附录 D、附录 E、附录 F、附录 G、附录 H、附录 J、附录 K、附录 L，共计 11 个。除附录 A 外，其余均为工程计价表格的相关内容。附录分别对招标控制价、投标报价、竣工结算的表格编制做出了明确规定。

3.1.5 “13 计价规范”的作用

① 在招投标阶段，招标工程量清单为投标人的投标竞争提供了一个平等和共同的基础。工程量清单将要求投标人完成的工程项目及其相应工程实体数量全部列出，为投标人提供了拟建工程的基本内容、实体数量和质量要求等信息。这使所有投标人所掌握的信息相同，受到的待遇是客观、公正和公平的。

② 工程量清单是建设工程计价的依据。在招投标过程中，招标人根据工程量清单编制招标工程的招标控制价；投标人按照工程量清单所表述的内容，依据企业定额计算投标报价，自主填报工程量清单所列项目的单价与合价。

③ 工程量清单是工程付款和结算的依据。发包人根据承包人是否完成工程量清单规定的内容，以投标时在工程量清单中所报的单价作为支付工程进度款和进行结算的依据。

④ 工程量清单是调整工程量、进行工程索赔的依据。在发生工程变更、索赔、增加新的工程项目等情况时，可以选用或者参照工程量清单中的分部分项工程或计价项目与合同单价来确定变更项目或索赔项目的单价和相关费用。

3.1.6 “13 计价规范”的适用范围

① 工程量清单适用于建设工程发包、承包及实施阶段的计价活动，包括工程量清单的编制、招标控制价的编制、投标报价的编制、工程合同价款的约定、工程施工过程中计量与合同价款的支付、索赔与现场签证、竣工结算的办理和合同价款争议的解决及工程造价鉴定等活动。

②“13 计价规范”规定，使用国有资金投资的建设工程发承包必须采用工程量清单计价。

③ 对于使用非国有资金投资的建设工程，宜采用工程量清单计价。

随学随练

一、单选题

1.“13 计价规范”规定，使用（　　）投资的建设工程发承包必须采用工程量清单计价。

A. 国有资金　　B. 非国有资金　　C. 自筹资金　　D. 所有资金

2. 在招投标阶段，（　　）为投标人的投标竞争提供了一个平等和共同的基础。

A. 已标价工程量清单　　B. 招标工程量清单

C. 工程量清单　　D. 工程量

二、判断题

1. 工程量清单可以由具有编制能力的招标人或者投标人编制。（　　）

2. 建设工程工程量清单计价规范在编制中坚持的原则是政府宏观调控、企业自主报价、市场竞争形成价格。（　　）

3. 在招标、投标阶段，招标工程量清单为投标人的投标竞争提供了一个平等和共同的基础。（　　）

4. 实行工程量清单计价，有利于公开、公平、公正竞争。（　　）

三、填空题

1. 工程量清单分为______工程量清单和______工程量清单两类。

2. 工程量清单计价采用______计价。

3.1　随学随练答案

3.2　建设工程工程量清单的编制

3.2.1　工程量清单编制的一般规定

工程量清单由分部分项工程量清单、措施项目清单、其他项目清单、规费项目清单、税金项目清单组成。

采用工程量清单方式招标，招标工程量清单必须作为招标文件的组成部分，其准确性和完整性由招标人负责。

工程量清单编制的依据有：

《房屋建筑与装饰工程工程量计算规范》（GB 50854—2013）

① 现行计价规范和相关工程的国家计量规范。

② 国家或省级、行业建设主管部门颁发的计价定额和办法。

③ 建设工程设计文件及相关资料。

④ 与建设工程项目有关的标准、规范、技术资料。

⑤ 拟订的招标文件。

⑥ 施工现场情况、地勘水文资料、工程特点及常规施工方案。

⑦ 其他相关资料。

3.2.2　分部分项工程量清单的编制

分部分项工程量清单为不可调整的闭口清单。在投标阶段，投标人对招标文件提供的分部分项工程量清单必须逐一计价，对清单所列内容不允许进行任何更改变动。投标人如果认为清单内容有不妥或遗漏，只能通过质疑的方式由清单编制人做统一的修改更正。清单编制人应将修正后的工程量清单发给所有投标人。

分部分项工程量清单应按建设工程工程量计量规范的规定，确定项目编码、项目名称、项目特征、计量单位，并按不同专业工程量计量规范给出的工程量计算规则，进行工程量的计算。项目编码、项目名称、项目特征、计量单位和工程量是构成一个分部分项工程量清单的五个要件，缺一不可。

1. 项目编码

项目编码是分部分项工程量清单项目名称的数字标识。现行计量规范中的项目编码由十二位阿拉伯数字构成。第一至九位应按现行计量规范的规定设置，第十至十二位应根据拟建工程的工程量清单项目名称和项目特征设置，同一招标工程的项目编码不得有重码。

在十二位阿拉伯数字中，第一至二位为专业工程代码：房屋建筑与装饰工程为01、仿古建筑工程为02、通用安装工程为03、市政工程为04、园林绿化工程为05、矿山工程为06、构筑物工程为07、城市轨道交通工程为08、爆破工程为09；第三至四位为工程分类顺序码；第五至六位为分部工程顺序码；第七至九位为分项工程项目名称顺序码；第十至十二位为清单项目名称顺序码。

特别提示

当同一标段（或合同段）的一份工程量清单中含有多个单位工程且工程量清单是以单位工程为编制对象时，在编制工程量清单时应特别注意对项目编码第十至十二位的设置不得有重码的规定。

例如，一个标段（或合同段）的工程量清单中含有三个单位工程，每一个单位工程中都有项目特征相同的电梯，而在工程量清单中又需反映三个不同单位工程的电梯工程量，则第一个单位工程的电梯的项目编码为030107001001，第二个单位工程的电梯的项目编码为030107001002，第三个单位工程的电梯的项目编码为030107001003，并分别列出各单位工程电梯的工程量。

2. 项目名称

分部分项工程量清单的项目名称应按现行计量规范的项目名称结合拟建工程的实际来确定。分部分项工程量清单的项目名称一般以工程实体命名，项目名称如有缺项，编制人员应做补充，并报省级或行业工程造价管理机构备案。补充项目的编码由现行计量规范的专业工程代码X（01~09）、B和三位阿拉伯数字组成，并应从XB001起顺序编制，同一招标工程的项目名称不得重码。分部分项工程量清单中应附补充项目名称、项目特征、计量单位、工程量计算规则、工作内容。

3. 项目特征

项目特征是确定分部分项工程量清单综合单价的重要依据，在编制分部分项工程量清单时，必须对其项目特征进行准确和全面的描述。

有的项目特征用文字往往难以准确和全面地描述清楚，因此，为达到规范、简洁、准确、全面描述项目特征的要求，在描述分部分项工程量清单项目特征时应按以下原则进行：

① 项目特征描述的内容应按现行计量规范，结合拟建工程的实际，满足确定综合单价的需要。

② 对采用标准图集或施工图纸能够全部或部分满足项目特征描述要求的，项目特征描述可直接采用详见××图集或××图号的方式；对不能满足项目特征描述要求的部分，仍应用文字描述。

4. 计量单位

分部分项工程量清单的计量单位应按现行计量规范规定的计量单位确定，如“t”“m^3”

"m^2""m""kg"，或"项""个"等。在现行计量规范中，有两个或两个以上计量单位的，如钢筋混凝土桩的单位为"米"或"根"，应结合拟建工程的实际情况，确定其中一个为计量单位。同一工程项目计量单位应一致。

5. 工程量

现行计量规范明确了清单项目的工程量计算规则，其工程量是以形成工程实体为准，并以完成后的净值来计算的。这一计算方法避免了因施工方案不同而造成计算的工程量大小各异的情况，为各投标人提供了一个公平的平台。

"13 计价规范"中分部分项工程量清单项目设置的具体形式见表 3-1。

表 3-1 "13 计价规范"中分部分项工程量清单项目设置的具体形式

项目编码	项目名称	项目特征	计量单位	工程量计算规则	工作内容
010401001001	砖基础	1. 砖品种、规格、强度等级； 2. 基础类型； 3. 砂浆强度等级； 4. 防潮层材料种类	m^3	按设计图示尺寸以体积计算，包括附墙垛基础宽出部分体积，扣除地梁（圈梁）、构造柱所占体积，不扣除基础大放脚 T 形接头处的重叠部分，以及嵌入基础内的钢筋、铁件、管道、基础砂浆防潮层和单个面积≤0.3 m^2的孔洞所占体积，靠墙暖气沟的挑檐亦不增加 基础长度：外墙按中心线，内墙按内墙净长线计算	1. 砂浆制作、运输； 2. 砌砖； 3. 防潮层铺设； 4. 材料运输

3.2.3 措施项目清单的编制

措施项目清单为可调整清单，投标人对招标文件中所列项目，可根据自身特点做适当的变更增减。投标人要对拟建工程可能发生的措施项目和措施费用做通盘考虑，清单一经报出，即被认为包括了所有应该发生的措施项目的全部费用。如果报出的清单中没有列项，但施工中又必须发生的项目，那么业主有权认为，其已经综合在分部分项工程量清单的综合单价中。将来措施项目发生时投标人不得以任何借口提出索赔与调整。"13 计价规范"将措施项目分为能计量和不能计量的两类。

对能计量的措施项目（单价措施项目），同分部分项工程量清单一样，在编制措施项目清单时应列出项目编码、项目名称、项目特征、计量单位，并按现行计量规范采用对应的工程量计算规则计算其工程量。

对不能计量的措施项目（总价措施项目），措施项目清单中仅列出了项目编码、项目名称，但未列出项目特征、计量单位，在编制措施项目清单时，应按现行计量规范附录（措施项目）的规定执行。

特别提示

由于工程建设施工的特点和承包人组织施工生产的施工装备水平、施工方案及其管理水平的差异，对于同一工程，不同的承包人组织施工采用的施工措施并不完全一致，所以，措施项目清单应根据拟建工程的实际情况和承包人的状况列项。

措施项目清单应根据拟建工程的实际情况列项，通用措施项目一览表见表 3-2。

表 3-2　通用措施项目一览表

序号	项目名称
1	安全文明施工（含环境保护、文明施工、安全施工和临时设施）
2	夜间施工
3	二次搬运
4	冬雨季施工
5	大型机械设备进出场及安拆
6	施工排水
7	施工降水
8	地上、地下设施，建筑物的临时保护设施
9	已完工程及设备保护

3.2.4　其他项目清单的编制

其他项目清单是指因招标人的特殊要求而发生的与拟建工程有关的其他费用项目和相应数量的清单。其他项目清单应根据拟建工程的具体情况列项。

1. 暂列金额

暂列金额是招标人暂定并包括在合同中的一笔款项。中标人只有按照合同约定程序，实际进行了暂列金额所包含的工作才能纳入合同结算价款中。扣除实际发生金额后的暂列金额余额仍属于招标人所有。

2. 暂估价

暂估价包括材料暂估价、工程设备暂估价和专业工程暂估价。暂估价中的材料暂估价、工程设备暂估价应根据工程造价信息或参照市场价格估算，列出明细表；专业工程暂估价应分不同专业，按有关计价规定估算，列出明细表。

一般而言，为方便合同管理和计价，需要纳入分部分项工程量清单项目综合单价中的暂估价最好只包括材料费、工程设备费，以方便投标人组价。专业工程暂估价一般是综合暂估价，应当包括除规费、税金以外的管理费、利润等。

3. 计日工

计日工是为了解决现场发生的零星工作的计价问题而设立的。计日工对完成零星工作所消耗的人工工时、材料数量、施工机械台班进行计量，并按照计日工表中填报的适用项目的单价进行计价支付。

计日工适用的零星工作一般是指合同约定之外的或者因变更而产生的、工程量清单中没有相应项目的额外工作，尤其是那些无法事先商定价格的额外工作。为了获得合理的计日工单价，在计日工表中一定要尽可能把项目列全，并给出一个比较贴近实际的暂定数量。

4. 总承包服务费

总承包服务费是总承包人为配合协调发包人进行的专业工程发包，对发包人自行采购的材料、工程设备等进行保管，以及施工现场管理、竣工资料汇总整理等服务所需的费用。

3.2.5　规费项目清单的编制

规费是指按国家法律、法规规定，由省级政府和省级有关权力部门规定，必须缴纳或计取的费用。规费项目清单应按照下列内容列项：工程排污费，社会保障费（包括养老保险费、失业保险费、医疗保险费、工伤保险费、生育保险费），住房公积金。出现上述未列的项目，应根据省级政府或省级有关权力部门的规定列项。

3.2.6　税金项目清单的编制

目前，我国税法规定，应计入建筑安装工程造价内的税种，包括营业税、城市维护建设税、教育费附加税和地方教育附加税等，出现上述未列出的项目，应根据税务部门的规定列项。如果国家税法发生变化或地方政府及税务部门依据职权对税种进行了调整，那么应对税金项目清单进行相应调整。

3.2.7　工程量清单示例

某工程分部分项工程量清单见表 3-3。

表 3-3　某工程分部分项工程量清单

序号	项目编码	项目名称	项目特征	计量单位	工程量	金额/元		
						综合单价	合价	其中：暂估价
		A.1　土（石）方工程						
1	010101001001	平整场地	Ⅱ、Ⅲ类土综合，土方就地挖填找平	m^2	1 792			

续表

序号	项目编码	项目名称	项目特征	计量单位	工程量	金额/元		
						综合单价	合价	其中：暂估价
		A.1 土（石）方工程						
2	010101004001	挖基础土方	Ⅲ类土，条形基础，垫层底宽 2 m，挖土深度 4 m 以内，弃土运距 10 km	m^3	1 432			
		（其他略）						
		分部小计						
		A.2 桩与地基基础工程						
3	010302001001	混凝土灌注桩	人工挖孔，二级土，桩长 10 m，有护壁段长 9 m，共 42 根，桩直径 1 000 mm，扩大头直径 1 100 mm，桩混凝土为 C25，护壁混凝土为 C20	m	420			
		（其他略）						
		分部小计						
		A.3 砌筑工程						
4	010401001001	砖基础	M10 水泥砂浆砌条形基础，深度 2.8～4.0 m，MU15 页岩砖 240 mm×115 mm×53 mm	m^3	239			
5	010401003001	实心砖墙	M7.5 混合砂浆砌实心墙，MU15 页岩砖 240 mm×115 mm×53 mm，墙体厚度 240 mm	m^3	2 037			
		（其他略）						
		分部小计						
		A.4 混凝土及钢筋混凝土工程						
6	010503001001	基础梁	C30 混凝土基础梁，梁底标高 -1.55 m，梁截面 300 mm×600 mm，250 mm×500 mm	m^3	208			
7	010515001001	现浇混凝土钢筋	螺纹钢 Q235，Φ14 mm	t	58			
		（其他略）						
		分部小计						

续表

序号	项目编码	项目名称	项目特征	计量单位	工程量	金额/元		
						综合单价	合价	其中：暂估价
		A.6　金属结构工程						
8	010606009001	钢爬梯	U形钢爬梯，型钢品种、规格详见××图，油漆为红丹一遍，调和漆两遍	t	0.258			
		分部小计						
		A.7　屋面及防水工程						
9	010902003001	屋面刚性防水	C20 细石混凝土，厚 40 mm，建筑油膏嵌缝	m^2	1 853			
		(其他略)						
		分部小计						
		A.8　防腐、保温、隔热工程						
10	011001001001	保温隔热屋面	沥青珍珠岩块 500 mm×500 mm×150 mm，1∶3 水泥砂浆护面，厚 25 mm	m^2	1 853			
		(其他略)						
		分部小计						
		B.1　楼地面工程						
11	011101001001	水泥砂浆楼地面	1∶3 水泥砂浆找平层，厚 20 mm，1∶2 水砂浆面层，厚 25 mm	m^2	6 500			
		(其他略)						
		分部小计						
		B.2　墙、柱面工程						
12	011201001001	外墙面抹灰	页岩砖墙面，1∶3 水泥砂浆底层，厚 15 mm，1∶2.5 水泥砂浆面层，厚 6 mm	m^2	4 050			
13	011202001001	柱面抹灰	混凝土柱面，1∶3 水泥砂浆底层，厚 15 mm，1∶2.5 水泥砂浆面层，厚 6 mm	m^2	850			
		(其他略)						
		分部小计						

续表

序号	项目编码	项目名称	项目特征	计量单位	工程量	金额/元		
						综合单价	合价	其中：暂估价
		B. 3　天棚工程						
14	011301001001	天棚抹灰	混凝土天棚，基层刷水泥浆一道加 107 胶，1：0.5：2.5 水泥石灰砂浆底层，厚 12 mm，1：0.3：3 水泥石灰砂浆面层厚 4 mm	m^2	7 000			
		（其他略）						
		分部小计						
		B. 4　门窗工程						
15	010807006001	塑钢窗	80 系列 LC0915 塑钢平开窗带纱 5 mm 白玻	m^2	900			
		（其他略）						
		分部小计						
		B. 5　油漆、涂料、裱糊工程						
16	011406001001	外墙乳胶漆	基层抹灰面满刮成品耐水腻子三遍磨平，乳胶漆两遍	m^2	4 050			
		（其他略）						
		分部小计						
		C. 2　电气设备安装工程						
17	030404035001	插座安装	单相三孔插座，250 V/10 A	个	1 224			
18	030412001001	电气配管	砖墙暗配 PC20 阻燃 PVC 管	m	9 858			
		（其他略）						
		分部小计						
		C. 8　给排水安装工程						
19	031001006001	塑料给水管安装	室内 DN20/PP－R 给水管，热熔连接	m	1 569			
20	03001006002	塑料排水管安装	室内 Φ110 mm UPVC 排水管，承插胶黏接	m	849			
		（其他略）						
		分部小计						

随学随练

一、单选题

1. 项目编码是分部分项工程量清单项目名称的数字标识。现行计量规范项目编码由(　　)位阿拉伯数字构成。

A. 九　　B. 十二　　C. 十　　D. 六

2. (　　)是确定分部分项工程量清单综合单价的重要依据，在编制分部分项工程量清单时，必须对其进行准确和全面的描述。

A. 项目特征　　B. 项目编码　　C. 项目名称　　D. 计量单位

二、判断题

1. 分部分项工程量清单为可调整的闭口清单。(　　)

2. 在投标阶段，投标人对招标文件提供的分部分项工程量清单必须逐一计价，对清单所列内容可以进行适当的更改变动。(　　)

3. 同一招标工程的项目编码不得有重码。(　　)

三、填空题

1. 采用工程量清单方式招标，招标工程量清单必须作为招标文件的组成部分，其准确性和完整性由______负责。

2. 工程量清单由______工程量清单、______清单、其他项目清单、______项目清单、税金项目清单组成。

3. ______、______、______、______和工程量是构成一个分部分项工程量清单的五个要件，缺一不可。

4. 暂估价包括______暂估价、______暂估价和______暂估价。

3.2　随学随练答案

3.3　工程量清单计价

实行工程量清单计价招投标的建设工程，其招标控制价的确定、投标报价的编制、合同价款的约定与调整、竣工结算、工程量清单计价表格的编制等均应按“13 计价规范”执行。

3.3.1 工程量清单计价的一般规定

《建设工程工程量清单计价规范》（GB 50500—2013）

① 建设工程施工发包造价和承包造价由分部分项工程费、措施项目费、其他项目费、规费和税金组成。

② 分部分项工程量清单和措施项目清单应采用综合单价计价。

③ 招标工程量清单标明的工程量是投标人投标报价的共同基础，竣工结算的工程量按发包、承包双方在合同中约定应予计量且实际完成的工程量确定。

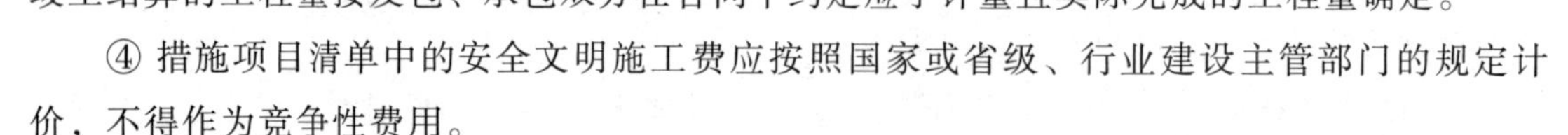

④ 措施项目清单中的安全文明施工费应按照国家或省级、行业建设主管部门的规定计价，不得作为竞争性费用。

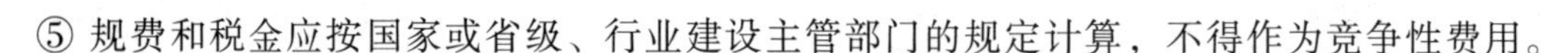

⑤ 规费和税金应按国家或省级、行业建设主管部门的规定计算，不得作为竞争性费用。

⑥ 采用工程量清单计价的工程，应在招标文件或合同中明确计价中的风险内容及其范围（幅度），不得采用无限风险、所有风险或类似语句规定计价中的风险内容及其范围（幅度）。

⑦ 下列影响合同价款的因素出现，应由发包人承担：

a. 国家法律、法规、规章和政策变化。

b. 省级或行业建设主管部门发布的人工费调整。

⑧ 由于市场物价波动影响合同价款，应由发包、承包双方合理分摊并在合同中约定。合同中没有约定，发承包双方发生争议时，按下列规定实施：

a. 材料、工程设备的涨幅超过招标时基准价格5%的由发包人承担。

b. 施工机械使用费涨幅超过招标时基准价格10%的由发包人承担。

⑨ 承包人因使用机械设备、施工技术及组织管理水平等自身因素造成施工费用增加的，由承包人全部承担。

⑩ 不可抗力发生而影响合同价款的，按“13计价规范”中关于合同价款调整的相关规定执行。

3.3.2 招标控制价

招标控制价是招标人根据国家或省级、行业建设主管部门颁发的有关计价依据和办法，以及拟定的招标文件和招标工程量清单，结合工程具体情况编制的招标工程的最高投标限价。

1. 招标控制价的编制原则

按“13计价规范”规定，使用国有资金投资的建设工程招标，招标人必须编制招标控制价。招标控制价应由具有编制能力的招标人员或受其委托具有相应资质的工程造价咨询人员编制和复核。工程造价咨询人员接受招标人委托编制招标控制价后，不得再就同一工程接受投标人委托编制投标报价。

2. 招标控制价的编制方法

招标控制价的各项费用及税金的编制方法如下：

（1）分部分项工程费的确定

分部分项工程费由各分项工程的综合单价与对应的工程量（清单所列工程量）相乘后汇总而得。

综合单价应根据拟定的招标文件和招标工程量清单项目中的特征描述及有关要求确定，综合单价还应包括招标文件中划分的应由投标人承担的风险范围及其费用。工程量按国家有关行政主管部门颁布的不同专业的工程量计算规范确定。招标文件提供了暂估价材料的，按暂估价计入综合单价。

（2）措施项目费的确定

措施项目费应按招标文件中提供的措施项目清单确定。采用分部分项工程综合单价形式进行计价的工程量，应按措施项目清单中的工程量确定综合单价；以“项”为单位的方式计价的，价格包括除规费、税金以外的全部费用。措施项目费中的安全文明施工费应当按照国家或省级、行业建设主管部门的规定标准计价。

（3）其他项目费的确定

① 暂列金额。暂列金额应按招标工程量清单中列出的金额填写。

② 暂估价。暂估价中的材料、工程设备单价、控制价应按招标工程量清单列出的单价计入综合单价。暂估价中专业工程暂估价应按招标工程量清单中列出的金额填写。

③ 计日工。编制招标控制价时，对计日工中的人工单价和施工机械台班单价应按国家或省级、行业建设主管部门或其授权的工程造价管理机构公布的单价计算；材料应按工程造价管理机构发布的工程造价信息中的材料单价计算，工程造价信息未发布材料单价的，其价格应按市场调查确定的单价计算。

④ 总承包服务费。编制招标控制价时，总承包服务费应按照国家或省级、行业建设主管部门的规定计算，或参考相关规范计算。

特别提示

在现行“13计价规范”条文的说明中，总承包服务费的参考值如下：

① 当招标人仅要求总包人对其发包的专业工程进行现场协调和统一管理、对竣工资料进行统一汇总整理等服务时，总包服务费按发包的专业工程估算造价的1.5%左右计算。

② 当招标人要求总包人对其发包的专业工程既进行总承包管理和协调，又要求提供相应配合服务时，总承包服务费根据招标文件列出的配合服务内容，按发包的专业工程估算造价的3%~5%计算。

③ 招标人自行供应材料、设备的，按招标人供应材料、设备价值的1%计算。暂列金额、暂估价和招标工程量清单未列出金额或单价时，编制招标控制价时必须明确。

（4）规费和税金的确定

规费和税金应按国家或省级、行业建设主管部门规定的标准计算。

3. 招标控制价的应用

招标人应在招标文件中如实公布招标控制价，不得对所编制的招标控制价进行上浮或下调。为体现招标的公开性、公平性、公正性，防止招标人有意抬高或压低工程造价，给投标人以错误信息，招标人在招标文件中应公布招标控制价各组成部分的详细内容，不得只公布招标控制价总价，并应将招标控制价报工程所在地工程造价管理机构备查。

3.3.3 投标价

工程投标是投标人通过投标竞争，获得工程承包权的一种方法。投标价是指投标人投标时，响应招标文件要求所报出的对已标价工程量清单（或项目涉及的工作内容）汇总后标明的总价。它是投标人对拟建工程的期望价格。

投标价的编制原则：

① 投标价应由投标人或受投标人委托具有相应资质的工程造价咨询人员编制。

② 投标人应依据行业部门的相关规定自主确定投标报价。

③ 执行工程量清单招标的，投标人必须按招标工程量清单填报投标价。项目编码、项目名称、项目特征、计量单位、工程量必须与工程量清单一致。

④ 投标人的投标价不得低于工程成本。

⑤ 投标人的投标价高于招标控制价的应予废标。

3.3.4 合同价款的约定

1. 合同价款约定的一般规定

实行招标的工程合同价款应在中标通知书发出之日起30天内，由发承包双方依据招标文件和中标人的投标文件在书面合同中约定。

合同约定不得违背招标、投标文件中关于工期、造价、质量等方面的实质性内容。招标文件与中标人投标文件不一致的地方应以投标文件为准。

不实行招标的工程合同价款，应在发承包双方认可的工程价款基础上，由发承包双方在合同中约定。

实行工程量清单计价的工程，应采用单价合同；建设规模较小，技术难度较低，工期较短，且施工图设计已审查批准的建设工程可采用总价合同；紧急抢险、救灾，以及施工技术特别复杂的建设工程可采用成本加酬金合同。

2. 约定的内容

在签订合同时，合同双方应就以下内容进行约定：

(1) 工程预付款的数额、支付时间及抵扣方式

工程预付款是建设工程施工合同订立后由发包人按照合同约定，在正式开工前预先支付给承包人的工程款。工程预付款的主要作用是发包人为解决承包人在施工准备阶段资金周转问题提供协助。

① 工程预付款的支付额度。工程预付款可以是一个绝对数，如100万元，也可以是额度，如合同金额的10%。每次付款金额应根据工程规模、工期长短等具体情况，在合同中约定。

② 工程预付款的支付及抵扣时间。工程预付款的支付时间应按合同约定，如合同签订后一个月支付或开工日前7天支付等。

工程预付款具有预支性质，因此，发包人将以抵扣方式扣回，即从每一个支付期应支付给承包人的工程进度款中扣回一部分，直到扣回的金额达到合同约定的工程预付款金额。常见的抵扣方式是当承包人累计完成了合同金额的一定比例（如20%~30%）后，发包人从应支付的工程进度款中按比例抵扣。

(2) 安全文明施工费的支付计划、使用要求

安全文明施工费应专款专用，发包人应按相关规定合理支付，并写明使用要求。

另外，合同双方还应约定工程计量与支付工程价款的方式、额度及时间。

3.3.5 工程计量与价款支付

“13计价规范”关于工程计量的规定如下：

① 发包人认为需要进行现场计量核实时，应在计量前24小时通知承包人，承包人应为计量提供便利条件并派人参加。双方均同意核实结果时，应在现场计量核实记录上签字确认。承包人收到通知后不派人参加计量，视为认可发包人的计量核实结果。发包人不按照约定时间通知承包人，致使承包人未能派人参加计量，计量核实结果无效。

② 当承包人认为发包人核实后的计量结果有误时，应在收到计量结果通知后的7天内向发包人提出书面意见，并附上其认为正确的计量结果和详细的计算资料。发包人收到书面意见后，应在7天内对承包人的计量结果进行复核，并通知承包人。承包人对复核计量结果仍有异议的，按照合同约定的争议解决办法处理。

③ 承包人完成已标价工程量清单中每个项目的工程量并经发包人核实无误后，发包人和承包人应对每个项目的历次计量报表进行汇总，以核实最终的结算工程量，并应在汇总表上签字确认。

特别提示

工程款的计量与进度款的支付均应在合同中约定时间和方式，如按月计量或按工程形象部位（目标）分段计量，进度款支付周期应与计量周期保持一致。约定的支付时间可以是计量后的7天或10天，支付数额可以约定为已完成工作量所应支付工程款的90%。

3.3.6 索赔与现场签证

1. 索赔

“13计价规范”对索赔部分进行了调整。其中，未对索赔范围做出限制，这与国际工程所指的广义索赔保持一致，即在合同履行过程中，对于非己方的过错而造成的损失，应由对方承担责任，并可以向对方提出补偿的要求。

建设工程施工中的索赔是发承包双方行使正当权利的行为，承包人可向发包人索赔，发包人也可向承包人索赔。索赔是工程承包中经常发生的正常现象。施工现场条件、气候条件的变化，施工进度的变化，以及合同条款、规范、标准文件和施工图纸的变更、差异、延误等因素的影响，使得工程承包中不可避免地会出现索赔的情况，进而导致项目的投资发生变化。因此，索赔的控制是建设工程施工阶段投资控制的重要手段。

项目监理机构应及时收集、整理有关工程费用的原始资料，包括施工合同、采购合同、工程变更单、监理记录、监理工作联系单等，为处理费用索赔问题提供证据。

2. 现场签证

由于施工生产的特殊性，在施工过程中往往会出现一些与工程合同或合同约定不一致或未约定的事项。现场签证就是指发包人现场代表（或其授权的监理人员、工程造价咨询人员）与承包人现场代表就这类事项所做的签认证明。

3.3.7 合同价款的调整

工程项目建设周期长，在整个建设周期内会受到多种因素的影响，“13计价规范”参照国内外多部合同范本，结合工程建设合同的实践经验和建筑市场的交易习惯，对所有涉及合同价款调整、变动的因素或其范围进行了归并，主要包括五大类：一是法律、法规变化类（法律、法规变化）；二是工程变更类（工程变更、项目特征不符、工程量清单缺项、工程量偏差、计日工）；三是物价变化类（物价变化、暂估价）；四是工程索赔类（不可抗力、提前竣工、索赔等）；五是其他类（现场签证等）。

1. 合同价款应当调整的事项

当发生法律、法规变化，工程变更，项目特征不符，工程量清单缺项，工程量偏差，计日工变化，物价变化，暂估价变化，不可抗力，提前竣工（赶工补偿），误期赔偿，索赔，现场签证，暂列金额，以及发承包双方约定的其他调整事项时，发承包双方应当按照合同约定调整合同价款。

如果发包人与承包人对合同价款调整的意见不能达成一致，只要对发承包双方履约不产生实质影响，双方就应继续履行合同义务，直到其按照合同约定的争议解决方式达成一致。关于合同价款调整后的支付原则，“13计价规范”做了如下规定：经发承包双方确认调整的合同价款，作为追加（减）合同价款，与工程进度款或结算款同期支付。

2. 法律、法规变化

施工合同履行过程中经常出现法律、法规变化引起的合同价格调整问题。

招标工程以投标截止日前28天，非招标工程以合同签订前28天为基准日，其后因国家的法律、法规、规章和政策发生变化引起工程造价增减变化的，发承包双方应当按照国家、省级或行业建设主管部门或其授权的工程造价管理机构据此发布的规定调整合同价款。

承包人的原因导致工期延误的，按规定的调整时间，在合同工程原定竣工时间之后，合同价款调增的不予调整，合同价款调减的予以调整。

此外，对于发承包双方在商议有关合同价格和工期调整时无法达成一致的情况，《建设工程施工合同（示范文本）》（GF—2017—0201）在处理该问题时，借鉴了FIDIC合同与《中华人民共和国标准施工招标文件》（2007年版）的做法，即双方可以在合同中约定由总监理工程师承担商定与确定的组织和实施责任。

3. 项目特征不符

（1）发包人在招标工程量清单中对项目特征的描述，应被认为是准确的和全面的，并且与实际施工要求相符合。承包人应按照发包人提供的招标工程量清单，根据其项目特征描述的内容及有关要求实施合同内容。

（2）承包人应按照发包人提供的设计图纸履行工程合同，若在合同履行期间出现设计图纸（含设计变更）与招标工程量清单任意一个项目的特征描述不符，且该变化引起该项目的工程造价增减变化，应按照实际施工的项目特征，按规范中工程变更相关条款的规定重新确定相应工程量清单项目的综合单价，并调整合同价款。

4. 工程量清单缺项

施工过程中，工程量清单项目的增减变化必然带来合同价款的增减变化。工程量清单缺项的原因：一是设计变更，二是施工条件改变，三是工程量清单编制错误。

（1）合同履行期间，由于招标工程量清单中缺项，新增分部分项工程量清单项目的，应按照规范中工程变更的相关条款确定单价，并调整合同价款。

（2）新增分部分项工程量清单项目后，引起措施项目发生变化的，应按照规范中工程变更相关规定，在承包人提交的实施方案被发包人批准后调整合同价款。

（3）若招标工程量清单中措施项目缺项，承包人应将新增措施项目实施方案提交发包人批准后，按照规范相关规定调整合同价款。

5. 工程量偏差

施工过程中，由于施工条件、地质水文、工程变更等变化以及招标工程量清单编制人员专业水平的差异，在合同履行期间，应予计量的工程量往往与招标工程量清单出现偏差，因此，为维护合同执行的公平性，应当对工程量偏差带来的合同价款调整做出规定。

合同履行期间，当应计算的实际工程量与招标工程量清单出现偏差，且符合下述两条规定时，发承包双方应调整合同价款。

① 对于任一招标工程量清单项目，当因工程量偏差和工程变更等导致工程量偏差超过15%时，可进行调整。当工程量增加 15% 以上时，增加部分的工程量的综合单价应予调低；当工程量减少 15% 以上时，减少后剩余部分的工程量的综合单价应予调高。

② 如果工程量出现超过 15% 的变化，且该变化引起相关措施项目发生变化时，按系数或单一总价方式计价的，对工程量增加的措施项目费调增，对工程量减少的措施项目费调减。

3.3.8 竣工结算

工程完工后，发承包双方必须在合同约定时间内办理竣工结算。竣工结算由承包人或受其委托具有相应资质的工程造价咨询人员编制，由发包人或受其委托具有相应资质的工程造价咨询人员核对。竣工结算办理完毕，发包人应将竣工结算文件报送工程所在地（或有该工程管辖权的行业管理部门）工程造价管理机构备案。竣工结算文件是工程竣工验收备案、交付使用的必备文件。

1. 竣工结算的编制依据

竣工结算的编制依据：“13 计价规范”，工程合同，发承包双方实施过程中已确认的工程量及其结算的合同价款，发承包双方实施过程中已确认调整后追加（减）的合同价款，建设工程设计文件及相关资料，投标文件，其他依据。

2. 竣工结算的计价原则

分部分项工程和措施项目中的单价项目应依据双方确认的工程量与已标价工程量清单的综合单价计算；发生调整的，应以发承包双方确认调整的综合单价计算。

措施项目中的总价项目应依据已标价工程量清单的项目和金额计算；发生调整的，应以发承包双方确认调整的金额计算，其中安全文明施工费应按国家或省级、行业建设主管部门的规定计算。

其他项目应按下列规定计价：

① 计日工应按发包人实际签证确认的事项计算。

② 暂估价应按计价规范相关规定计算。

③ 总承包服务费应依据已标价工程量清单的金额计算；发生调整的，应以发承包双方确认调整的金额计算。

④ 索赔费用应依据发承包双方确认的索赔事项和金额计算。

⑤ 现场签证费用应依据发承包双方签证资料确认的金额计算。

⑥ 暂列金额应减去工程价款调整（包括索赔、现场签证）金额计算，如有余额归发包人。

⑦ 规费和税金按国家或省级、建设主管部门的规定计算。规费中的工程排污费应按工程所在地环境保护部门规定标准缴纳后按实列入。

发承包双方在合同工程实施过程中已经确认的工程计量结果和合同价款，在工程竣工结算办理中应直接进入结算。

3. 竣工结算的程序

工程按合同完工后，承包方应在经发承包双方确认的合同工程期中价款结算的基础上汇总编制竣工结算文件，并在合同约定的时间内，在提交竣工验收申请的同时向发包人提交竣工结算文件。

承包人未在合同约定的时间内提交竣工结算文件，经发包人催告后 14 天内仍未提交或没有明确答复的，发包人有权根据已有资料编制竣工结算文件，作为办理竣工结算和支付结算款的依据，承包人应予以认可。

发包人应在收到承包人提交的竣工结算文件后的 28 天内核对。发包人经核实，认为承包人还应进一步补充资料和修改结算文件的，应在上述时限内向承包人提出核实意见。承包人在收到核实意见后的 28 天内按照发包人提出的合理要求补充资料，修改竣工结算文件，并应再次提交给发包人复核后批准。

发包人应在收到承包人再次提交的竣工结算文件后的 28 天内予以复核，并将复核结果通知承包人。若发承包双方对复核结果无异议，应在 7 天内在竣工结算文件上签字确认，竣工结算办理完毕；若发包人或承包人对复核结果有异议，无异议部分按照上述规定办理不完全竣工结算，有异议部分由发承包双方协商解决，协商不成的，按照合同约定的争议解决方式处理。

发包人在收到承包人竣工结算文件后的 28 天内，不核对竣工结算文件或未提出核对意见的，应视为承包人提交的竣工结算文件已被发包人认可，竣工结算办理完毕。

承包人在收到发包人提出的核实意见后的 28 天内，不确认也未提出异议的，应视为发包人提出的核实意见已被承包人认可，竣工结算办理完毕。

4. 竣工结算款支付

（1）承包人提交竣工结算款支付申请

承包人应根据办理的竣工结算文件，向发包人提交竣工结算款支付申请。申请应包括下列内容：竣工结算合同价款总额，累计已实际支付的合同价款，应预留的质量保证金，实际应支付的竣工结算款金额。

（2）发包人签发竣工结算支付证书与支付结算款

发包人应在收到承包人提交竣工结算款支付申请后的 7 天内予以核实，向承包人签发竣工结算支付证书，并在签发竣工结算支付证书后的 14 天内，按照竣工结算支付证书列明的金额向承包人支付结算款。

发包人在收到承包人提交的竣工结算款支付申请后的 7 天内不予核实，不向承包人签发竣工结算支付证书的，视为承包人的竣工结算款支付申请已被发包人认可；发包人应在收到承包人提交的竣工结算款支付申请 7 天后的 14 天内，按照承包人提交的竣工结算款支付申请列明的金额向承包人支付结算款。

发包人未按照上述规定支付竣工结算款的，承包人可催告发包人支付，并有权获得延迟支付的利息。发包人在竣工结算支付证书签发后或者在收到承包人提交的竣工结算款支付申请 7 天后的 56 天内仍未支付的，除法律另有规定外，承包人可与发包人协商将该工程折价，也可直接向人民法院申请将该工程依法拍卖。承包人应就该工程折价或拍卖的价款优先受偿。

5. 质量保证金

发包人应按照合同约定的质量保证金比例从结算款中扣留质量保证金。承包人未按照合同约定履行且属于其责任的工程缺陷修复，发包人有权从质量保证金中扣留用于缺陷修复的各项支出。经查验，工程缺陷属于发包人原因造成的，应由发包人承担查验和缺陷修复的费用。在合同约定的缺陷责任期终止后，发包人应按照合同中最终结清的相关规定，将剩余的质量保证金返还给承包人。当然，剩余质量保证金的返还，并不能免除承包人按照合同约定应承担的质量保修责任和应履行的质量保修义务。

6. 最终结清

缺陷责任期终止后，承包人应按照合同约定向发包人提交最终结清支付申请。发包人对最终结清支付申请有异议的，有权要求承包人进行修正和提供补充资料。承包人修正后，应再次向发包人提交修正后的最终结清支付申请。发包人应在收到最终结清支付申请后的 14 天内予以核实，应向承包人签发最终结清支付证书，并在签发最终结清支付证书后的 14 天内，按照最终结清支付证书列明的金额向承包人支付最终结清款。发包人未在约定的时间内核实，又未提出具体意见的，视为承包人提交的最终结清支付申请已被发包人认可。发包人未按期最终结清支付的，承包人可催告发包人支付，并有权获得延迟支付的利息。最终结清时，如果承包人被扣留的质量保证金不足以抵减发包人工程缺陷修复费用，承包人应承担不足部分的补偿责任。承包人对发包人支付的最终结清款有异议的，按照合同约定的争议解决方式处理。

3.3.9 合同价款争议的解决

由于影响工程项目的因素很多，为了避免在合同实施过程中合同双方因违约或因工程价款问题产生争议，合同中应约定解决争议的方法与时间。

争议解决的常用方法有协商、调解、仲裁和诉讼等。

1. 协商

协商是解决合同争议的较基本、较常见和有效的方法。协商的特点是简单、时间短，双方都不需额外花费，气氛平和。

争议通常表现在对索赔报告的分歧上，如双方对事实根据、索赔理由、干扰事件影响范围、索赔值计算方法等的看法不一致。因此，索赔方必须提交有说服力的索赔报告，并通过沟通与谈判，弄清干扰事件的实情，按合同条文辨明是非，确定各自责任，经过友好磋商，互作让步，解决索赔问题。

2. 调解

如果合同双方经过协商谈判不能就争议的问题达成一致，则可以邀请中间人进行调解。调解人经过分析索赔和反索赔报告，了解合同实施过程和干扰事件实情后，按合同做出判断（调解决定），并劝说双方再做商讨，互作让步，仍以和平的方式解决争议。

调解的特点是由于调解人的介入，增加了索赔解决的公正性；灵活性较大，程序较为简单；节约时间和费用；双方关系比较友好，气氛平和。

在合同中，一般应约定调解机构。合同实施过程中，日常索赔争执的调解人通常为监理工程师。监理工程师在接受合同任何一方委托后，应在合同约定的期限内做出调解意见，书面通知合同双方。如果双方认为调解决定是合理与公正的，在此基础上可再进行协商。对于较大金额的索赔，可以聘请知名的工程专家、法律专家，或请对双方都有影响的人物作为调解人。

特别提示

在我国，承包工程争议的调解通常有以下两种形式：

① 行政调解。由合同管理机关、工商管理部门、业务主管部门等作为调解人。

② 司法调解。在仲裁和诉讼过程中，提出调解，并为双方接受。

调解在自愿的基础上进行，其结果无法律约束力。若合同一方对调解结果不满，可按合同约定的争议解决方式处理，或在限定期限内提请仲裁或诉讼。

3. 仲裁

当争议双方不能通过协商和调解达成一致时，可按合同仲裁条款的规定，由双方约定的仲裁机关采用仲裁方式解决。仲裁作为正规的法律程序，其结果对双方都有约束力。在仲裁中可以对工程师所做的所有指令、决定，以及签发的证书等进行重新审议。

在我国，仲裁实行一裁终局制度。裁决做出后，当事人就同一争议再申请仲裁，或向人民法院提起诉讼，则不再受理。

4. 诉讼

诉讼是指运用司法程序解决争执，由人民法院受理并行使审判权，对合同争执做出强制性判决。人民法院受理合同争执可能有如下几种情况：

① 合同双方没有仲裁协议，或仲裁协议无效，当事人一方可向人民法院提起诉讼。

② 虽有仲裁协议，但当事人向人民法院提起诉讼时，未声明有仲裁协议；人民法院受理后，另一方当事人在首次开庭前对人民法院受理本案件的决定未提出异议，则该仲裁协议被视为无效，人民法院继续受理。

③ 如果仲裁裁决被人民法院依法裁定撤销或不予执行，当事人可以向人民法院提起诉讼，人民法院依法审理该争执。

人民法院在判决前再做一次调解，如仍然达不成一致，则依法判决。

3. 3. 10 工程量清单计价表格

投标报价表格

"13 计价规范" 规定，工程量清单与计价宜采用统一格式。各省、自治区、直辖市的建设行政主管部门和行业建设主管部门可根据本地区、本行业的实际情况，在 "13 计价规范" 计价表格的基础上补充完善。

工程量清单计价表格的设置应满足工程计价的需要，方便使用。"13 计价规范" 中的附录 B 至附录 L，包括了工程量清单、招标控制价、投标报价、竣工结算和工程造价鉴定等各个阶段计价使用的封面及表样，具体格式及要求参见 "13 计价规范"，本书不再附录。

3. 3. 11 工程量清单计价的过程

1. 计算分部分项工程费

工程量清单计价是按照工程造价的构成分别计算各类费用，再经过汇总而得。分部分项工程费的计算公式为

$$\text{分部分项工程费} = \sum \text{分部分项工程量} \times \text{分部分项工程综合单价} \tag{3-1}$$

2. 计算措施项目费

措施项目费的计算公式为

$$措施项目费 = \sum 措施项目工程量 \times 措施项目综合单价 + \sum 单项措施费 \quad (3-2)$$

3. 计算单位工程造价

单位工程造价的计算公式为

$$单位工程造价 = 分部分项工程费 + 措施项目费 + 其他项目费 + 规费 + 税金 \quad (3-3)$$

4. 计算单项工程造价

单项工程造价的计算公式为

$$单项工程造价 = \sum 单位工程造价 \quad (3-4)$$

5. 计算建设项目造价

建设项目造价的计算公式为

$$建设项目造价 = \sum 单项工程造价 \quad (3-5)$$

随学随练

一、单选题

1. 工程（　　）是建设工程施工合同订立后由发包人按照合同约定，在正式开工前预先支付给承包人的工程款。

A. 索赔款　　B. 结算款　　C. 预付款　　D. 合同款

2. 投标价是投标人对拟建工程的（　　）价格。

A. 预算　　B. 期望　　C. 实际　　D. 合同

3. 竣工结算由（　　）或受其委托具有相应资质的工程造价咨询人员编制，由（　　）或受其委托具有相应资质的工程造价咨询人员核对。

A. 承包人　　B. 发包人　　C. 委托人　　D. 咨询人

二、判断题

1. 措施项目清单中的安全文明施工费虽然是按照国家或省级、行业建设主管部门的规定计价，但也可以作为竞争性费用。（　　）

2. 规费和税金应按国家或省级、行业建设主管部门的规定计算，不得作为竞争性费用。（　　）

3. 招标人应在招标文件中如实公布招标控制价，不得对所编制的招标控制价进行上浮或下调。（　　）

4. 工程造价咨询人员接受招标人委托编制招标控制价后，可以再就同一工程接受投标人委托编制投标报价。（　　）

三、填空题

1. 招标文件与中标人投标文件不一致的地方应以______文件为准。

2. 在我国，承包工程争执的调解通常有行政调解和______调解两种。

3.3　随学随练答案

本单元小结

通过本单元的学习，学生需要掌握以下内容：

工程量清单是载明拟建工程的分部分项工程项目、措施项目、其他项目的名称和相应数量以及规费、税金项目等内容的明细清单。工程量清单应由具有编制能力的招标人或受其委托，具有相应资质的工程造价咨询人员编制。工程量清单分为招标工程量清单和已标价工程量清单两类。

工程量清单由分部分项工程量清单、措施项目清单、其他项目清单、规费项目清单、税金项目清单组成。

建设工程施工发包造价和承包造价由分部分项工程费、措施项目费、其他项目费、规费和税金组成。

分部分项工程和措施项目清单应采用综合单价计价。

招标控制价是招标人根据国家或省级、行业建设主管部门颁发的有关计价依据和办法，以及拟定的招标文件和招标工程量清单，结合工程具体情况编制的招标工程的最高投标限价。

投标价是指投标人投标时，响应招标文件要求所报出的对已标价工程量清单（或项目涉及的工作内容）汇总后标明的总价。

单元 4 UNIT 4

房屋建筑与装饰工程量计算

本单元共包括 10 个知识点，需要 24 个小时的有效时间来学习，学习周期为 6 周。

学习目标

知识点	教学目标	技能要点
1. 建筑面积计算； 2. 土方工程量计算； 3. 砌筑工程量计算； 4. 混凝土工程及模板工程量计算； 5. 门窗工程量计算； 6. 屋面工程量计算； 7. 楼地面工程量计算； 8. 天棚工程量计算； 9. 墙面工程量计算； 10. 措施项目工程量计算	1. 了解计算建筑面积的意义； 2. 熟悉建筑面积的基本概念； 3. 掌握建筑面积计算规范中相关建筑面积的计算规则； 4. 能够熟练进行建筑工程项目列项； 5. 能够熟练进行装饰工程项目列项； 6. 掌握建筑工程工程量计算规则； 7. 掌握装饰工程工程量计算规则	1. 能够针对具体的建筑工程图纸判断出计算建筑面积的范围； 2. 能够准确计算出建筑物的建筑面积； 3. 会对建设工程项目进行分解； 4. 能针对不同的阶段选用对应的工程造价类别； 5. 能指出给定的案例所采用的计价方法； 6. 能依据具体工程选用工程量计算顺序； 7. 能看图正确计算出建筑物的层高和檐高

引例 4-1 建筑面积计算争议

某工程建筑面积约15万平方米，包括别墅、洋房、综合楼、商业楼、宿舍楼、办公楼及地下车库，资金来源为企业自筹资金。2016年7月，该项目施工总承包企业作为发包人进行劳务分包招标，约定合同价格形式为分项劳务固定单价，其中钢筋、混凝土分项工程及安全文明施工费、管理费等都按建筑面积乘以合同单价计算总价。竣工结算阶段发承包双方就3号楼外墙窗建筑面积的计算方式发生争议。3号楼外墙窗平面图如图4-1所示，争议如下：

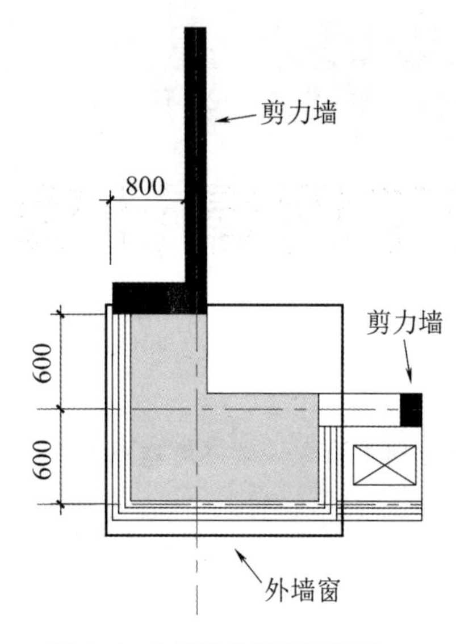

图 4-1 3号楼外墙窗平面图

① 发包人认为外墙窗面积不应计入建筑面积，理由是外墙窗凸出了建筑物外墙面，根据《建筑工程建筑面积计算规范》（GB/T 50353—2013）中术语解释的2.0.15，本工程的外墙窗属于飘窗，并且由于飘窗的窗台与室内地面高差为0.45 m，根据规定，飘窗建筑面积不予计算。

② 承包人认为外墙窗应按自然层外墙结构外围水平面积之和计算建筑面积，理由是外墙窗没有凸出外墙面，外墙窗的结构空间直接与室内连通，且具备使用功能，应属于主体结构内的窗户，不能认定为飘窗；同时，由于外墙窗的结构层高在2.20 m以上，根据规定，应按自然层外墙结构外围水平面积之和计算建筑面积。

建筑面积是工程造价中一项重要的技术经济指标，是计算结构工程量或用于确定某些费用指标的基础，其计算结果直接影响竣工结算价格。本引例中发承包双方的争议点在于3号楼外墙窗的计算。依据双方签订的合同，本争议的外墙窗建筑面积应以《建筑工程建筑面积计算规范》（GB/T 50353—2013）作为计算依据。规范条文对凸窗（飘窗）做了进一步的解释，凸窗（飘窗）既作为窗，就有别于楼（地）板的延伸，也就是不能把楼（地）板延伸出去的窗称为凸窗（飘窗）。凸窗（飘窗）的窗台应是墙面的一部分且距（楼）地面有一定的高度。通过3号楼外墙窗剖面图（见图4-2）可看出，该楼的外墙窗不符合“凸出建筑物外墙面的窗户”的条件，楼层的混凝土结构楼板一直延伸至外墙窗下方，不符合规范条文中“不是楼（地）板的延伸”的条件；从结构形式上分析其并不能完全满足凸窗（飘窗）定义的条件，因此，本争议的窗不属于凸窗（飘窗），应按自然层外墙结构外围水平面积之和计算建筑面积。

建筑面积的计算不仅重要，而且也是一项需要细心计算和认真对待的工作，任何粗心大意都会造成计算上的错误。这个错误不但会造成结构工程量计算上的偏差，也会直接影响概

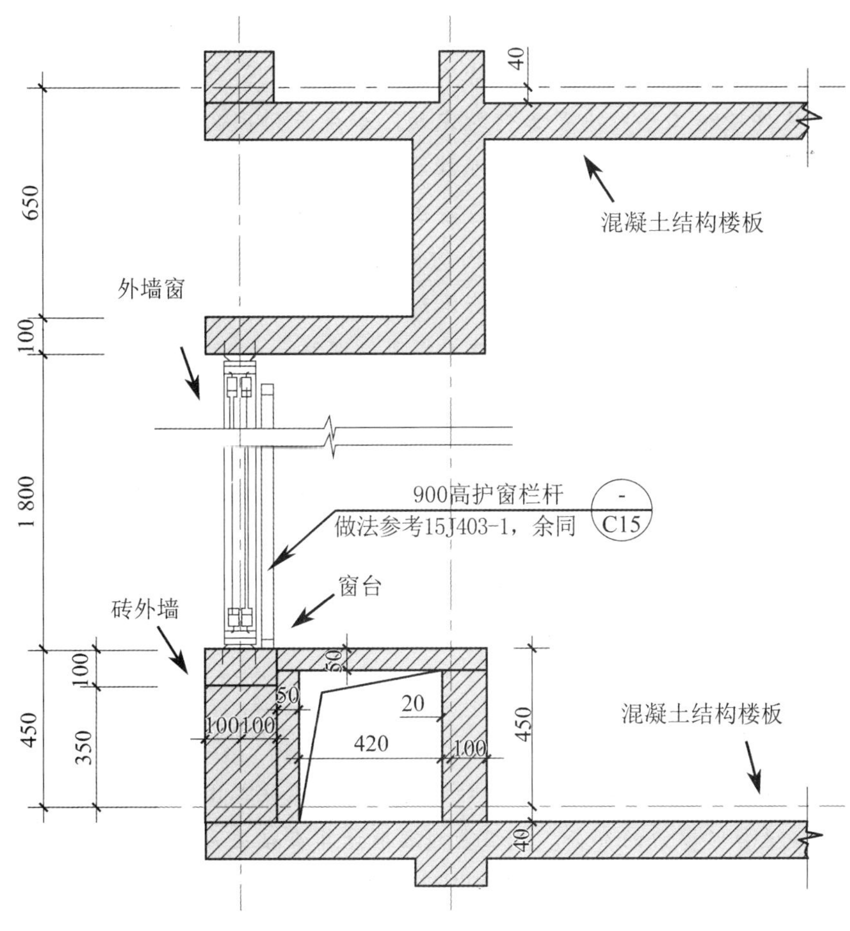

图 4-2　3 号楼外墙窗剖面图

预算造价的准确性，造成人力、物力和国家建设资金的浪费。

思考：建筑面积的计算，不是简单的各层平面面积的累加，而是按统一计算规则计算出来的，那么建筑面积计算规则有哪些？如何利用规则进行计算呢？

引例 4-2　因工程量计算不准确引起结算时的造价争议

某公开招标工程在招标文件中确定如下评标办法：首先，发放工程量清单供投标人核对；其次，工程量编制单位对投标人提出的调整意见进行复核，确定正式的工程量清单并向所有投标人公布；最后，投标人根据正式的工程量清单并结合企业情况自主报价。评标办法采用综合评标法，经济标仅对投标总价进行评审。经过评标，某建筑公司中标，中标价为 2 324.50 万元，下浮率为 7.3%，中标后甲乙双方签订了固定总价合同，即除工程变更外合同价款不予调整。工程结算时发现，招标时发放的正式工程量清单中有一个清单子目工程量小数点有误，导致该项价款虚高约 52 万元，投标文件也按错误的数量进行了编制。甲乙双方产生了争议，甲方认为应按正确工程量结算，乙方认为应按合同执行，即合同价款不予调整。

本引例中采用工程量清单方式招标，工程量清单必须作为招标文件的组成部分，其准确性和完整性由招标人负责。工程量清单中错误的工程量在结算时是否可以调整，关键还要看招标文件及施工合同中是如何约定的。如果采用固定单价合同，则工程量可按实际结算，招标时错误的清单工程量是可以调整的。而本案例中双方签订的是固定总价合同，这种方式要求施工企业在投标前应对工程量清单进行认真核对，否则招标人将视为投标人已认真核对，其漏项或少报项已包括在工程量清单项目的其他单价及合价中，结算时不予考虑。既然招标人将工程量清单编制的责任和风险全部转嫁给投标人，因此工程量无论少算或多算，结算时招标人都不应予以调整。

工程量计算是编制工程预算的基础工作，具有工作量大、烦琐、费时等特点，约占编制整份工程预算工作量的50%~70%，而且其精确度和快慢程度将直接影响预算的质量与速度。图纸是工程量计量的一个重要依据，工作人员要认真审图，认真识记，在进行计算时避免差错。

思考：工程量计算必须严格规范、实事求是、精益求精，那么如何快速、准确计算工程量？计算工程量时需要考虑哪些因素？

本单元导读

工程量的确定，需要正确理解工程量计算规则并按照施工图进行详细计算，这是最费时费力的部分。工程量的准确计算直接关系到甲乙双方的利益。本单元以2021年《北京市建设工程计价依据——预算消耗量标准》的计算规则为依据详细讲解工程量的计算。

《北京市建设工程计价依据——预算消耗量标准》

4.1 建筑面积计算

听老师讲：建筑面积计算

本节根据中华人民共和国住房和城乡建设部颁布的《建筑工程建筑面积计算规范》（GB/T 50353—2013）的规定介绍建筑面积的相关知识及计算方法。

《建筑工程建筑面积计算规范》（GB/T 50353—2013）

4.1.1 建筑面积相关知识

建筑面积也称建筑展开面积，是建筑物各层面积的总和，包括使用面积、辅助面积和结构面积。其中，使用面积是指建筑物各层平面中直接为生产或生活使用的净面积之和，如住宅建筑中的各居室、客厅等的净面积；辅助面积是指建筑物各层平面中为辅助生产或辅助生活所占净面积之和，如住宅建筑中的楼梯间、走道间、电梯井等所占面积。使用面积与辅助面积的总和称为有效面积。结构面积是指建筑物各层平面中的墙、柱等结构所占面积的总和。

1. 建筑面积的作用

① 建筑面积是各项技术经济指标的计算基础，如每平方米造价，每平方米用工量、材料用量、机械台班用量的计算，都以建筑面积为依据。

② 建筑面积是计算有关分项工程量的依据，如计算出建筑面积之后，利用这个基数，就可以计算平整场地、脚手架、垂直运输机械的工程量。

③ 建筑面积是检查、控制施工进度和竣工任务的重要指标，如已完工面积、竣工面积、在建面积等都以建筑面积指标来衡量。

④ 建筑面积计算对于建筑施工企业实行内部经济承包责任制、投标报价、编制施工组织设计、配备施工力量、成本核算及物资供应等，都具有重要意义。

2. 术语

① 建筑面积：建筑物（包括墙体）所形成的楼（地）面面积。

② 自然层：按楼（地）面结构分层的楼层。

③ 结构层高：楼面或地面结构层上表面至上部结构层上表面之间的垂直距离，如图 1-11 所示。

④ 围护结构：围合建筑空间的墙体、门、窗。

⑤ 建筑空间：以建筑界面限定的、供人们生活和活动的场所。

⑥ 结构净高：楼面或地面结构层上表面至上部结构层下表面之间的垂直距离。

⑦ 围护设施：为保障安全而设置的栏杆、栏板等围挡。

⑧ 地下室：室内地平面低于室外地平面的高度超过室内净高的 1/2 的房间。

⑨ 半地下室：室内地平面低于室外地平面的高度超过室内净高的 1/3，且不超过 1/2 的房间。

⑩ 架空层：仅有结构支撑而无外围护结构的开敞空间层。

⑪ 走廊：建筑物中的水平交通空间，如图 4-3 所示。

⑫ 檐廊：建筑物挑檐下的水平交通空间，如图 4-3 所示。

⑬ 挑廊：挑出建筑物外墙的水平交通空间，如图 4-3 所示。

⑭ 架空走廊：专门设置在建筑物的二层或二层以上，作为不同建筑物之间水平交通的空间，如图 4-4、图 4-5 所示。

⑮ 结构层：整体结构体系中承重的楼板层。

⑯ 落地橱窗：凸出外墙面且根基落地的橱窗。

⑰ 凸窗（飘窗）：凸出建筑物外墙面的窗户。

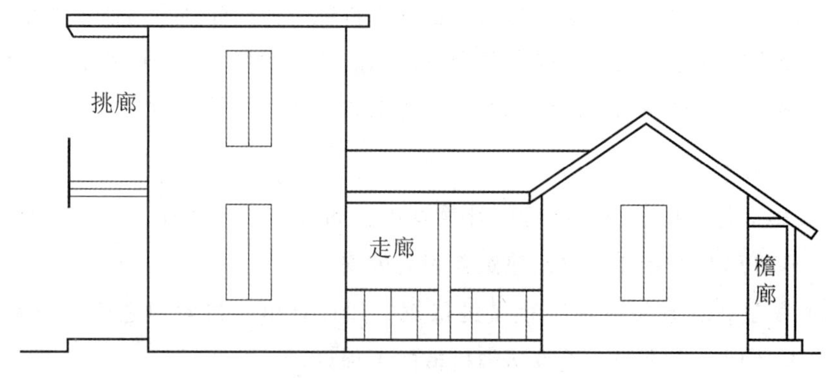

图 4-3　走廊、檐廊、挑廊

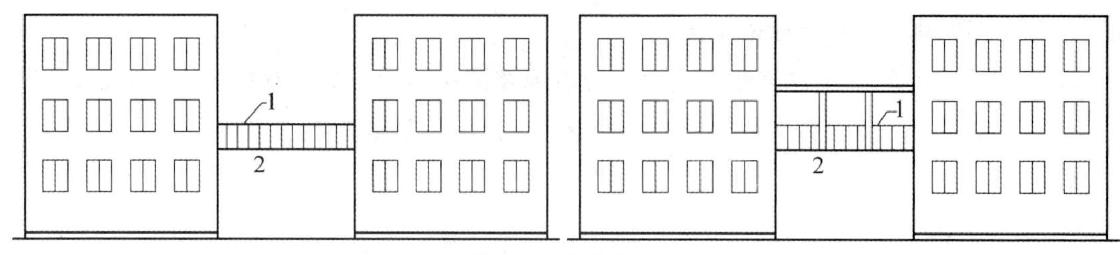

1—栏杆；2—架空走廊。

图 4-4　无围护结构、有围护设施的架空走廊

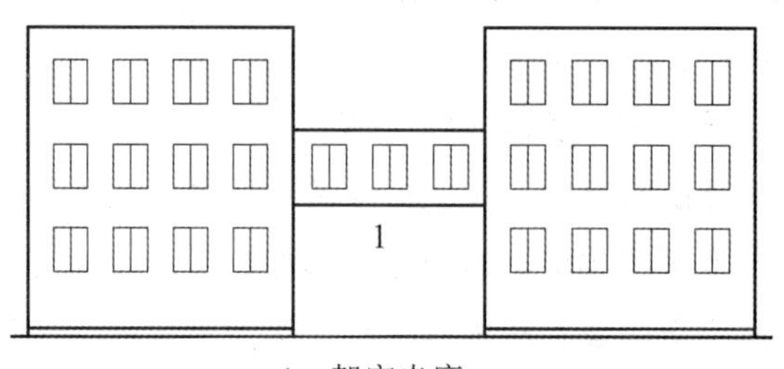

1—架空走廊。

图 4-5　有围护结构的架空走廊

⑱ 门斗：建筑物入口处两道门之间的空间，如图 4-6 所示。

⑲ 雨篷：建筑出入口上方为遮挡雨水而设置的部件。

⑳ 门廊：建筑物入口前有顶棚的半围合空间。

㉑ 楼梯：由连续行走的梯级、休息平台和维护安全的栏杆（或栏板）、扶手及相应的支托结构组成的作为楼层之间垂直交通使用的建筑部件。

㉒ 阳台：附设于建筑物外墙，设有栏杆或栏板，可供人活动的室外空间。

㉓ 主体结构：接受、承担和传递建设工程所有上部荷载，维持上部结构整体性、稳定性和安全性的有机联系的构造。

㉔ 变形缝：防止建筑物在某些因素作用下开裂甚至被破坏而预留的构造缝。

㉕ 骑楼：建筑底层沿街面后退且留出公共人行空间的建筑物，如图 4-7 所示。

㉖ 过街楼：跨越道路上空并与两边建筑相连接的建筑物，如图 4-8 所示。

㉗ 建筑物通道：为穿过建筑物而设置的空间，如图 4-8 所示。

㉘ 露台：设置在屋面、首层地面或雨篷上的供人室外活动的有围护设施的平台。

㉙ 勒脚：在房屋外墙接近地面部位设置的饰面保护构造，如图 4-9 所示。

㉚ 台阶：联系室内外地坪或同楼层不同标高而设置的阶梯形踏步。

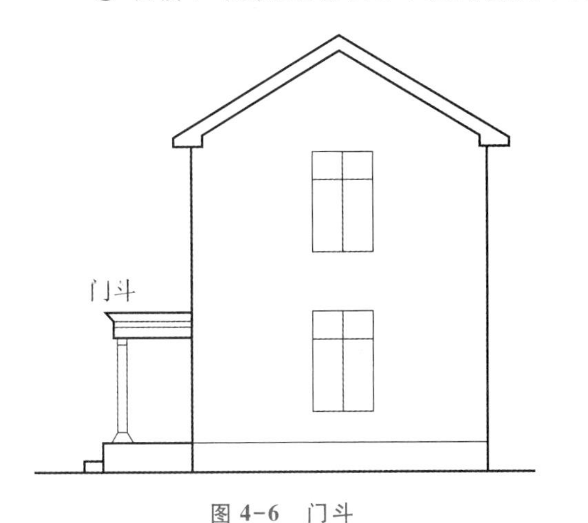

图 4-6　门斗

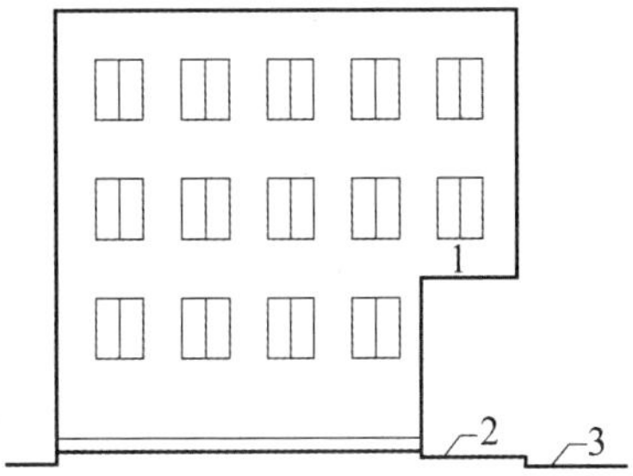

1—骑楼；2—人行道；3—街道。

图 4-7　骑楼

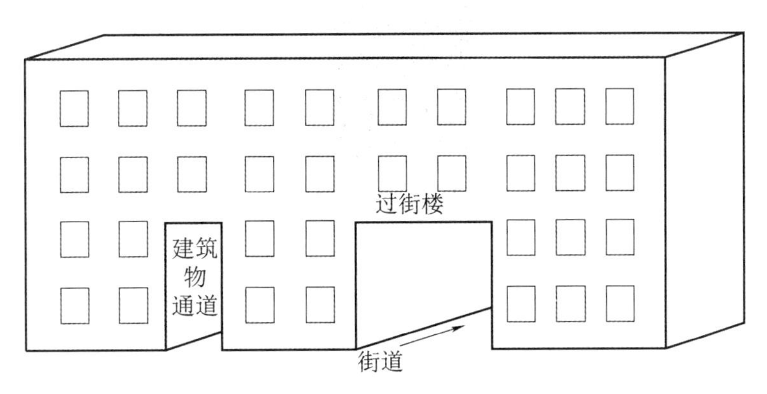

图 4-8　过街楼、建筑物通道

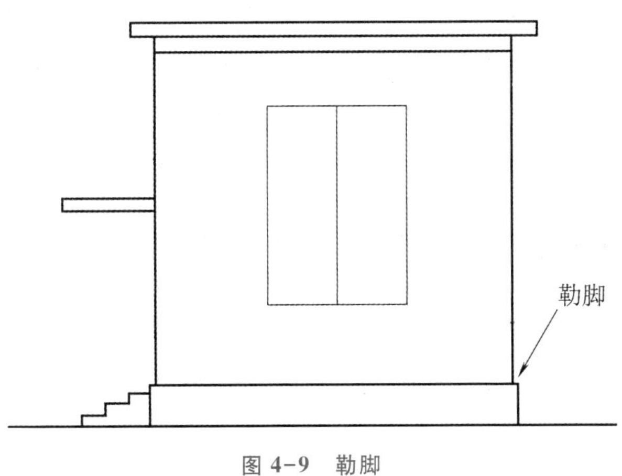

图 4-9　勒脚

随学随练

一、填空题

1. 建筑面积也称建筑展开面积，是建筑物各层面积的总和，包括______面积、______面积和______面积。

2. 结构面积是指建筑物各层平面中的______、______等结构所占面积的总和。

二、判断题

1. 建筑面积是各项技术经济指标的计算基础。（　　）

2. 建筑面积是检查、控制施工进度和竣工任务的重要指标。（　　）

三、单选题

1. （　　）是楼面或地面结构层上表面至上部结构层下表面之间的垂直距离。

A. 结构层高　　B. 结构净高　　C. 建筑层高　　D. 建筑净高

2. （　　）是按楼（地）面结构分层的楼层。

A. 自然层　　B. 结构层　　C. 架空层　　D. 建筑净高自然层

4.1.1 随学随练答案

4.1.2 计算建筑面积的范围

动画：建筑面积的计算

① 建筑物的建筑面积应按自然层外墙结构外围水平面积之和计算。结构层高在2.20 m及以上的，应计算全面积；结构层高在2.20 m以下的，应计算1/2面积。如图4-10所示，单层建筑物建筑面积的计算公式为

$$S=L\times B\times K \tag{4-1}$$

式中：K——系数，层高≥2.20 m时，$K=1$；层高<2.20 m时，$K=1/2$；

S——建筑面积，m^2；

L、B——建筑物的长和宽，m。

如图4-11所示，多层建筑物建筑面积的计算公式为

$$S=S_1+S_2+S_3+\cdots+S_n+S_{其他} \tag{4-2}$$

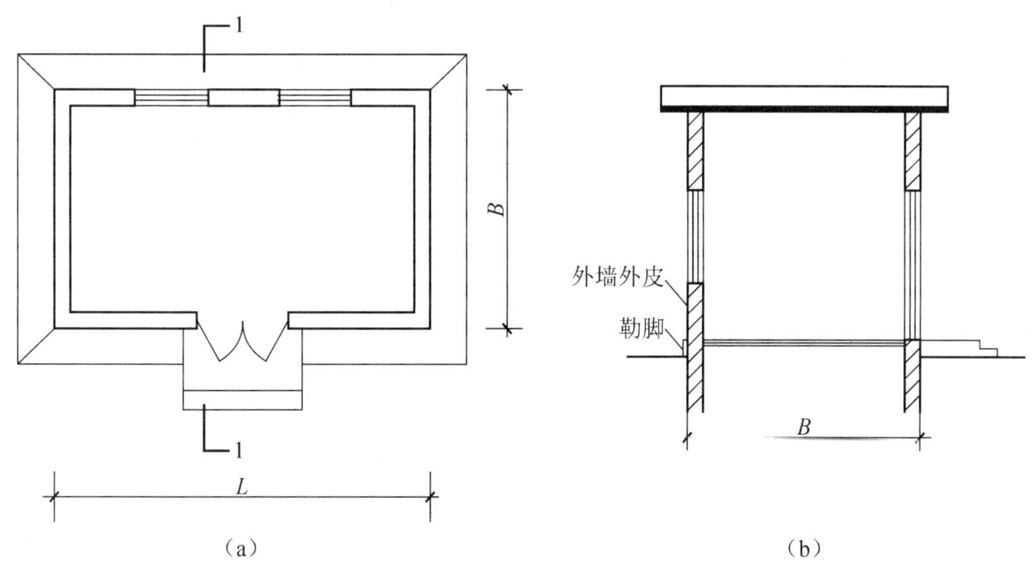

图 4-10　单层建筑物的建筑面积
(a) 平面图；(b) 1-1 剖面图

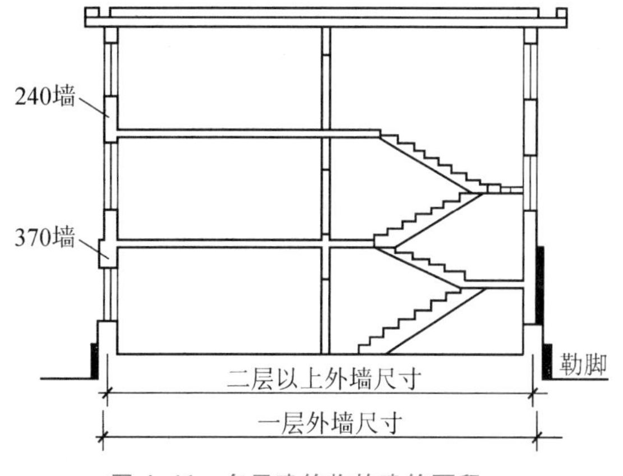

图 4-11　多层建筑物的建筑面积

② 建筑物内设有局部楼层时，对于局部楼层的二层及以上楼层，有围护结构的应按其围护结构外围水平面积计算；无围护结构的应按其结构底板水平面积计算。并且，结构层高在 2.20 m 及以上的，应计算全面积；结构层高在 2.20 m 以下的，应计算 1/2 面积。如图 4-12 所示，设有局部楼层的单层建筑物建筑面积的计算公式为

$$S=L\times B\times K+a\times b\times K \tag{4-3}$$

式中：K——系数，层高≥2.20 m 时，$K=1$；

层高<2.20 m 时，$K=1/2$；

L、B——建筑物的长和宽，m；

a、b——建筑物内局部楼层的宽和长，m。

③ 对于形成建筑空间的坡屋顶，结构净高在 2.10 m 及以上的部位应计算全面积；结构净高在 1.20 m 及以上，2.10 m 以下的部位应计算 1/2 面积；结构净高在 1.20 m 以下的部位不应计算建筑面积，如图 4-13 所示。

④ 对于场馆看台下的建筑空间（见图 4-14），结构净高在 2.10 m 及以上的部位应计算全面积；结构净高在1.20 m及以上，2.10 m 以下的部位应计算 1/2 面积；结构净高在 1.20 m以下的部位不应计算建筑面积。室内单独设置的有围护设施的悬挑看台，应按看台结

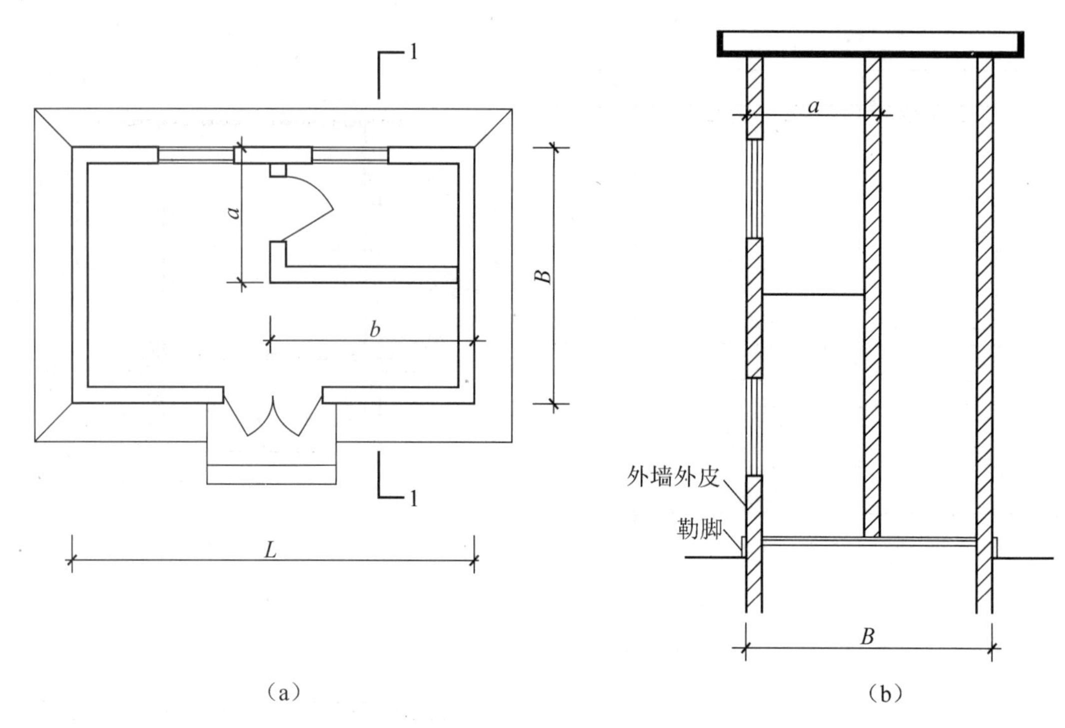

图 4-12　设有局部楼层的单层建筑物的建筑面积

（a）平面图；（b）1-1 剖面图

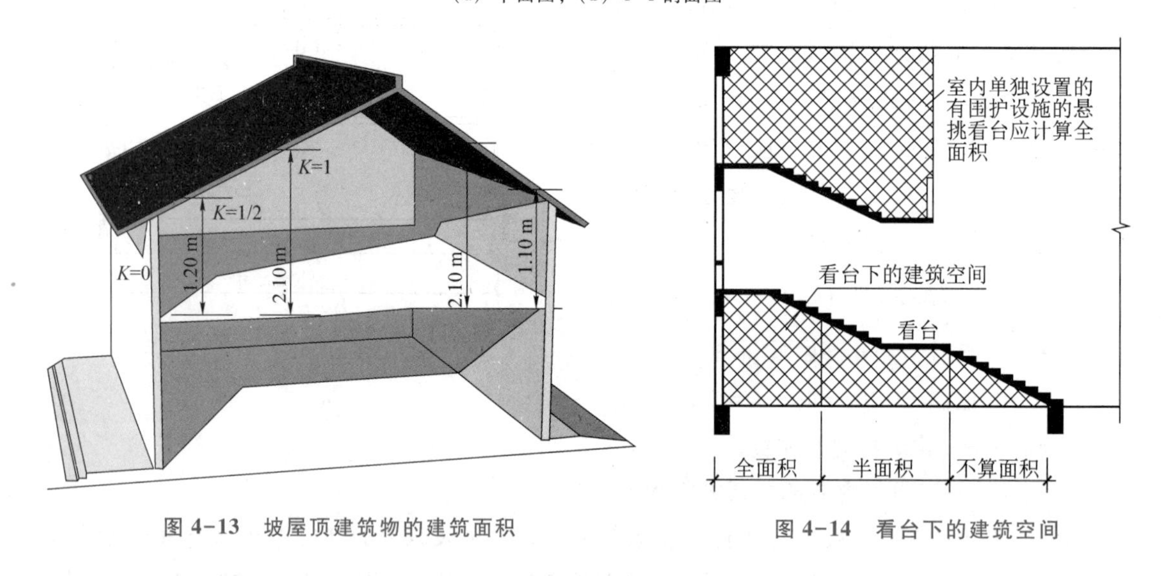

图 4-13　坡屋顶建筑物的建筑面积

图 4-14　看台下的建筑空间

构底板水平投影面积计算建筑面积。有顶盖无围护结构的场馆看台（见图 4-15）应按其顶盖水平投影面积的 1/2 计算建筑面积。

⑤ 地下室、半地下室应按其结构外围水平面积计算建筑面积。结构层高在 2.20 m 及以上的，应计算全面积；结构层高在 2.20 m 以下的，应计算 1/2 面积。

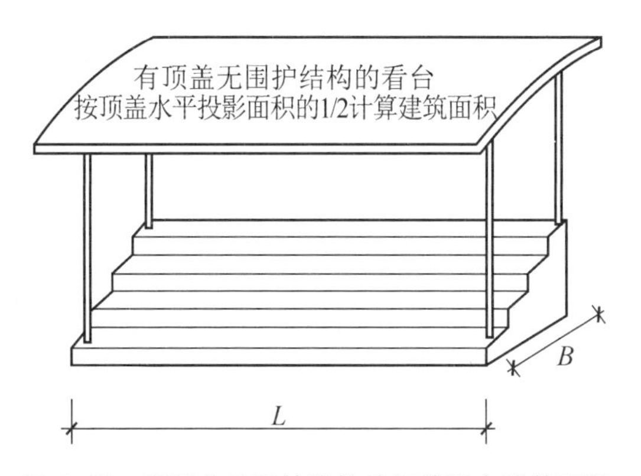

图 4-15　有顶盖无围护结构的场馆看台建筑面积

特别提示

计算建筑面积时，不包括由于构造需要所增加的面积，如无顶盖采光井、立面防潮层及其保护墙的厚度所增加的面积。

⑥ 出入口外墙外侧坡道有顶盖的部位，应按其外墙结构外围水平面积的 1/2 计算建筑面积。

特别提示

出入口坡道分有顶盖出入口坡道和无顶盖出入口坡道两种。出入口坡道顶盖的挑出长度，为顶盖结构外边线至外墙结构外边线的长度；顶盖以设计图纸为准，对后增加及建设单位自行增加的顶盖等，不计算建筑面积。顶盖不分材料种类（如钢筋混凝土顶盖、彩钢板顶盖、阳光板顶盖等）。

有出入口的地下室剖面图如图 4-16 所示，其地下建筑的建筑面积的计算公式为

$$S=S_1+S_2 \tag{4-4}$$

式中：S_1——地下室部分面积，$S_1=L_1\times B_1\times K$；其中，$L_1$、$B_1$ 为地下室上口外围的水平长与宽，m；K 为系数，层高≥2.20 m 时，$K=1$；层高<2.20 m 时，$K=1/2$；

S_2——出入口部分面积，$S_2=\frac{1}{2}\times L_2\times B_2$；其中，$L_2$、$B_2$ 为地下室出入口上口外围的水平长与宽，m。

注：采光井不用计算建筑面积。

⑦ 架空层的建筑面积。建筑物架空层及坡地建筑物吊脚架空层，应按其顶板水平投影计算建筑面积。结构层高在 2.20 m 及以上的，应计算全面积；结构层高在 2.20 m 以下的，应计算 1/2 面积。

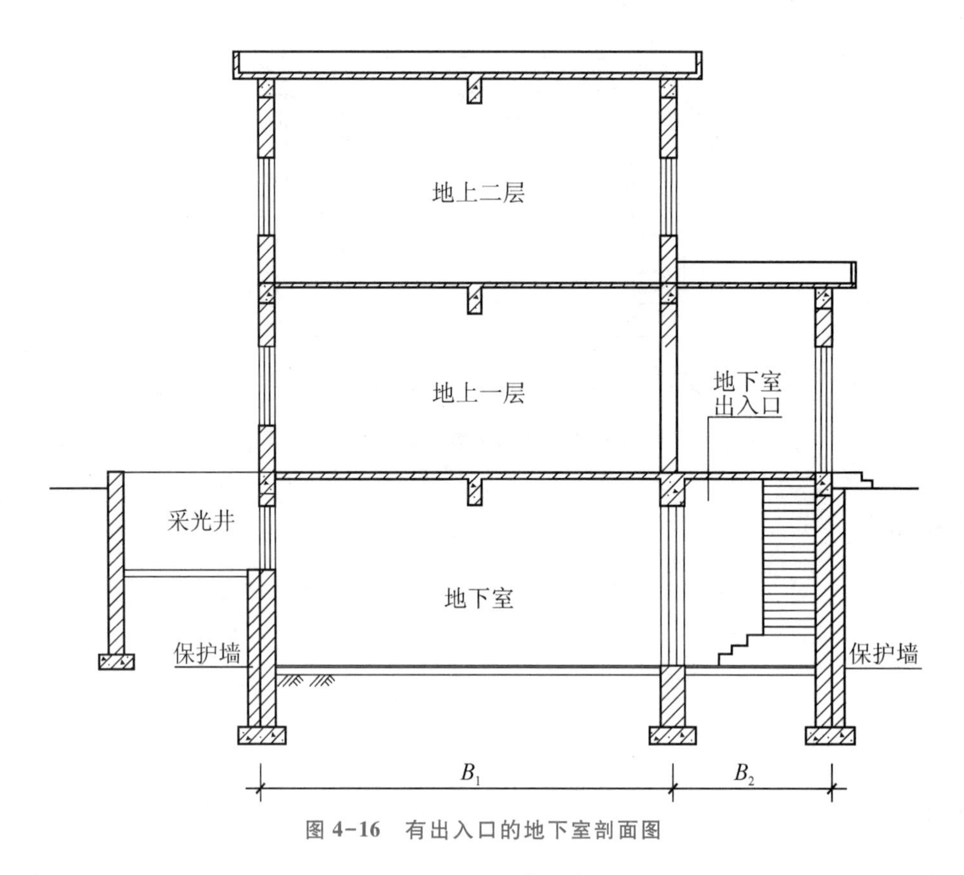

图 4-16　有出入口的地下室剖面图

本条既适用于深基础架空层（见图 4-17）、建筑物吊脚架空层（见图 4-18）建筑面积的计算，也适用于目前部分住宅、学校教学楼等工程在底层架空或在二楼或以上某个甚至多个楼层架空，作为公共活动、停车、绿化等空间的建筑面积的计算。架空层中有围护结构的建筑面积按相关规定计算。

⑧ 门厅、大厅、室内走廊的建筑面积。建筑物的门厅、大厅应按一层计算建筑面积，门厅、大厅内设置的走廊应按走廊结构底板水平投影面积计算建筑面积。结构层高在 2.20 m 及以上的，应计算全面积；结构层高在2.20 m以下的，应计算 1/2 面积。

门厅是指公共建筑物的大门至内部房间或通道的连接空间，是过往行人的缓地带；大厅是指供人群开展聚会活动或招待宾客所用的大房间，如休息厅、展览厅、舞厅、餐厅等。

案例 4-1　如图 4-19 所示为带有回廊的二层建筑物，试计算其建筑面积。

解：

$$一层建筑面积为\ S_1 = 16.44 \times 10.14 \approx 166.70\ (\mathrm{m}^2)$$

$$二层建筑面积为\ S_2 = 16.44 \times 10.14 - 7.26 \times 3.36 \approx 142.31\ (\mathrm{m}^2)$$

$$总建筑面积为\ S = S_1 + S_2 = 309.01\ (\mathrm{m}^2)$$

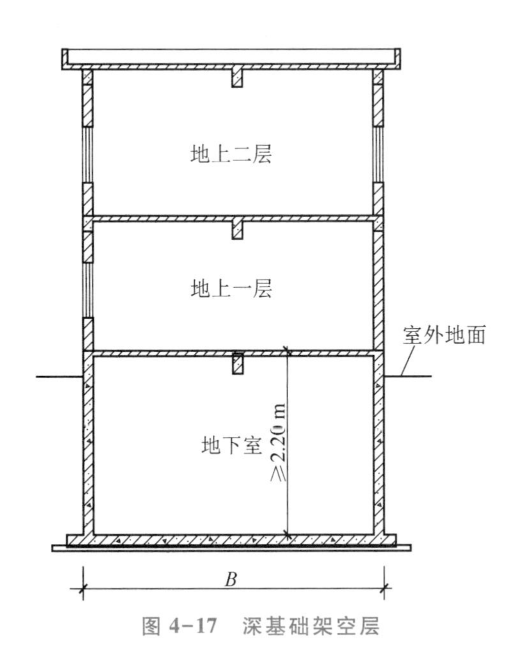

图 4-17　深基础架空层

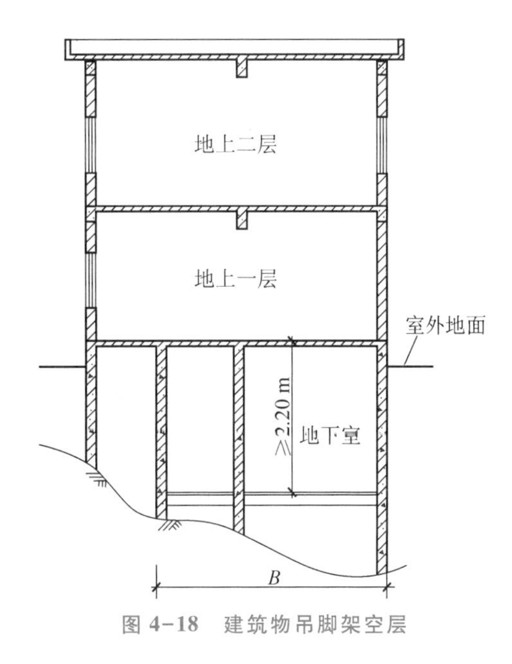

图 4-18　建筑物吊脚架空层

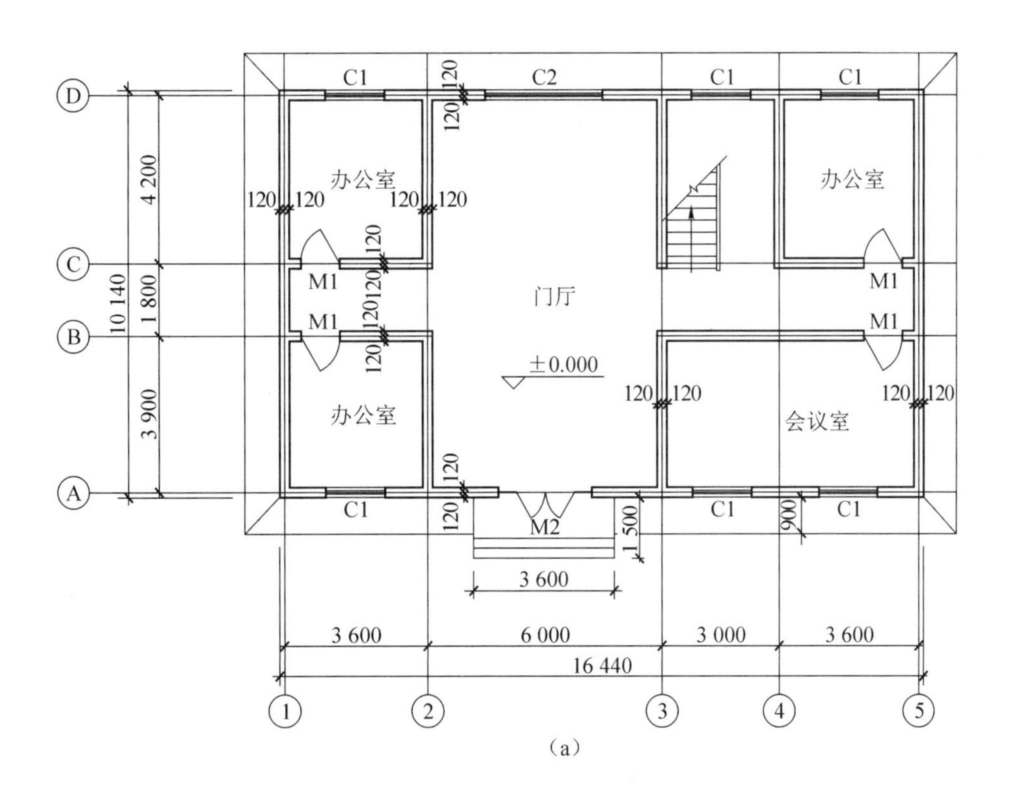

（a）

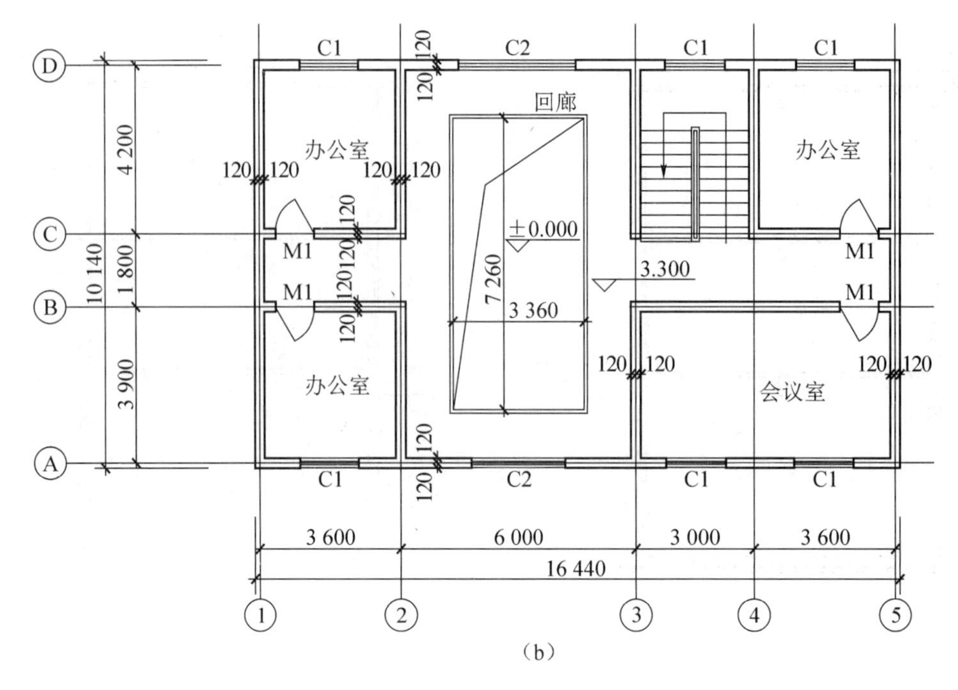

（b）

图 4-19　带有回廊的二层建筑物

（a）一层平面图；（b）二层平面图

⑨ 架空走廊的建筑面积。对于建筑物间的架空走廊，有顶盖和围护设施的，应按其围护结构外围水平面积计算全面积；无围护结构、有围护设施的，应按其结构底板水平投影面积计算 1/2 面积。

案例 4-2　两个建筑物间的架空走廊如图 4-20 所示，试计算其建筑面积。(其中，二层为封闭架空走廊，三层为不封闭架空走廊。)

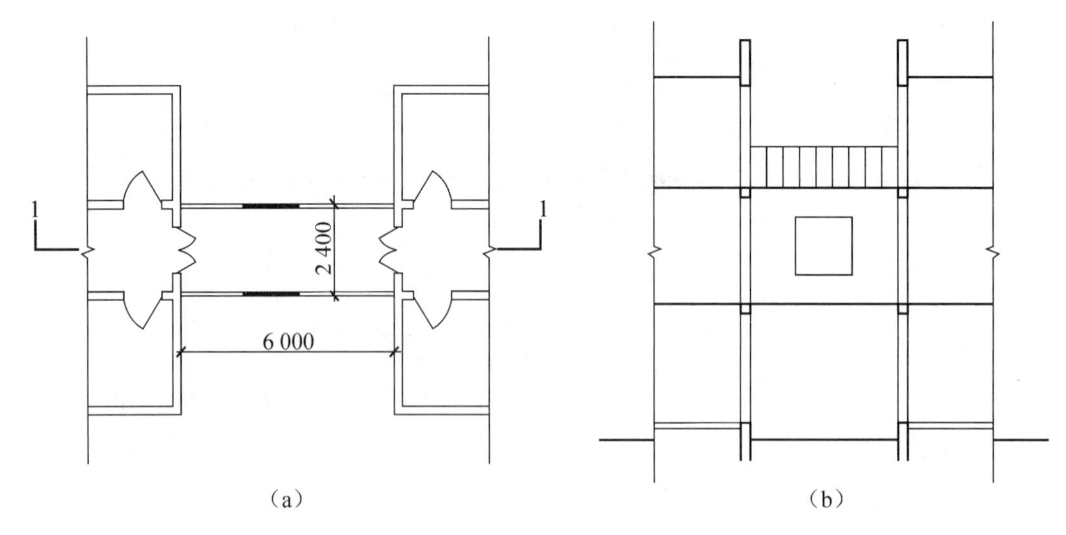

（a）　　（b）

图 4-20　两个建筑物间的架空走廊

（a）平面图；（b）1-1 剖面图

解： 架空走廊的建筑面积计算如下。

一层为非架空层，无须计算建筑面积。

$$二层架空走廊的建筑面积=6\times2.4=14.4\ (m^2)$$

$$三层架空走廊的建筑面积=1/2\times6\times2.4=7.2\ (m^2)$$

$$两个建筑物间的架空走廊的建筑面积=14.4+7.2=21.6\ (m^2)$$

⑩ 立体书库、立体仓库、立体车库的建筑面积。对于立体书库（见图4-21）、立体仓库、立体车库，有围护结构的，应按其围护结构外围水平面积计算建筑面积；无围护结构、有围护设施的，应按其结构底板水平投影面积计算建筑面积。无结构层的，应按一层计算建筑面积；有结构层的，应按其结构层面积分别计算建筑面积。结构层高在2.20 m及以上的，应计算全面积；结构层高在2.20 m以下的，应计算1/2面积。

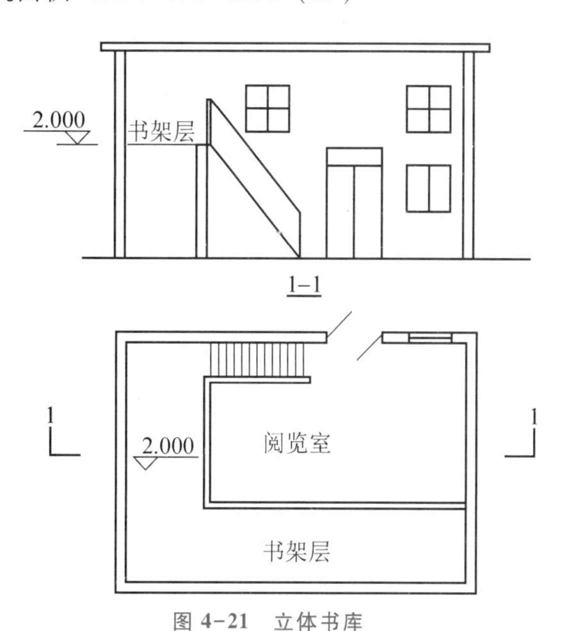

图4-21　立体书库

特别提示

起局部分割、储存等作用的书架层、货架层或可升级的立体钢结构停车层均不属于结构层，故该部分分层不计算建筑面积。

⑪ 舞台灯光控制室的建筑面积。有围护结构的舞台灯光控制室，应按其围护结构外围水平面积计算建筑面积。结构层高在2.20 m及以上的，应计算全面积；结构层高在2.20 m以下的，应计算1/2面积。

舞台灯光控制室，一般设在舞台内侧夹层上或设在耳光室（舞台两侧的小房间，用来投射灯光，因为是从侧面投射的，所以称为耳光。在正面投射的，称为面光，一般面光都是吊在马道上的。耳光因为有高度要求，所以耳光室会有2~3层）中，此处即指有围护结构的舞台灯光控制室，如图4-22所示。此灯光控制室的建筑面积按围护结构外围水平面积乘以实际层数计算。

⑫ 落地橱窗的建筑面积。附属在建筑物外墙的落地橱窗（见图4-23），应按其围护结构外围水平面积计算建筑面积。结构层高在2.20 m及以上的，应计算全面积；结构层高在2.20 m以下的，应计算1/2面积。

⑬ 凸（飘）窗的建筑面积。窗台与室内楼地面高差在0.45 m以下且结构净高在2.10 m及以上的凸（飘）窗，应按其围护结构外围水平面计算1/2面积，如图4-24所示。

⑭ 室外走廊、挑廊、檐廊的建筑面积。有围护设施的室外走廊、挑廊（见图4-25），应按其结构底板水平投影面积计算1/2面积；有围护设施（或柱）的檐廊（见图4-26），应按其围护设施（或柱）外围水平面积计算1/2面积。

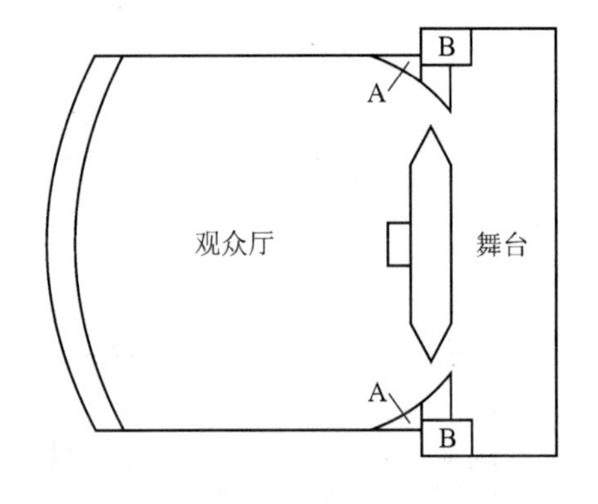

A—耳光室；B—夹层。

图 4-22 有围护结构的舞台灯光控制室

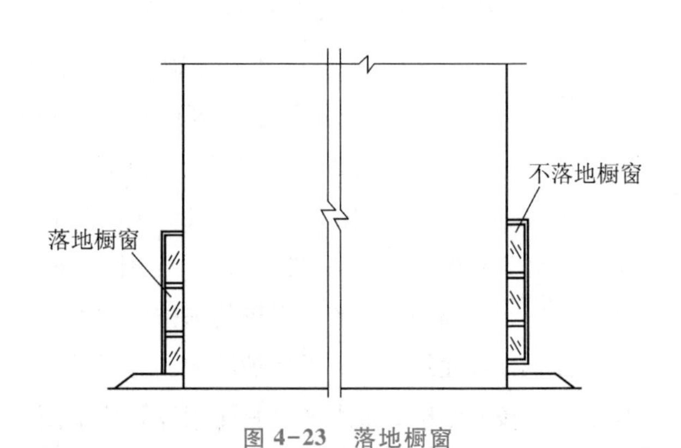

图 4-23 落地橱窗

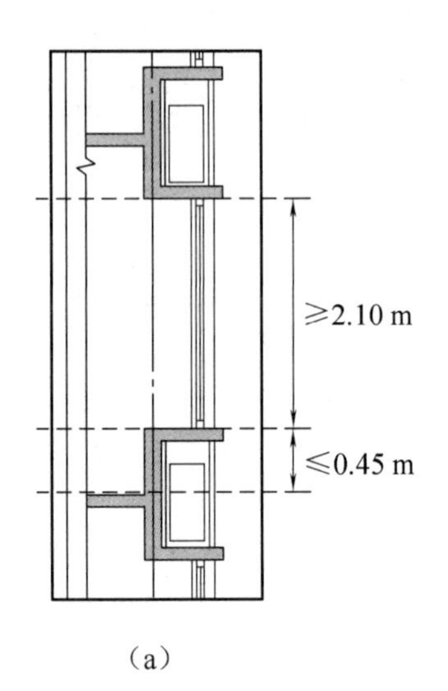

（a）

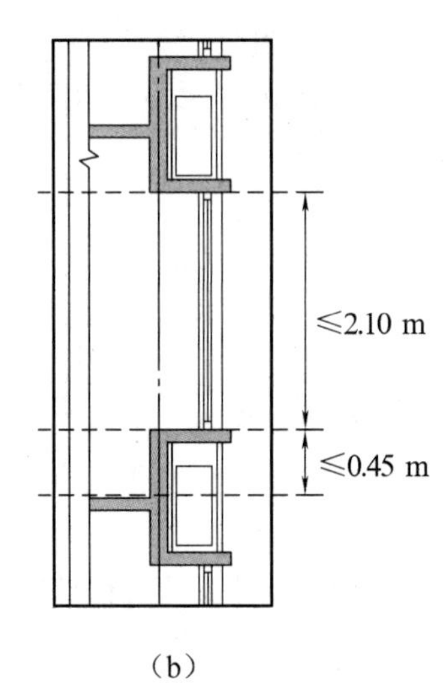

（b）

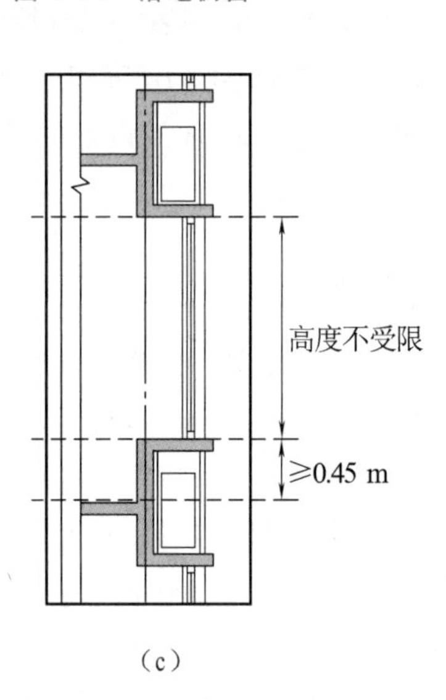

（c）

图 4-24 凸（飘）窗的建筑面积

（a）计算 1/2 面积；（b）、（c）不算面积

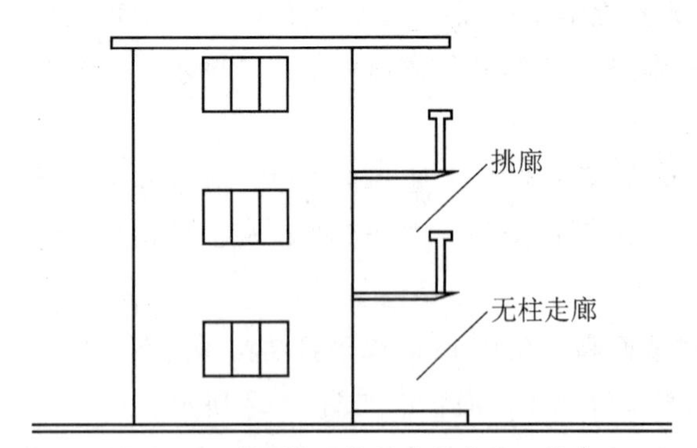

图 4-25 有围护设施的室外走廊、挑廊

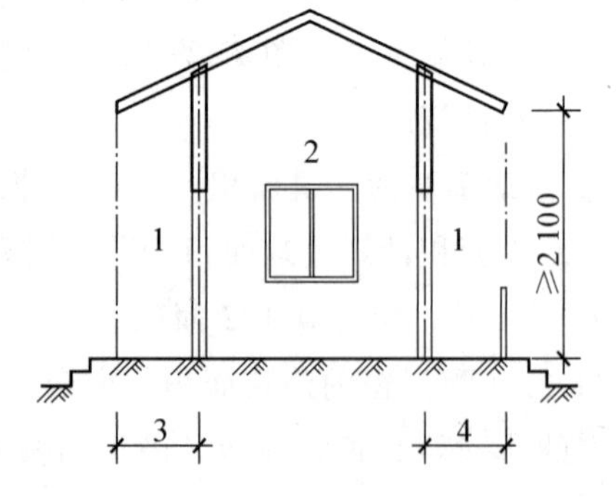

1—檐廊；2—室内；3—不计算建筑面积的部位；

4—计算 1/2 建筑面积的部位。

图 4-26 有围护设施（或柱）的檐廊

⑮ 门斗的建筑面积。门斗（见图 4-27）应按其围护结构外围水平面积计算建筑面积，且结构层高在 2.20 m 及以上的，应计算全面积；结构层高在 2.20 m 以下的，应计算 1/2 面积。门廊应按其顶板的水平投影面积的 1/2 计算建筑面积。

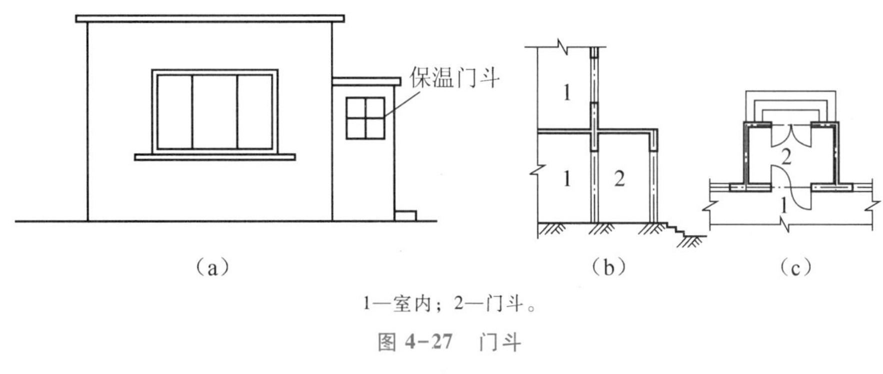

1—室内；2—门斗。

图 4-27　门斗

（a）立面图；（b）剖面图；（c）平面图

⑯ 门廊、雨篷的建筑面积。门廊应按其顶板的水平投影面积的 1/2 计算建筑面积；有柱雨篷应按其结构板水平投影面积的 1/2 计算建筑面积；无柱雨篷的结构外边线至外墙结构外边线的宽度在 2.10 m 及以上的，应按雨篷结构板的水平投影面积的 1/2 计算建筑面积。

雨篷是指建筑物出入口上方、凸出墙面、为遮挡雨水而单独设立的建筑部件。雨篷划分为有柱雨篷（包括独立柱雨篷、多柱雨篷、柱墙混合支撑雨篷、墙支撑雨篷）（见图 4-28）和无柱雨篷（悬挑雨篷）（见图 4-29）。如果建筑部件凸出建筑物，且不单独设立顶盖，而是利用上层结构板（如楼板、阳台底板）进行遮挡，则其不被视为雨篷，不计算建筑面积。对于无柱雨篷，当顶盖高度达到或超过两个楼层时，也不被视为雨篷，不计算建筑面积。

如图 4-28 所示，有柱雨篷的建筑面积为

$$S = \frac{1}{2} \times 3 \times 2 = 3(\text{m}^2)$$

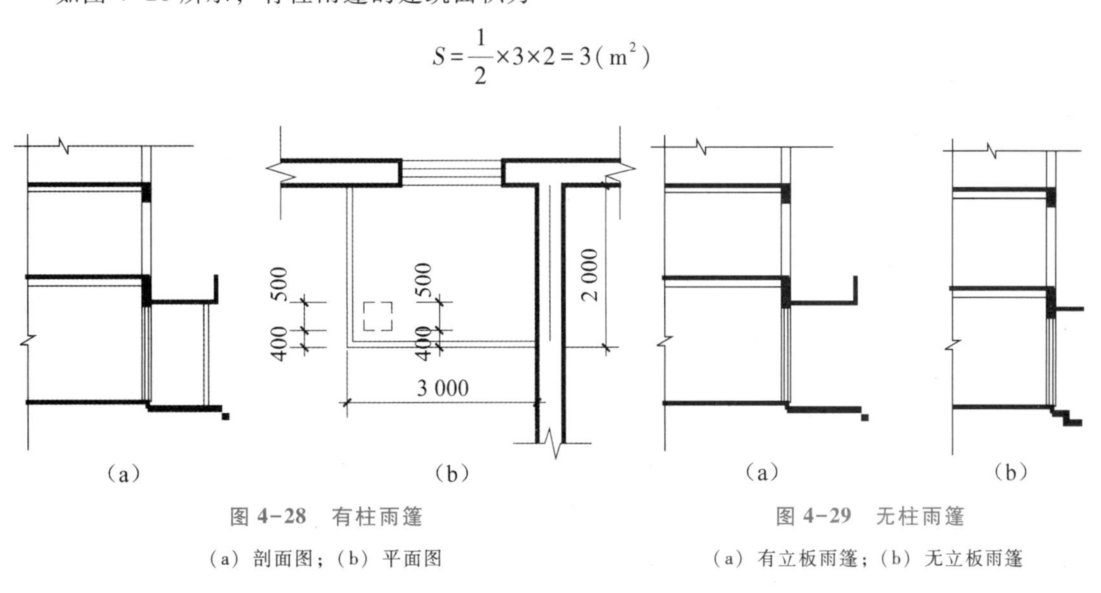

图 4-28　有柱雨篷

（a）剖面图；（b）平面图

图 4-29　无柱雨篷

（a）有立板雨篷；（b）无立板雨篷

⑰ 设在建筑物顶部的、有围护结构的楼梯间、水箱间、电梯机房（见图 4-30）等，结构层高在 2.20 m 及以上的，应计算全面积；结构层高在 2.20 m 以下的，应计算 1/2 面积。

⑱ 围护结构不垂直于水平面的楼层，应按其底板面的外墙外围水平面积计算。结构净高在 2.10 m 及以上的部位，应计算全面积；结构净高在 1.20 m 及以上，2.10 m 以下的部位，应计算 1/2 面积；结构净高在 1.20 m 以下的部位，不应计算建筑面积。斜围护结构的建筑面积如图 4-31 所示。

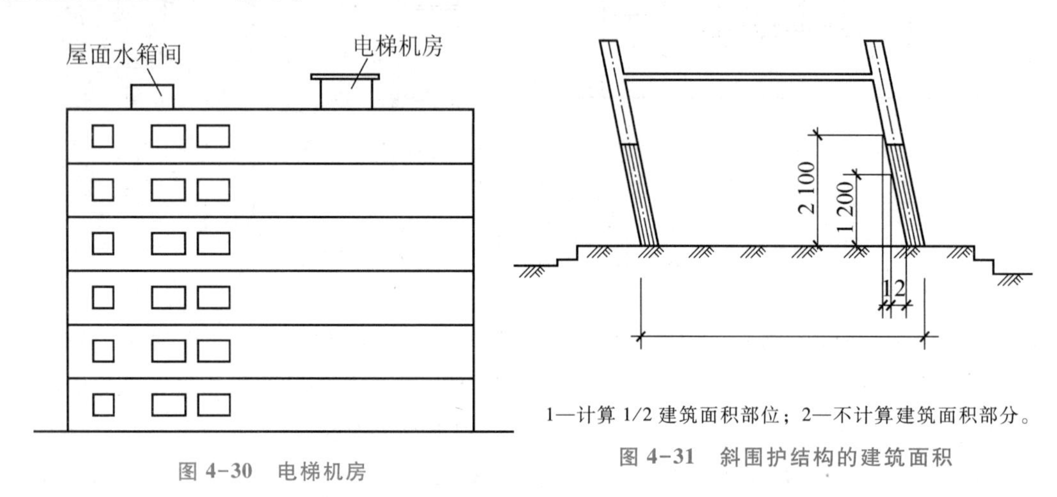

图 4-30　电梯机房

1—计算 1/2 建筑面积部位；2—不计算建筑面积部分。

图 4-31　斜围护结构的建筑面积

⑲ 建筑物的室内楼梯、电梯井、提物井、管道井、通风排气竖井、烟道，应并入建筑物的自然层计算建筑面积。有顶盖的采光井应按一层计算面积，且结构净高在 2.10 m 及以上的，应计算全面积；结构净高在 2.10 m 以下的，应计算 1/2 面积。

特别提示

有顶盖的采光井包括建筑物中的采光井和地下室采光井。

如果这些井道布置在建筑物内部，其面积已包括在整体建筑物的建筑面积之内，不再另行计算；如果这些井道附筑在主体墙外，则应按建筑物的楼层自然层数计算建筑面积，如图 4-32所示。

⑳ 室外楼梯应并入所依附建筑物的自然层，并应按其水平投影面积的 1/2 计算建筑面积，如图 4-33 所示。

特别提示

室外楼梯作为连接该建筑物层与层之间交通不可缺少的基本部件，无论从其功能，还是从工程造价的要求来说，均需计算建筑面积。层数为室外楼梯所依附的楼层数，即梯段部分投影到建筑物范围的层数。利用室外楼梯下部的建筑空间不得重复计算建筑面积；利用地势砌筑的为室外踏步，不计算建筑面积。

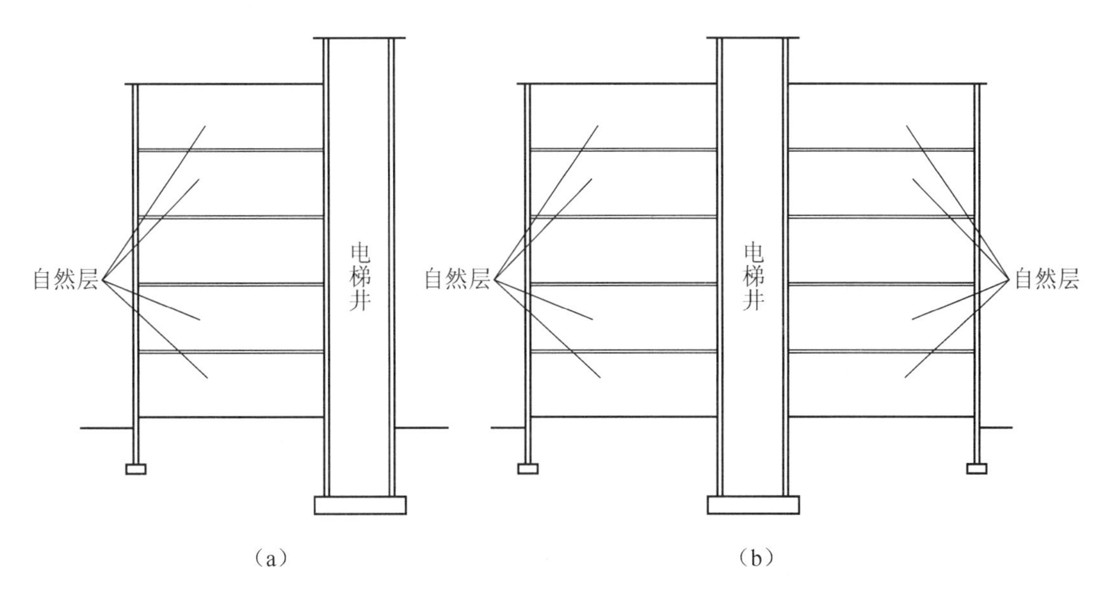

图 4-32 建筑物的井道

(a) 建筑物附筑井道；(b) 建筑物内的井道

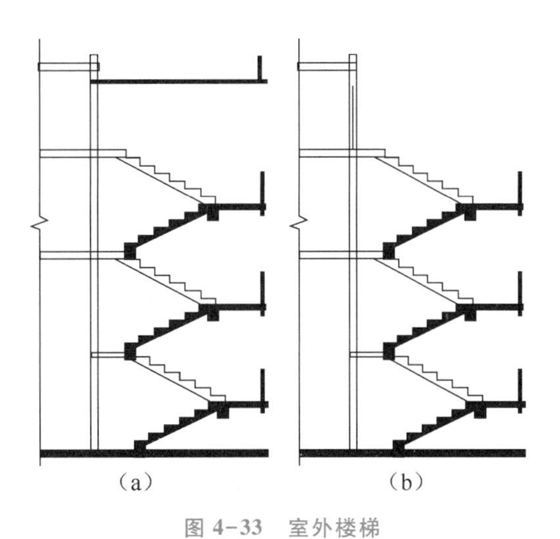

图 4-33 室外楼梯

(a) 有顶室外楼梯；(b) 无顶室外楼梯

㉑ 阳台的建筑面积。在主体结构内的阳台，应按其结构外围水平面积计算全面积；在主体结构外的阳台，应按其结构底板水平投影面积计算 1/2 面积。

特别提示

建筑物的阳台，不论其形式如何，均以建筑物主体结构为界分别计算建筑面积，如图 4-34所示。

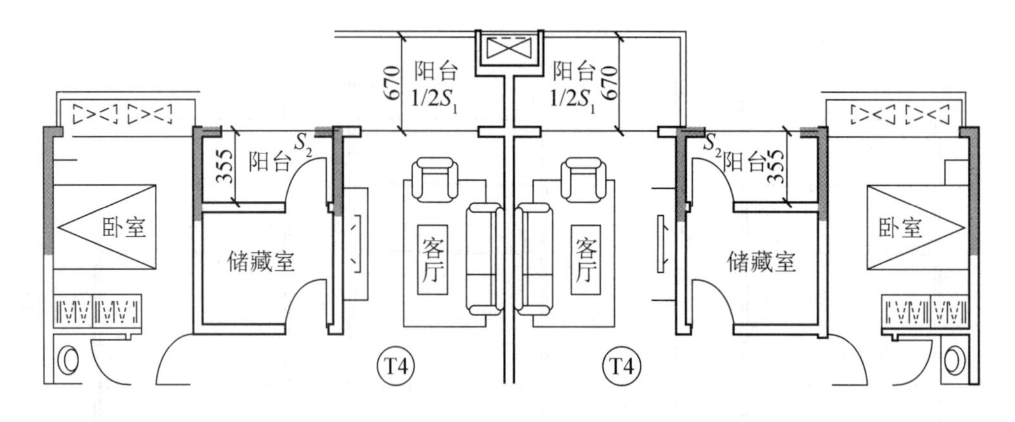

图 4-34 阳台建筑面积

㉒ 有顶盖、无围护结构的车棚、货棚、站台、加油站、收费站等，应按其顶盖水平投影面积的 1/2 计算建筑面积。

㉓ 以幕墙作为围护结构的建筑物，应按幕墙外边线计算建筑面积。

特别提示

幕墙以其在建筑物中所起的作用和功能来区分。直接作为外墙起围护作用的幕墙，按其外边线计算建筑面积；设置在建筑物墙体外起装饰作用的幕墙，不计算建筑面积。

㉔ 建筑物的外墙外保温层，应按其保温材料的水平截面积计算，并计入自然层建筑面积。

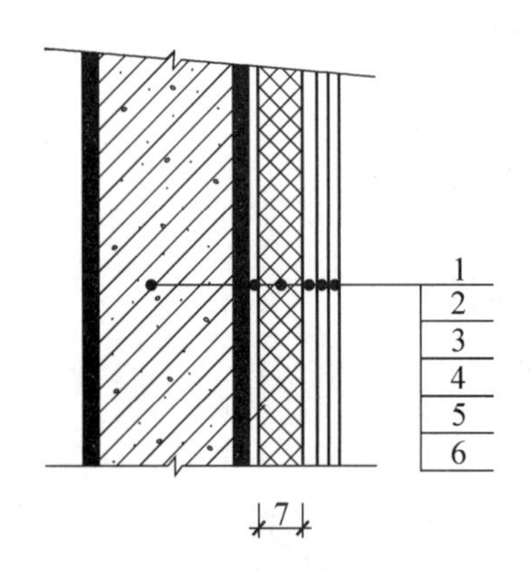

1—墙体；2—黏结胶浆；3—保温材料；4—标准网；5—加强网；6—抹面胶浆；7—计算建筑面积部位。

图 4-35 保温隔热层的建筑面积

建筑物外墙外侧有保温隔热层的，保温隔热层以保温材料的净厚度乘以外墙结构外边线长度，按建筑物的自然层计算建筑面积，其外墙外边线长度不扣除门窗和建筑物外已计算建筑面积构件（如阳台、室外走廊、门斗、落地橱窗等部件）所占长度。当建筑物外已计算建筑面积的构件（如阳台、室外走廊、门斗、落地橱窗等部件）有保温隔热层时，其保温隔热层也不再计算建筑面积。外墙是斜面者，按楼面楼板处的外墙外边线长度乘以保温材料的净厚度计算。外墙外保温隔热层以沿高度方向满铺为准，某层外墙外保温隔热层铺设高度未达到全部高度时（不包括阳台、室外走廊、门斗、落地橱窗、雨篷、飘窗等），不计算建筑面积。保温隔热层的建筑面积是以保温隔热材料的厚度来计算的，不包含抹灰层、防潮层、保护层（墙）的厚度，如图 4-35 所示。

㉕ 与室内相通的变形缝，应按其自然层合并在建筑物建筑面积内计算。对于高低联跨的建筑物，当高低跨内部连通时，其变形缝应计算在低跨面积内。

与室内相通的变形缝，是指暴露在建筑物内，在建筑物内可以看得见的变形缝。

㉖ 对于建筑物内的设备层、管道层、避难层等有结构层的楼层，结构层高在 2.20 m 及以上的，应计算全面积；结构层高在 2.20 m 以下的，应计算 1/2 面积。

建筑物内的设备层如图 4-36 所示，常常作为安装冷热管道、采暖通风、电气通信设备及线路等的设备管道层。

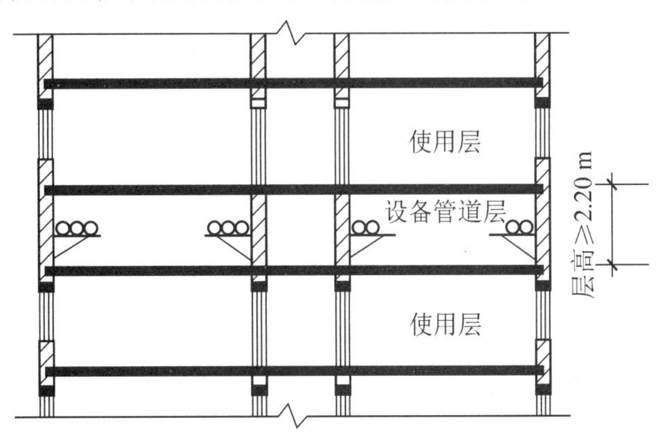

图 4-36　建筑物内的设备层

特别提示

虽然设备层、管道层的具体功能与普通楼层不同，但在结构及施工消耗上并无本质区别，且《建筑工程建筑面积计算规范》(GB/T 50353—2013) 定义自然层为“按楼地面结构分层的楼层”，因此，设备、管道楼层归为自然层，其计算规则与普通楼层相同。若在吊顶空间内设置管道，则吊顶空间部分不能被视为设备层、管道层。

案例 4-3　某建筑二层平面图如图 4-37 所示。该建筑共 2 层，每层层高均为 3.3 m，墙体除标注外均为 200 mm 厚加气混凝土砌块墙，轴线位于墙中。单体Ⅰ和单体Ⅱ之间通过架空走廊（无围护结构，有围护设施）连接。单体Ⅰ的室外楼梯可通往二层楼顶。室内楼梯为钢筋混凝土现浇楼梯，室外楼梯为专用于消防疏散的钢楼梯；阳台为主体结构内阳台。若一层、二层建筑面积相同，试计算此建筑的建筑面积。

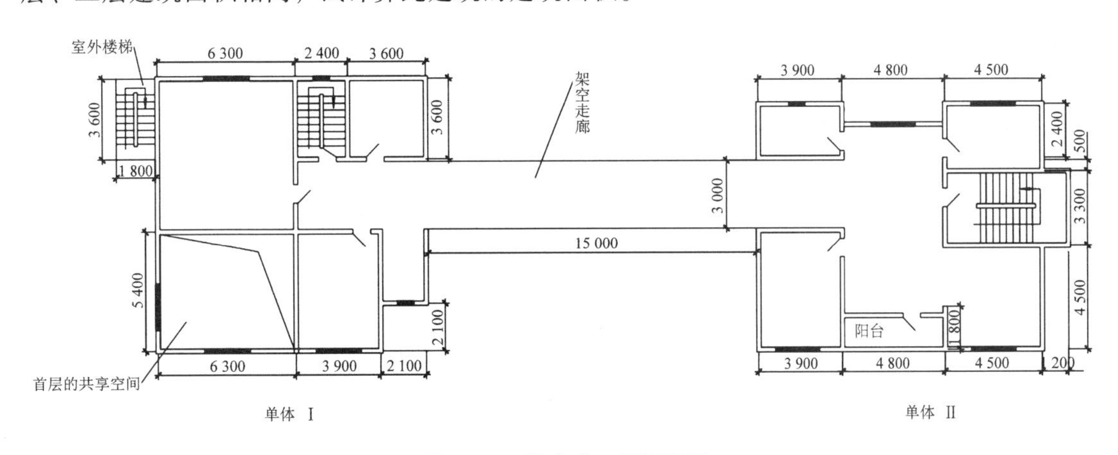

图 4-37　某建筑二层平面图

解：

单位：m^2

计算项目	计算过程	计算结果
单体Ⅰ	［(6.3+3.9+2.1+0.2)×(3.6+0.1+3+0.1+5.4+0.2)－2.1×2.1］×2－5.4×6.3	267.16

续表

计算项目	计算过程	计算结果
单体Ⅱ	[（3.9+4.8+4.5+0.2×（4.5+3.3+1.5+2.4+0.2）+1.2×（3.3+0.2）-（4.8-0.2）×1.5] ×2	313.52
架空走廊	$15\times3\times\frac{1}{2}$	22.5
合计	267.16+313.52+22.5	603.18

随学随练

一、单选题

1. 以下项目中，需计算 1/2 建筑面积的是（　　）。
   A. 无柱雨篷
   B. 主体结构内的阳台
   C. 主体结构外的阳台
   D. 层高超过 2.20 m 的半地下室

2. 层高 2.20 m 上午设备层，水平投影面积为 *S*，则其建筑面积为（　　）。
   A. *S*　　B. *S*/2　　C. 0　　D. 2*S*

3. 有顶盖和围护设施的架空走廊，按其（　　）计算建筑面积。
   A. 围护结构外围水平面积
   B. 围护结构外围水平面积的 1/2
   C. 顶盖的投影面积
   D. 顶盖投影面积的 1/2

4. 无柱雨篷结构的外边线至外墙结构外边线的宽度超过（　　）者，应按雨篷结构板的（　　）计算。
   A. 2.10 m，投影面积　　B. 2.10 m，水平投影面积的 1/2
   C. 2.20 m，顶盖的投影面积　　D. 2.20 m，顶盖投影面积的 1/2

5. 利用坡屋顶内空间时，结构净高超过（　　）的部位应计算全面积。
   A. 2.10 m　　B. 2.20 m　　C. 1.20 m　　D. 1.1m

二、判断题

1. 凸出屋面的楼梯间需计算建筑面积。（　　）
2. 阳台按其水平投影面积计算建筑面积。（　　）
3. 楼梯间按建筑物的自然层计算建筑面积。（　　）

三、计算题

1. 某地下室如图 4-38 所示，试计算该地下室的建筑面积。

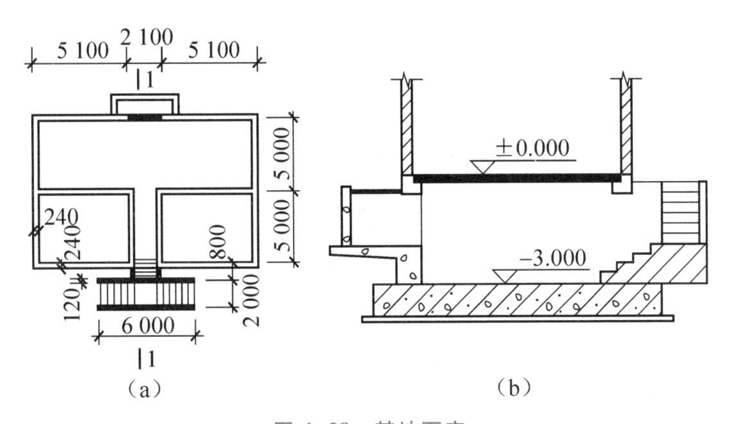

图 4-38　某地下室

（a）平面图；（b）1-1 剖面图

2. 如图 4-39 所示为某建筑物的标准层平面图，若此建筑物为 3 层，层高 3.3 m，内外墙墙厚皆为 240 mm，试计算该建筑物的建筑面积。

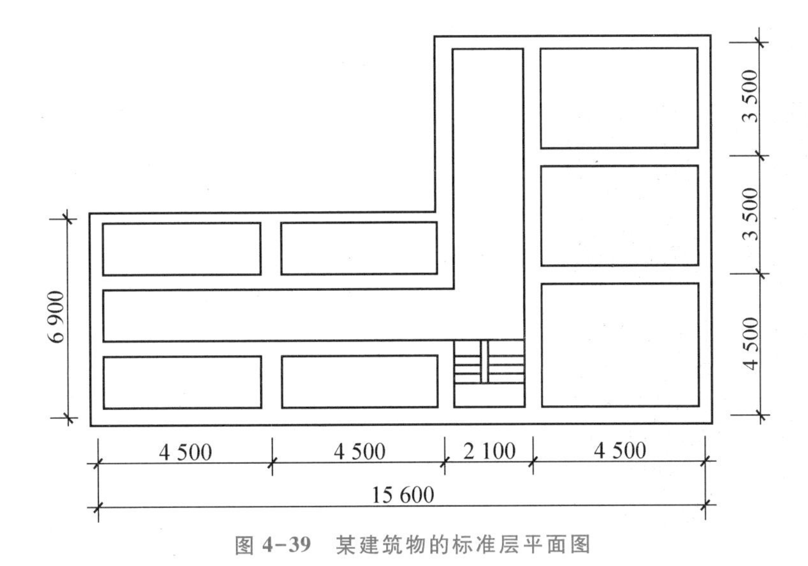

图 4-39　某建筑物的标准层平面图

3. 试计算如图 4-40 所示的有顶盖无围护结构的单排柱站台的建筑面积。

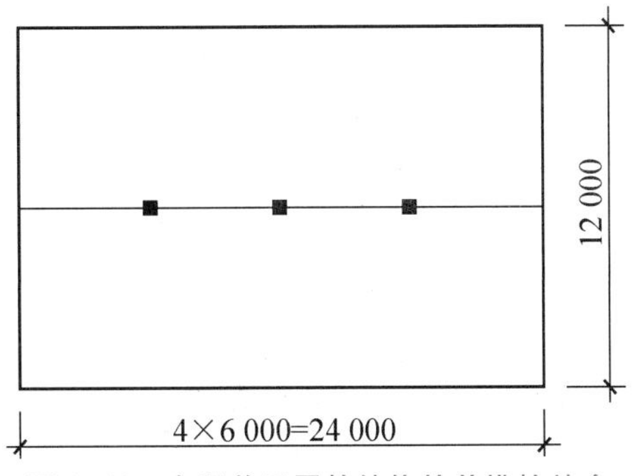

图 4-40　有顶盖无围护结构的单排柱站台

4. 某建筑物通往 15 层的电梯井在屋面上还有一层电梯间，电梯井每层建筑面积为 3 m^2，屋顶电梯间层高 2 m，试计算屋顶电梯间的建筑面积。

4.1.2 随学随练答案

4.1.3 不计算建筑面积的范围

① 与建筑物内不相连通的建筑部件。

特别提示

与建筑物内不相连通的建筑部件是指依附于建筑物外墙外，不与户室开门连通，起装饰作用的敞开式挑台（廊）、平台，以及不与阳台相通的空调室外机搁板（见图 4-41）等设备平台部件。

图 4-41　空调室外机搁板

② 骑楼、过街楼底层的开放公共空间和建筑物通道。

③ 舞台及后台悬挂幕布和布景的天桥、挑台等。

特别提示

舞台及后台悬挂幕布和布景的天桥、挑台是指影剧院的舞台及为舞台服务的，可供上人的维修、悬挂幕布、布置灯光及布景等的构件设施。

④ 露台、露天游泳池、花架、屋顶的水箱及装饰性结构构件。

⑤ 建筑物内的操作平台、上料平台、安装箱和罐体的平台。如图 4-42 所示为室内和室外操作平台。

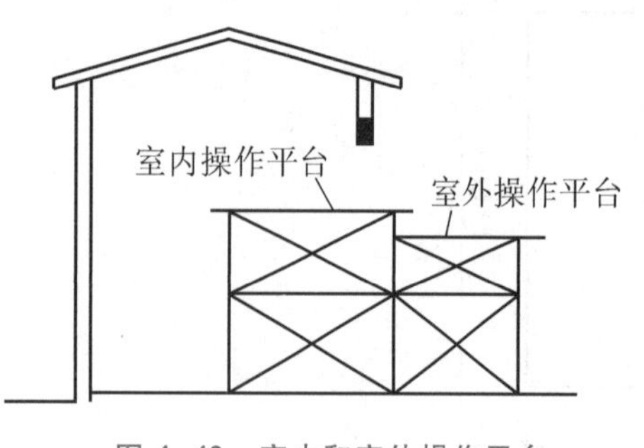

图 4-42　室内和室外操作平台

特别提示

建筑物内不构成结构层的操作平台、上料平台

(包括工业厂房、搅拌站和料仓等建筑中的设备操作控制平台、上料平台等),其主要作为室内构筑物或设备服务的独立上人设施,因此,不计算其建筑面积。

⑥ 勒脚、附墙柱、垛、台阶、墙面抹灰、装饰面、镶贴块料面层、装饰性幕墙,主体结构外的空调室外机搁板(箱)、构件、配件,挑出宽度在 2.10 m 以下的无柱雨篷和顶盖高度达到或超过两个楼层的无柱雨篷,如图 4-43 所示。

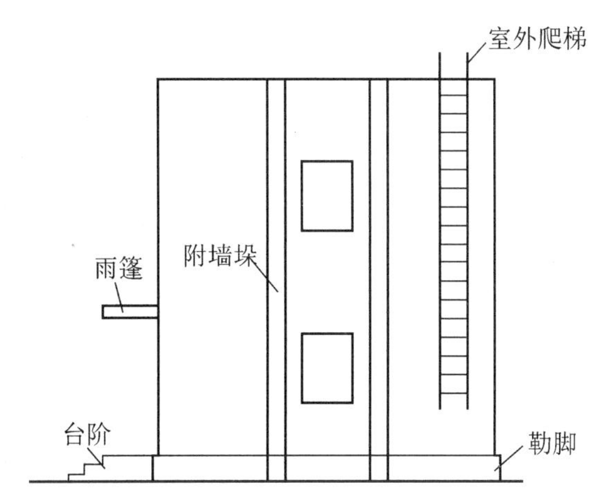

图 4-43 不计算建筑面积的无柱雨篷

⑦ 窗台与室内地面高差在 0.45 m 以下且结构净高在 2.10 m 以下的凸(飘)窗,窗台与室内地面高差在 0.45 m 及以上的凸(飘)窗。

⑧ 室外爬梯、室外专用消防钢楼梯。

特别提示

室外专用钢楼梯需要区分具体用途,如果钢楼梯专用于消防楼梯,则不计算建筑面积;如果钢楼梯是建筑物唯一通道,兼用于消防,则需要按本单元第 4.1.2 节中第⑳条计算建筑面积。

⑨ 无围护结构的观光电梯。

⑩ 建筑物以外的地下人防通道,独立的烟囱、烟道、地沟、油(水)罐、气柜、水塔、贮油(水)池、贮仓、栈桥等构筑物。

随学随练

一、单选题

1. 下列各项中,不需计算建筑面积的有(　　)。

A. 建筑物内的操作平台　　B. 宽度大于 2.10 m 的无柱雨篷

C. 建筑外墙的保温层　　D. 室外楼梯

2. 窗台与室内地面高差在(　　)m 以下且结构净高在(　　)m 以下的凸(飘)窗不计算建筑面积。

A. 0.3,2.1　　B. 0.3,2.2

C. 0.45,2.1　　D. 0.45,2.2

二、判断题

1. 室外楼梯不计算建筑面积。(　　)

2. 宽度在 0.6 m 以内的钢梯不计算建筑面积。(　　)

3. 观光电梯不计算建筑面积。(　　)

三、填空题

1. 挑出宽度在____m以下的无柱雨篷不计算建筑面积。

2. 窗台与室内地面高差在____m及以上的凸（飘）窗不计算建筑面积。

4.1.3 随学随练答案

4.2 土方工程量计算

听老师讲：土方工程相关知识及列项

土方工程是建筑工程中最早施工的分部工程。土方工程施工具有工程量大、施工工期长、施工条件复杂、劳动强度大的特点，因此，施工前需要做好施工组织设计，选择好施工方法和机械设备，制定合理的土方调配方案。

4.2.1 项目划分及相关知识

土方工程施工过程包括平整场地、土方开挖、运输、回填压实等。土方工程施工方法有人工挖土和机械挖土两种。

采用人工挖土时，工程列项如下：平整场地、基础挖土方（包含打钎拍底）、基础回填、房心回填、土方运输。采用机械挖土时，工程列项如下：平整场地、基础挖土方、人工清槽、基础回填、房心回填、土方运输。土方的施工机械有推土机、铲土机、挖土机、装载机、压实机等。

特别提示

人工挖土方子目包括打钎拍底，机械挖土方时的人工清槽执行人工挖土方的相应子目。

1. 平整场地

平整场地就是在土方开挖前，将天然地面改造成工程上所要求的设计平面的平整工作。平整场地前应先做好各项准备工作，如清除场地内所有地上及地下障碍物、排除地面积水、铺筑临时道路等。

特别提示

平整场地是指室外设计地坪与自然地坪平均厚度差≤±300 mm 的就地挖、填、找平，如图 4-44 所示；平均厚度差>±300mm 的竖向土方，执行机械挖独立土方相应子目。

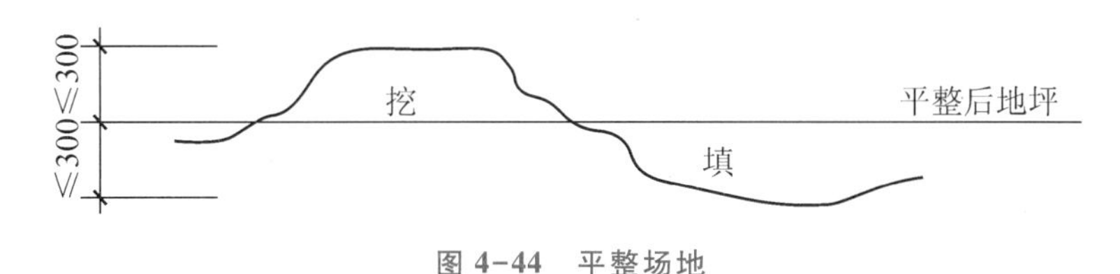

图 4-44 平整场地

2. 土的分类

在建筑施工中，按照开挖的难易程度，把土分为一类土、二类土、三类土和四类土，详见表 4-1。

表 4-1 土的分类

土的分类	土的名称	开挖方法
一类土 二类土	粉土、砂土（粉砂、细砂、中砂、粗砂、砾砂）、粉质黏土、弱中盐渍土、软土（淤泥质土、泥炭、泥炭质土）、软塑红黏土、冲填土	一般用锹开挖，少许用镐、条锄开挖 机械能全部直接铲挖满载者
三类土	黏土、碎石土（圆砾、角砾）、混合土、可塑红黏土、硬塑红黏土、强盐渍土、素填土、压实填土	主要用镐、条锄开挖，少许用锹开挖 机械需部分刨松方能铲挖满载者或可直接铲挖但不能满载者
四类土	碎石土（卵石、碎石、漂石、块石）、坚硬红黏土、超盐渍土、杂填土	全部用镐、条锄开挖，少许用撬棍开挖 机械需普遍刨松方能铲挖满载者

注：本表土的名称及开挖方法按现行国家标准《岩土工程勘察规范》（2009 年版）（GB 50021—2001）执行。

特别提示

人工挖土按不同土质分别编制。机械挖土不区分土质。

3. 基础挖土方

（1）划分标准

基础挖土方包括挖沟槽、挖基坑、挖一般土方三种。

① 底宽≤7 m，底长>3 倍底宽，执行挖沟槽相应定额子目。

② 底长≤3 倍底宽，底面积≤150 m^2，执行挖基坑相应定额子目。

③ 超出上述范围，执行挖一般土方相应定额子目。

特别提示

① 这里的底宽和底面积均不含工作面的尺寸。

② 根据施工图判断开挖的顺序：先根据尺寸判断沟槽是否成立，若不成立再判断是否属于基坑，若基坑还不成立，就一定是挖一般土方项目。

例如，土方底宽度为 2.7 m，长度为 12 m，即为沟槽。

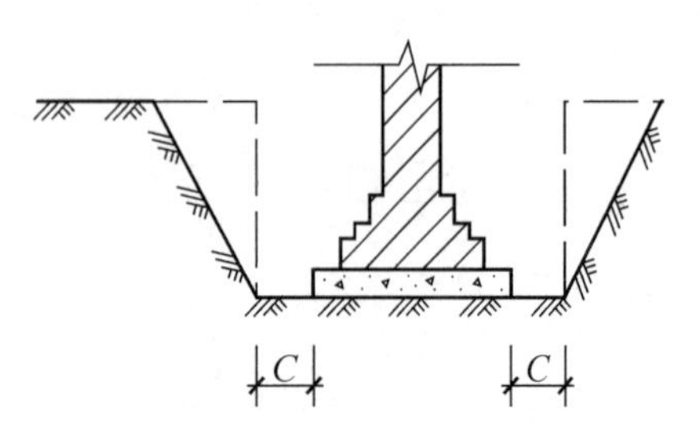

图 4-45 基础施工工作面示意图

(2) 工作面

在基础施工中，按施工的需要，在挖土时按基础垫层的双向尺寸向周边放出一定范围的操作面积，作为工人施工时的操作空间，这种单边放出的宽度称为工作面，用 C 表示，如图 4-45 所示。

基础施工所需工作面宽度由施工组织设计确定，当施工组织设计中无规定时，按预算定额规定计算。基础施工所需工作面宽度见表 4-2。

表 4-2 基础施工所需工作面宽度 单位：mm

基础材料	每边各增加工作面宽度
砖基础	200
浆砌毛石、条石基础	150
混凝土基础及垫层支模板	300
基础垂直面作防水层	1 000（防水面层）
坑底灌注桩	1 500

(3) 挖土深度

挖土深度一般是指从室外的自然地坪到基础底的深度。

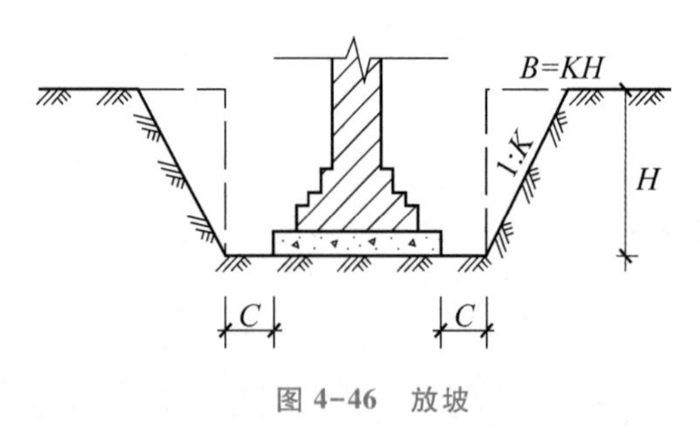

图 4-46 放坡

(4) 土方放坡与支护

在土方开挖时，当挖土较深，地质条件不好时，要采取加固措施，以确保安全施工。人们常采用放坡、支护来保持土壁稳定。

放坡（见图 4-46）是指为了防止土壁塌方，确保施工安全，当挖方超过一定深度或填方超过一定高度时，其边沿应放出的足够的边坡，土方边坡一般用放坡坡度和坡度系数表示。工程中常用 1∶K 表示放坡坡度，其中 K 为放坡系数。放坡系数指放坡宽度 B 与挖土深度 H 的比值，即 $K=\frac{B}{H}$。

土方开挖是否需要放坡，应视挖土深度和土的类别，并结合施工组织设计来确定。无施工组织设计规定时，放坡起点深度、放坡系数按表 4-3 计算确定。

表 4-3 放坡起点深度、放坡系数表

土的分类	放坡起点深度/m	人工挖土	机械挖土		
			基坑内作业	基坑上作业	沟槽上作业
一类土 二类土	1.20	1∶0.50	1∶0.33	1∶0.75	1∶0.50
三类土	1.50	1∶0.33	1∶0.25	1∶0.67	1∶0.33
四类土	2.00	1∶0.25	1∶0.10	1∶0.33	1∶0.25

注：1. 沟槽、基坑中土类别不同时，分别按放坡起点深度、放坡系数，依不同土类别厚度加权平均计算。
2. 计算放坡时，在交接处的重复工程量不予扣除，原槽、坑作基础垫层时，放坡自垫层上表面开始计算。

4. 打钎拍底

打钎拍底是指挖到基础持力层后，为了检查该持力层下部土层情况而采用的一种比较方便简单的检测方法。拍底是为了保证基底的平整，打钎是根据锤击数与钎体进入土层的深度的关系判定地基的承载力。

特别提示

人工挖土子目包含打钎拍底。

5. 人工清槽

人工清槽的目的是防止土方超挖，防止基础底部土壤松动。一般机械挖土时，在基坑或基槽底部标高以上预留 200~300 mm 供人工清槽。清槽要彻底，不要有机械挖土抓痕。清槽完成后人不能随意走动。

特别提示

机械挖土时的人工清槽执行人工挖土相应子目。

6. 回填土

按回填部位不同，回填土可分为基础回填土、房心回填土等，如图 4-47 所示。

基础回填土是指基础工程完工后，将槽、坑四周未做基础部分进行回填至室外设计标高的回填土。因此，基础回填是指室外地坪以下的土方回填。

房心回填土又称室内回填土，是指由室外设计地坪填置室内地坪垫层地面标高的夯填土。例如，室外地坪标高为-0.3 m，室内地面为 0.1 m 厚的混凝土地面，则室内需 0.2 m 厚回填土，这 0.2 m 便是房心回填土的厚度。

7. 土方运输

土方工程施工中，堆弃土地点的选择一般有三种方案：方案一，可将挖出的土直接堆放在槽、坑边，或运至施工现场某一地点堆放，回填后再将余土运出；方案二，如果场地狭

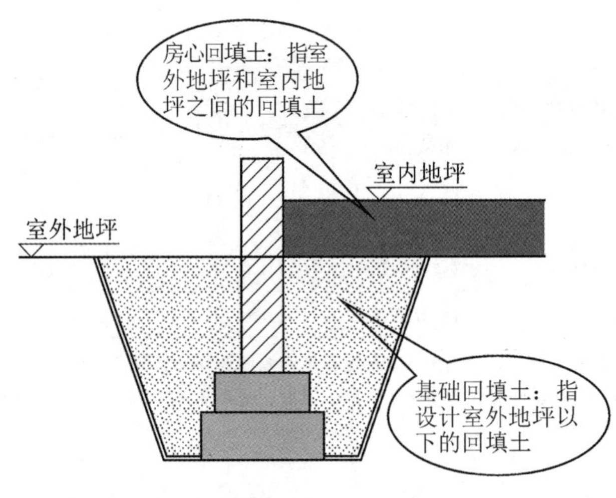

图 4-47　回填土的分类

小，可将全部回填土运出施工现场，待回填时再将其运回；方案三，一部分回填土运出，另一部分回填土在施工现场某一地点存放。

随学随练

一、单选题

1. 平整场地是指工程动土开工前，建筑场地内土方的就地挖、填和找平，其厚度应在（　　）。

A. 30 cm 以内　　B. 30 cm 以上

C. ±30 cm 以内　　D. ±30 cm 以上

2. 人工挖沟槽是指底宽不超过 7 m，且槽底长大于（　　）倍槽底宽。

A. 1　　B. 2　　C. 3　　D. 4

3. 挖三类土土方，挖土深度超过（　　）m 需要放坡。

A. 1.2　　B. 1.5　　C. 1.0　　D. 2.0

4. 下列属于挖一般土方项目的是（　　）。

A. 底宽≤7 m，底长>3 倍底宽　　B. 底长≤3 倍底宽，底面积≤150 m^2

C. 超出 AB 选项范围内的　　D. 底面积大于 150 m^2

5. 混凝土基础及垫层支模板，基础施工所需工作面宽度为（　　）mm。

A. 200　　B. 150　　C. 300　　D. 1 000

二、多选题

1. 若挖土的尺寸如下，则（　　）属挖沟槽土方。

A. 长 8.8 m，宽 2.0 m，深 1.1 m　　B. 长 7.0 m，宽 2.4 m，深 1.0 m

C. 长 9.2 m，宽 3.0 m，深 1.2 m　　D. 长 25 m，宽 7.1 m，深 2.0 m

2. 挖基础土方包括（　　）等挖方。

A. 挖沟槽土方　　B. 挖基坑土方　　C. 挖一般土方　　D. 边坡支护

3. 回填土包括（　　）。

A. 场地回填　　　　B. 基础回填

C. 地下室内回填土　　　　D. 房心回填

三、判断题

1. 人工挖土需单独计算打钎拍底。（　　）

2. 回填土回运时，执行土方装车，土方运输运距 1 km 以内及每增 1 km 的子目。（　　）

3. 三类土挖土方，挖土深度为 1.5 m 时，不放坡。（　　）

4.2.1 随学随练答案

4.2.2　土方工程工程量计算规则

动画：土方工程计量列项计算

1. 土方工程

（1）平整场地

建筑物按设计图示尺寸以建筑物首层建筑面积计算。地下室单层建筑面积大于首层建筑面积时，按地下室最大单层建筑面积计算。

（2）场地碾压、原土打夯

场地碾压、原土打夯按设计图示的碾压或打夯面积计算。

（3）基础挖土方

基础挖土方按挖土底面积乘以挖土深度以体积计算。放坡土方增量及局部加深部分并入土方工程量中。

① 挖土底面积。一般土方、基坑按图示垫层外皮尺寸加工作面宽度的水平投影面积计算，工作面宽度详见表 4-2。

沟槽按基础垫层宽度加工作面宽度乘以沟槽长度计算。

设计有垫层时，管沟按图示垫层外皮尺寸加工作面宽度乘以中心线长度计算；设计无垫层时，按管道结构宽加工作面宽度乘以中心线长度计算，工作面宽度详见表 4-4 管沟施工每侧所需工作面宽度。窨井增加的土方量并入管沟工程量中。

表 4-4　管沟施工每侧所需工作面宽度　　单位：mm

管沟材料	管道结构宽			
	≤500	≤1 000	≤2 500	>2 500
混凝土及钢筋混凝土管道	400	500	600	700
其他材质管道	300	400	500	600

② 挖土深度。室外设计地坪标高与自然地坪标高差≤±300 mm 时，挖土深度从基础垫层下表面标高算至室外设计地坪标高。

室外设计地坪标高与自然地坪标高差>±300 mm 时，挖土深度从基础垫层下表面标高算至自然地坪标高。

交付场地施工标高与设计室外标高不同时，按交付施工场地标高确定。

③ 放坡增量。设计有规定时，土方放坡的起点深度和放坡坡度，按设计要求计算；设计无规定时，放坡系数按表 4-3 计算。

特别提示

关于土方的说明：

① 混合结构的住宅工程和柱距 6 m 以内的框架结构工程，设计为带形基础或独立柱基，且基础槽深>3 m 时，按外墙基础垫层外边线内包水平投影面积乘以槽深以体积计算，不再计算工作面及放坡土方增量。

② 桩间挖土按各类桩（抗浮锚杆）、桩承台外边线向外 1.2 m 范围内，或相邻桩（抗浮锚杆）、桩承台外边线间距离≤4 m 范围内，桩顶设计标高另加加灌长度至设计基础垫层（含褥垫层）底标高之间的全部土方以体积计算。扣除桩体和空孔所占体积。

③ 挖淤泥、流沙按设计图示的位置、界限以体积计算。

2. 石方工程

① 挖一般石方按设计图示尺寸以体积计算。

② 挖基坑石方按设计图示尺寸基坑底面积乘以挖石深度以体积计算。

③ 挖沟槽石方按设计图示尺寸沟槽底面积乘以挖石深度以体积计算。挖管沟石方按设计图示尺寸沟槽底面积乘以挖石深度以体积计算。

3. 回填

① 基础回填土按挖土体积减去室外设计地坪以下埋设的基础体积、建筑物（构筑物）、垫层所占的体积计算。

② 房心回填土按主墙间的面积（扣除暖气沟及设备基础所占面积）乘以室外设计地坪至首层地面垫层下表面的高度以体积计算。

③ 地下室内回填土按设计图示尺寸以体积计算。

④ 场地回填按设计图示回填面积乘以回填厚度以体积计算。

4. 运输

① 土（石）方运输按挖方总体积减去回填土体积计算。

② 淤泥、流沙运输按挖方工程量以体积计算。

③ 泥浆运输。搅拌桩、注浆桩、锚杆（锚索）和土钉的外运泥浆按成桩（孔）体积 10% 计算。地下连续墙、渠式切割水泥土连续墙和旋挖成孔灌注桩的外运泥浆按成桩体积 50% 计算。

随学随练

一、单选题

1. 室内回填厚度按（　　）计算。

A. 室内外高差　　B. 基础埋深

C. 室内外高差减去地坪结构层厚度　　D. 基础埋深减去室内外高差

2. 室外设计地坪标高与自然地坪标高≤±300 mm 时，挖土深度按（　　）计算。

A. 基础垫层下表面标高算至室外设计地坪标高

B. 从基础垫层下表面标高算至自然地坪标高

C. 基础垫层下表面标高算至室内设计地坪标高

D. 从基础垫层上表面标高算至自然地坪标高

3. 依据 2021 年《北京市建设工程计价依据——预算消耗量标准》规定，以下对回填计算规章描述不正确的是（　　）。

A. 基础回填土按挖土体积减去室内设计地坪以下埋设的基础体积计算

B. 房心回填土按主墙间净面积乘以回填厚度以体积计算

C. 地下室回填土按设计图示尺寸以体积计算

D. 场地回填按设计图示回填面积乘以回填厚度以体积计算

二、多选题

1. 依据 2021 年《北京市建设工程计价依据——预算消耗量标准》规定，以下对土石方工程量计算规则描述正确的是（　　）。

A. 平整场地按设计图示尺寸以建筑物首层建筑面积计算

B. 基础挖土方按挖土底面积乘以挖土深度计算

C. 人工土（石）方需要单独计算打钎拍底

D. 超过放坡起点时，挖土方需另计算放坡土方增量

2. 挖沟槽土方时，沟槽长度按（　　）计算。

A. 外墙沟槽按外墙中心线长度　　B. 内墙沟槽按内墙中心线长度

C. 外墙沟槽按外墙外边线　　D. 内墙沟槽按内墙净长线

三、判断题

1. 一般土方、基坑挖土底面积按图示垫层外皮尺寸的水平投影面积计算。（　　）

2. 挖土工程量等于回填工程量。（　　）

4.2.2 随学随练答案

4.2.3 土方工程量计算及应用

1. 平整场地工程量计算

平整场地的面积等于首层的建筑面积，计算公式为

$$S=S_{首层} \tag{4-5}$$

式中：S——平整场地面积；

$S_{首层}$——首层建筑的建筑面积。

2. 基础挖土工程量计算

按照基础挖土工程量计算规则总结的基础挖土工程量计算公式为

$$V=S_{底}\times H+V_{放坡土方增量}+V_{局} \tag{4-6}$$

式中：$S_{底}$——挖土底面积；

H——挖土深度：室外设计地坪标高与自然地坪标高差≤±300 mm时，H=基础垫层下表面标高-室外设计地坪标高；室外设计地坪标高与自然地坪标高差>±300 mm时，H=基础垫层下表面标高-自然地坪标高；

$V_{放坡土方增量}$——挖土深度超过放坡起点放坡部分的土方增量；

$V_{局}$——局部加深部分的挖土工程量。

在进行挖基坑土方计算和挖沟槽土方计算时，它们的挖土深度计算方法相同，但挖土底面积和放坡土方增量计算略有不同。

（1）挖基坑

① 不放坡挖基坑计算模型如图4-48所示，不放坡挖基坑体积的计算公式为

$$V=(A+2C)\times(B+2C)\times H \tag{4-7}$$

式中：A——垫层的长；

B——垫层的宽；

C——工作面宽度；

H——挖土深度。

② 放坡挖基坑计算模型如图 4-49 所示，放坡挖基坑体积的计算公式为

$$V=(A+2C+KH)\times(B+2C+KH)\times H+\frac{1}{3}K^2H^3 \tag{4-8}$$

式中：K——放坡系数；

其他参数含义同前。

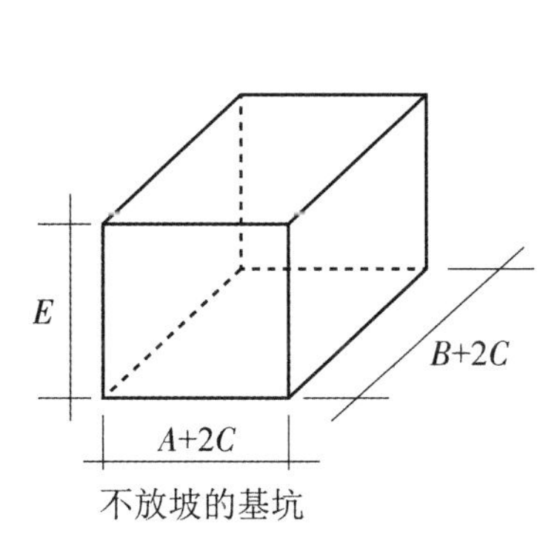

图 4-48　不放坡挖基坑计算模型

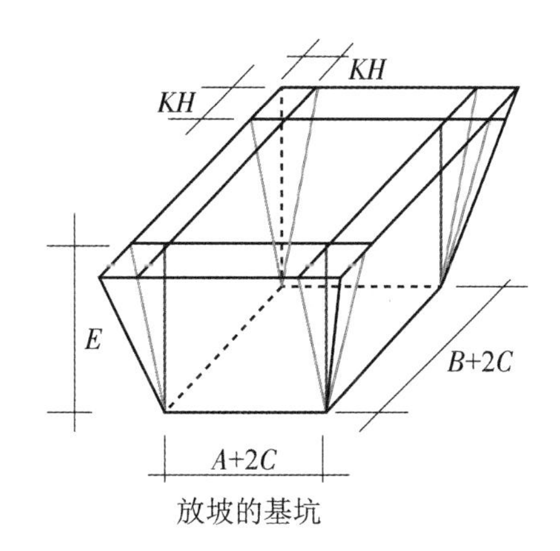

图 4-49　放坡挖基坑计算模型

（2）挖沟槽

① 不放坡挖沟槽体积的计算公式为

$$V_{沟槽}=(B+2C)\times L\times H \tag{4-9}$$

② 放坡挖沟槽体积的计算公式为

$$V_{沟槽}=(B+2C+KH)\times L\times H \tag{4-10}$$

3. 基础回填工程量计算

基础回填工程量的计算公式为

$$V=V_{挖}-V_{地下构件} \tag{4-11}$$

式中：$V_{挖}$——挖土体积；

$V_{地下构件}$——室外设计地坪以下所有构件的体积，如基础垫层、基础、柱、基础梁、砖基础的体积。

4. 房心回填工程量计算

房心回填工程量的计算公式为

$$V_{房心回填土体积}=主墙之间的净面积\times回填土厚度-V_{暖气沟、设备基础} \tag{4-12}$$

式中：回填土厚度——室内外高差-面层厚-找平层厚-垫层厚；

$V_{暖气沟、设备基础}$——暖气沟、设备基础所占的回填土的体积。

例 4-4 某砖混结构二层办公楼，内、外墙墙厚均为 240 mm，基础平面布置图如图 4-50 所示，基础剖面布置图如图 4-51 所示。室外设计地坪标高为 -0.2 m，自然地坪标高为 -0.4 m，室外地坪下基础体积为 17.55 m^3，基础的混凝土垫层厚 0.1 m，基础垫层体积为 2.85 m^3，土的类别为三类土，土的运输距离为 2 km。试求：（1）人工平整场地工程量；（2）人工挖土工程量；（3）基础回填土工程量。

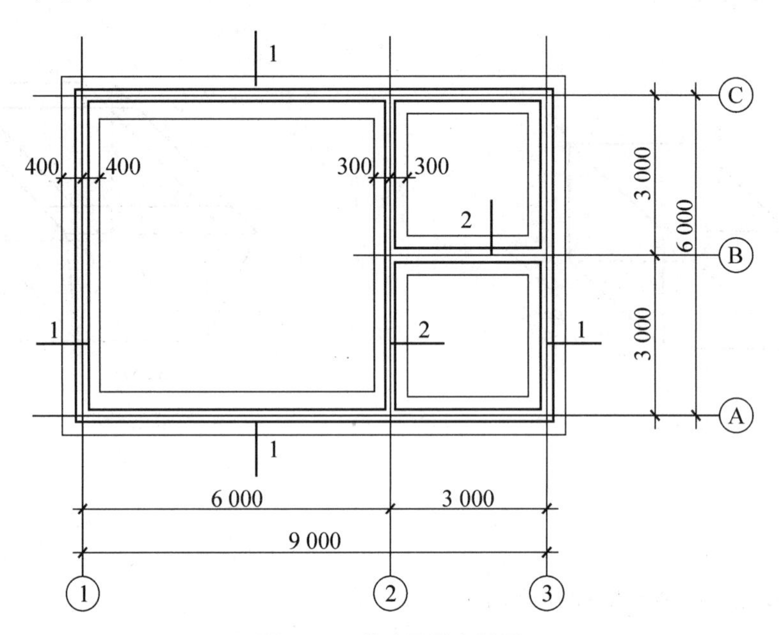

图 4-50 基础平面布置图

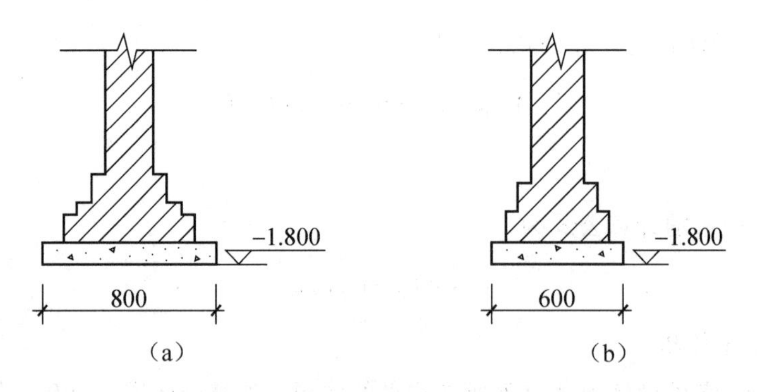

图 4-51 基础剖面布置图

（a）1-1 剖面图；（b）2-2 剖面图

解：（1）室外设计地坪与自然地坪平均厚度为

$$(-0.2)-(-0.4)=0.2(m)（在\pm0.3\ m 范围内）$$

人工平整场地工程量 = 首层建筑面积

$$=(9+0.12\times2)\times(6+0.12\times2)$$

$$\approx57.66(m^2)$$

消耗量标准选用：子目编号 1-1（人工平整场地）。

消耗标准选用见《北京市建设工程计价依据——预算消耗量标准》，后面的子目编号选用相同。

（2）判断：底宽 0.8 m≤7 m，底长>3 倍底宽长度，属于挖沟槽。

① 挖土深度。室外设计地坪与自然地坪平均厚度差值≤±0.3 m，则

$$挖土深度=(-0.2)-(-1.8)=1.6(m)$$

查表 4-3 可知，三类土的放坡起点深度为 1.5 m，本工程需要计算放坡土方增量，人工挖土的放坡系数为 0.33。

② 槽宽。查表 4-2 可知，混凝土垫层支模板每边增加工作面宽度为 300 mm，因此，

$$外墙沟槽宽=0.8+0.3\times2=1.4(m)$$

$$内墙沟槽宽=0.6+0.3\times2=1.2(m)$$

③ 槽长。

$$外墙中心线长=(9+6)\times2=30(m)$$

$$内墙沟槽净长线=(6-0.4-0.4-0.3\times2)+(3-0.4-0.3-0.3\times2)=6.3(m)$$

④ 沟槽工程量。

$$挖外墙沟槽工程量=(1.4+0.33\times1.6)\times30\times1.6=92.544(m^3)$$

$$挖内墙沟槽工程量=(1.2+0.33\times1.6)\times6.3\times1.6\approx17.418(m^3)$$

$$\begin{aligned}人工挖土工程量&=挖外墙沟槽工程量+挖内墙沟槽工程量\\&=92.544+17.418\approx109.96(m^3)\end{aligned}$$

消耗量标准选用：子目编号 1-16（人工挖沟槽，三类土）。

1-51+1-52(运距 2 km)

$$\begin{aligned}（3）基础回填土工程量&=挖沟槽工程量-室外地坪下基础体积-基础垫层体积\\&=109.96-17.55-2.85=89.56(m^3)\end{aligned}$$

消耗量标准选用：子目编号 1-30（回填土：夯填）。

特别提示

计算带形基础土方时，外墙沟槽按外墙沟槽中心线、内墙沟槽按内墙沟槽净长线计算，内墙沟槽净长线要考虑工作面宽度。

例 4-5 某筏板基础垫层尺寸如图 4-52 所示，其设计室外标高为-0.3 m，自然地坪为-0.65 m，垫层底标高为-4.5 m，土类别是三类土；采用机械挖土，基坑内作业；运距 15 km，试计算其土方量。

解：① 判断土方类型。垫层底面积=25×19=475(m^2) >150 m^2，属于挖一般土方。

② 挖土深度。由于室外设计地坪与自然地坪平均厚度差值为（-0.3）-(-0.65)=0.35(m)>±0.3 m，所以挖土深度为自然地坪标高到垫层底标高的距离，即

$$(-0.65)-(-4.5)=3.85(m)$$

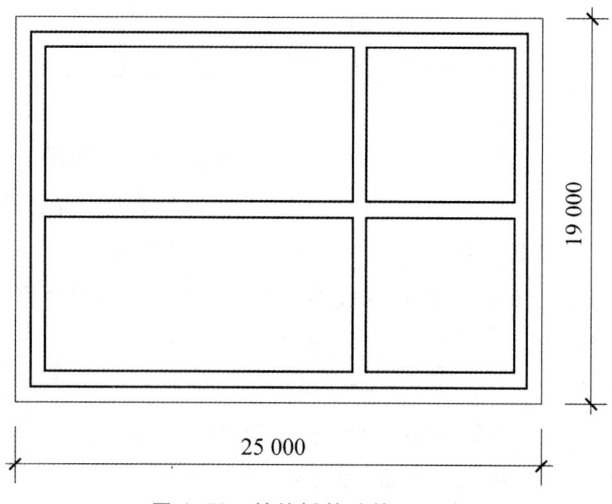

图 4-52 某筏板基础垫层尺寸

③ 工作面宽度，放坡系数。

查表 4-2 可知，混凝土垫层支模板每边增加工作面宽度为 300 mm。查表 4-3 可知，三类土，放坡起点深度为 1.5 m；机械挖土，基坑内作业的放坡系数为 0.25。

④ 挖土工程量。

挖土工程量 $=(25+0.3\times2+0.25\times3.85)\times(19+0.3\times2+0.25\times3.85)\times3.85+1/3\times0.25^2\times3.85^3$

$\approx2\ 104.06(m^3)$

机挖土方，机械开挖至槽底 30 cm 时，由人工进行清槽工作。

人工清槽的工程量 $=(25+0.3\times2+0.25\times0.3)\times(19+0.3\times2+0.25\times0.3)\times0.3+$

$1/3\times0.25^2\times0.3^3$

$\approx151.548(m^3)$

机挖一般土方的工程量 $=2\ 104.06-151.548\approx1\ 952.51\ (m^3)$

消耗量标准选用：子目编号 1-9（机挖土方，槽深 5 m 以内）。

(1-51)+(1-52)×14(运距 15 km)。

⑤ 人工清槽。人工清槽的工程量 $=151.548(m^3)$

消耗量标准选用：子目编号 1-6（人工挖土方，三类土）。

例 4-6 混凝土杯形基础平面图和剖面图如图 4-53 所示，基础垫层为 C10 素混凝土垫层，室外设计地坪与自然地坪平均厚度差值在±300 mm 以内，人工挖土，运距 5 km，试计算其挖土工程量。

解： ① 判断土方类型。

垫层底面积 $=1.85\times1.95\approx3.608(m^2)<150\ m^2$，属于挖基坑土方。

② 挖土深度。2 m 放坡。查表 4-3 可知，放坡系数为 0.33。

③ 挖基坑工程量。

挖基坑工程量＝ $(2.45+0.33\times2)\times(2.55+0.33\times2)\times2+1/3\times0.33^2\times2^3\approx20.26(m^3)$

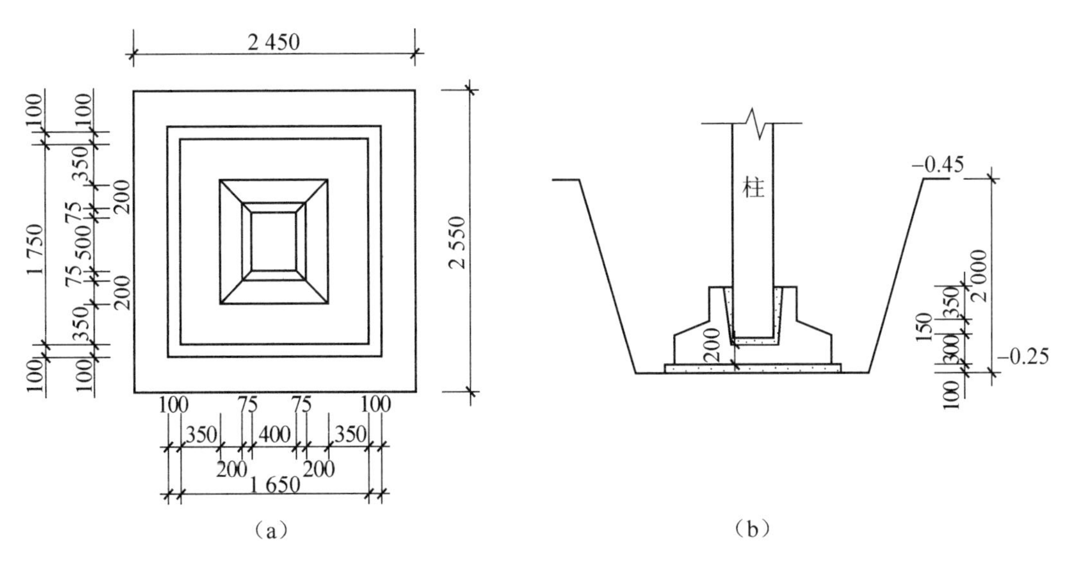

图 4-53　混凝土杯形基础平面图和剖面图

（a）平面图；（b）剖面图

消耗量标准选用：子目编号 1-20（人工挖基坑，三类土）。

(1-51)+(1-52)×4(运距 5 km)。

随学随练

计算题

1. 某建筑物平面图如图 4-54 所示，试计算该建筑物人工平整场地工程量。

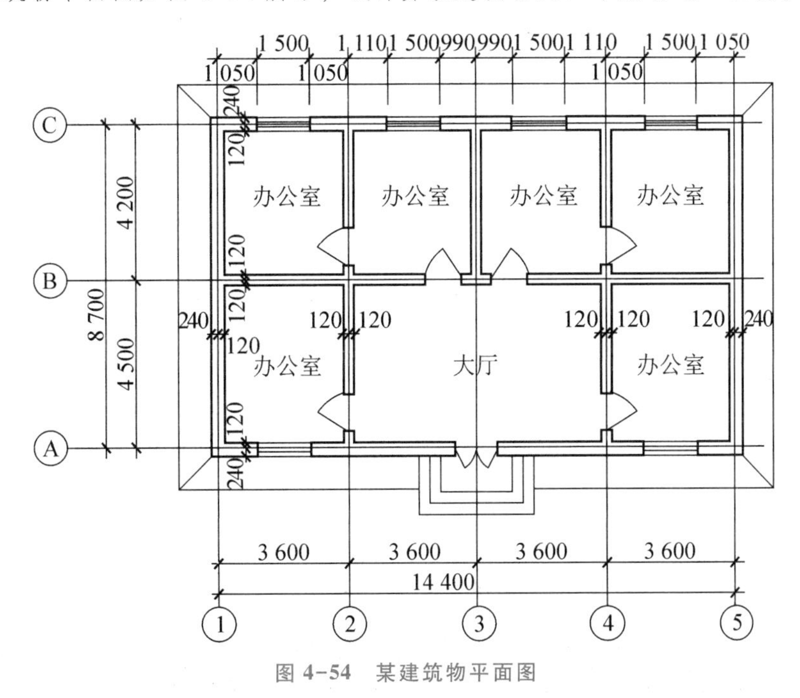

图 4-54　某建筑物平面图

2. 已知沟槽土类别为三类土，沟槽长度为 18.50 m，槽深为 1.60 m，混凝土基础垫层宽为 0.90 m，工作面宽为 300 mm，沟槽示意图如图 4-55 所示，试计算人工挖沟槽工程量。

3. 试求如图 4-56 所示的沟槽长度。

4. 已知室外设计地坪标高为-0.3 m，自然地坪标高为-0.2 m，独立基础如图 4-57 所示。试计算该独立基础挖基坑工程量。

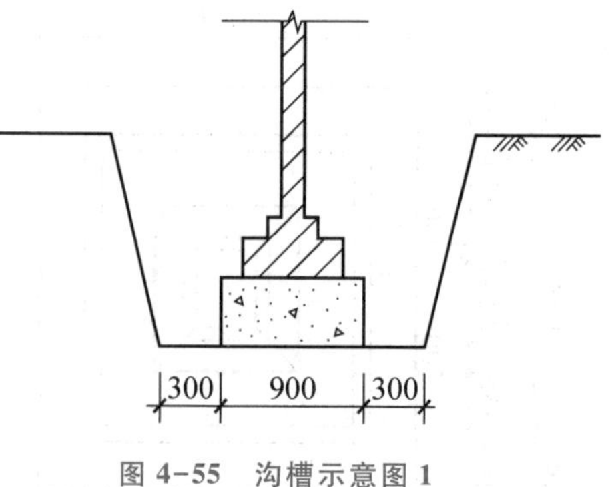

图 4-55　沟槽示意图 1

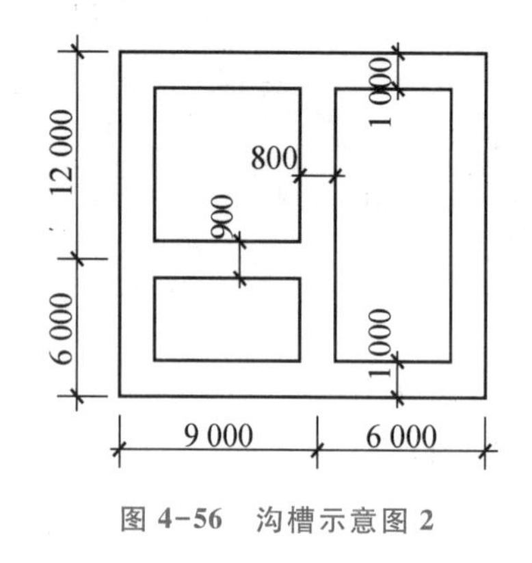

图 4-56　沟槽示意图 2

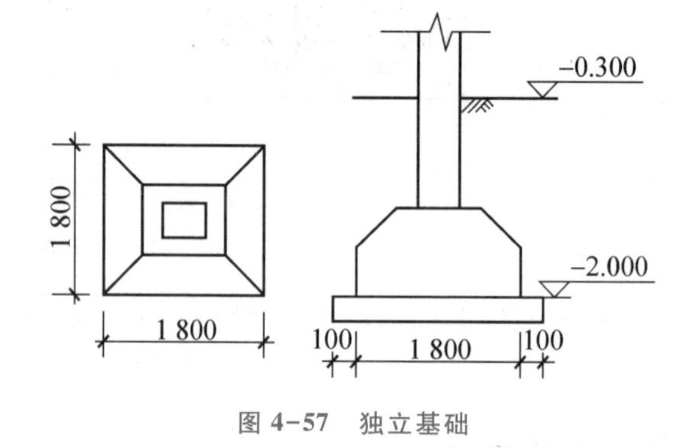

图 4-57　独立基础

4.2.3 随学随练答案

4.3　砌筑工程量计算

听老师讲：砌筑工程相关知识及列项

砌筑工程是指在建筑工程中使用普通黏土砖、承重黏土空心砖、蒸压灰砂砖、粉煤灰砖、各种中小型砌块和石材等材料进行砌筑的工程，包括砌砖、石、砌块及轻质墙板等内容。

知识链接

在党的二十大报告中，习近平总书记明确指出，中国式现代化是人与自然和谐共生的现代化，尊重自然、顺应自然、保护自然是全面建设社会主义现代化国家的内在要求。

党的二十大报告指出，要实施全面节约战略，发展绿色低碳产业，倡导绿色消费，统筹产业结构调整、污染治理、生态保护、应对气候变化，加快发展方式绿色转型。

在加快发展方式绿色转型，推动形成绿色低碳的生产方式和生活方式的“双碳”背景下，绿色环保理念逐渐运用到建筑材料领域及墙体材料的改革政策中，以实现保护土地、节约能源的目的。

新型墙体材料以粉煤灰、煤矸石、石粉、炉渣、竹炭等为主要原料，应用较多的有石膏或水泥轻质隔墙板、彩钢板、加气混凝土砌块、钢丝网架泡沫板、小型混凝土空心砌块、石膏板、石膏砌块、陶粒砌块、烧结多孔砖、页岩砖、实心混凝土砖、PC 大板、水平孔混凝土墙板、活性炭墙体、新型隔墙板等，这些材料具有质轻、隔热、隔音、保温、无甲醛、无苯、无污染等特点。部分新型复合节能墙体材料集防火、防水、防潮、隔音、隔热、保温等功能于一体，装配简单快捷，使墙体变薄，让房屋具有更大的使用空间。

新型墙体材料，大部分品种属于绿色建材，可以有效减少环境污染、节省大量的生产成本、增加房屋使用面积、减轻建筑自身重量、有利于抗震等一系列优点。

思考：新型墙体材料应用后如何计量与计价？

4.3.1　项目划分及相关知识

1. 砌筑工程类型

（1）按材料分类

根据块体材料不同，砌体结构可分为砖砌体、砌块砌体、天然石材砌体、配筋砌体等砌体结构。

① 砖砌体。砖砌体是指采用标准尺寸的烧结普通砖、黏土空心砖及非烧结硅酸盐砖与砂浆砌筑成的砌体。墙厚有 60 mm、120 mm、180 mm、240 mm、370 mm、490 mm、620 mm、740 mm 等。目前，为保护耕地，黏土砖已被限用或禁用，非黏土砖是发展方向。

② 砌块砌体。砌块砌体是指用中小型混凝土砌块或硅酸盐砌块与砂浆砌筑而成的砌体，可用于定型设计的民用房屋及工业厂房的墙体。目前，我国使用的小型砌块高度一般为 180～350 mm，中型砌块高度一般为 360～900 mm。

③ 天然石材砌体。采用天然料石或毛石与砂浆砌筑的砌体称为天然石材砌体。它是带形基础、挡土墙及某些墙体的理想材料。

④ 配筋砌体。在砌体水平灰缝中配置钢筋网片或在砌体外部预留沟槽，槽内设置竖向粗钢筋并灌注细石混凝土（或水泥砂浆）的组合砌体称为配筋砌体。

（2）按承重体系分类

在混合结构承重体系中，以砌体结构的受力特点为主要依据，根据屋（楼）盖结构布置的不同，承重体系一般可分为三种类型。

① 横墙承重体系。横墙承重体系是指大多沿横向轴线布置墙体，屋（楼）面荷载通过钢筋混凝土楼板传给各道横墙，横墙是主要承重墙。

② 纵墙承重体系。纵墙承重体系是指屋（楼）盖梁（板）沿横向布置，楼面荷载主要传给纵墙，纵墙是主要承重墙。

③ 内框架承重体系。内框架承重体系是指建筑物内部设置钢筋混凝土柱，柱与两端支于外墙的横梁形成内框架，外纵墙兼有承重和围护作用。

2. 砌筑砂浆

砌筑砂浆是指将砖、石、砌块等块材经砌筑成为砌体的砂浆。它起黏结、衬垫和传力作用，是砌体的重要组成部分。砌筑砂浆标号分为 M2.5、M5、M7.5、M10、M15 等。

我国禁止在施工现场进行水泥搅拌砂浆工作（家装等小型施工现场除外），一般工程中使用预拌砂浆（含干拌砂浆和湿拌砂浆）。干拌砂浆也称干混砂浆，是指经干燥筛分处理的集料与水泥及根据性能确定的各种组分，在使用地点，按一定比例及使用说明加水搅拌成砂浆拌和物。干拌砂浆储存期较长，通常为 3 个月或 6 个月。湿拌砂浆是将包括水在内的全部组分搅拌而成的湿拌拌和物，可在施工现场直接使用，但需在砂浆凝结之前使用完毕，最长存放时间不超过 24 小时。

预拌砂浆是按英文缩写进行分类编号的，干拌砂浆的代号是 D，湿拌砂浆的代号是 W。下面列举常用的干拌砂浆的编号：DM 代表干拌砌筑砂浆，DS 代表干拌地面、楼面、屋面的抹砂浆、找平砂浆（后加-LR、-MR 和-HR，分别代表低保水性、中保水性和高保水性），DTA 代表干拌瓷砖黏结砂浆，DTG 代表陶瓷砖嵌缝剂，DP-G 代表粉刷石膏抹灰砂浆。例如，干拌砌筑砂浆 DM7.5，其中，7.5 为砂浆的标号。

3. 基础与墙（柱）身的划分

① 基础与墙（柱）身使用同一种材料时，以设计室内地面为界，设计室内地面以下为基础，设计室内地面以上为墙（柱）身，如图 4-58 所示。

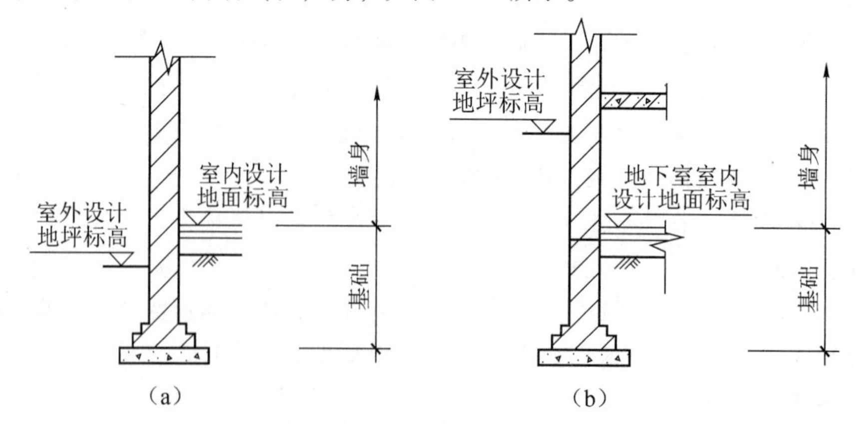

图 4-58 使用同种材料时基础与墙（柱）身的分界线

（a）无地下室基础；（b）有地下室基础

② 基础与墙（柱）身使用不同种材料时，当设计室内地面与不同材料分界线高差≤300 mm时，以不同材料为分界线，不同材料以下为基础，不同材料以上为墙（柱）身；当设计室内地面与不同材料分界线高差>300 mm 时，以设计室内地面为分界线，设计室内地面以下为基础，设计室内地面以上为墙（柱）身，如图 4-59 所示。

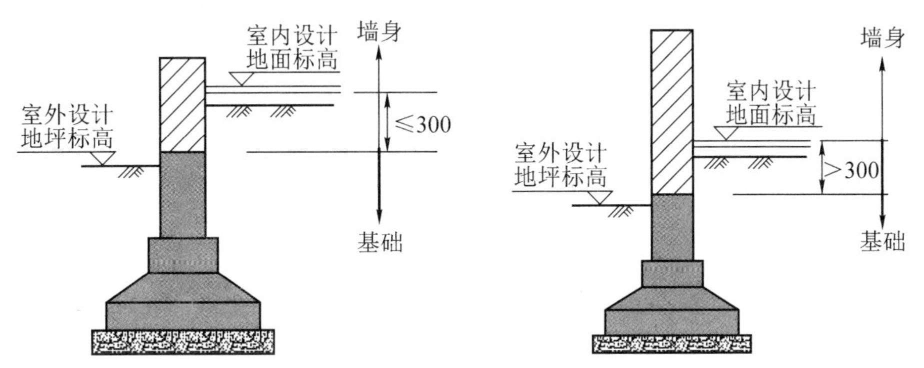

图 4-59　使用不同种材料时基础与墙身的分界线

③ 石基础与石勒脚以设计室外地坪为分界线；石勒脚与石墙身以设计室内地面为分界线。

④ 围墙设计内外地坪高度不一致时，以较低地坪为分界线，以下为基础，以上为墙身，如图 4-60 所示。设计内外地坪高差部分为挡土墙时，挡土墙以上为墙身。

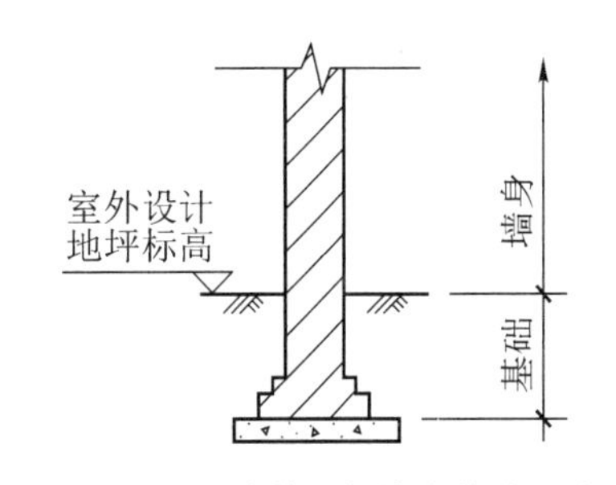

图 4-60　围墙基础与墙身的分界线

4. 砖基础大放脚

基础大放脚多见于砌体墙下条形基础，为了满足地基承载力的要求，把基础底面做的比墙身宽，一般呈阶梯形逐级加宽，但同时也必须防止基础的冲切破坏，所以，应满足高宽比的要求。砖基础大放脚通常采用等高式或不等高式两种形式。等高式大放脚，如图 4-61（a）所示，是每二皮砖一收，每次收进 1/4 砖长加灰缝；不等高式大放脚，如图 4-61（b）所示，是每二皮一收与每一皮一收相间隔，每次收进 1/4 砖长加灰缝。

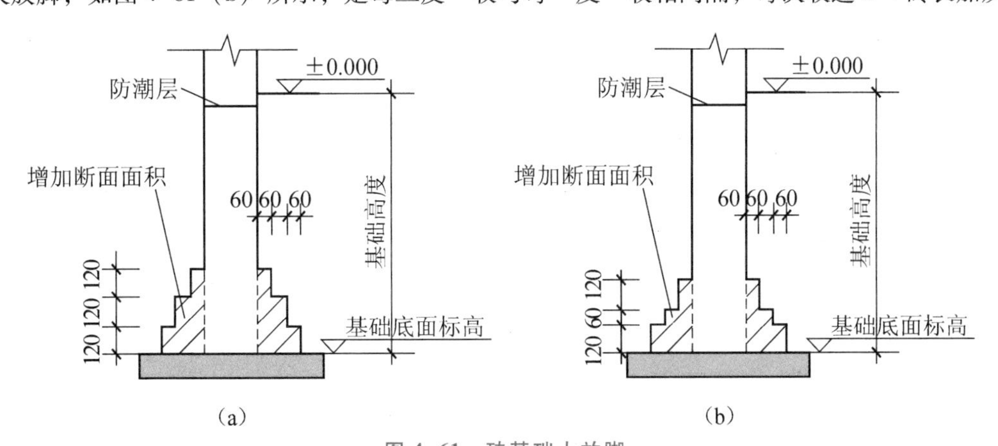

图 4-61　砖基础大放脚

（a）等高式大放脚；（b）不等高式大放脚

5. 墙体厚度的计算

标准砖墙厚度见表4-5，混凝土空心砌块、轻集料砌块及轻集料免抹灰砌块墙体厚度见表4-6。墙体厚度按表4-5和表4-6的规定计算。

表4-5 标准砖墙厚度 单位：mm

砖数（厚度）	$\frac{1}{4}$	$\frac{1}{2}$	$\frac{3}{4}$	1	$1\frac{1}{2}$	2	$2\frac{1}{2}$	3
计算厚度	53	115	178	240	365	490	615	740

表4-6 混凝土空心砌块、轻集料砌块及轻集料免抹灰砌块墙体厚度 单位：mm

图示厚度	100	150	200	250	300	350
计算厚度	90	140	190	240	290	340

4.3.2 砌筑工程量计算规则

1. 基础

基础按设计图示尺寸以体积计算，包括附墙垛基础宽出部分体积，扣除地梁（圈梁）、构造柱所占体积，不扣除基础大放脚T形接头处的重叠部分（见图4-62）及嵌入基础内的钢筋、铁件、管道、基础砂浆防潮层和单个面积≤0.3 m^{2}的孔洞所占体积，靠墙暖气沟的挑檐（见图4-63）不增加。外墙按外墙中心线计算基础长度，内墙按内墙净长线计算基础长度。

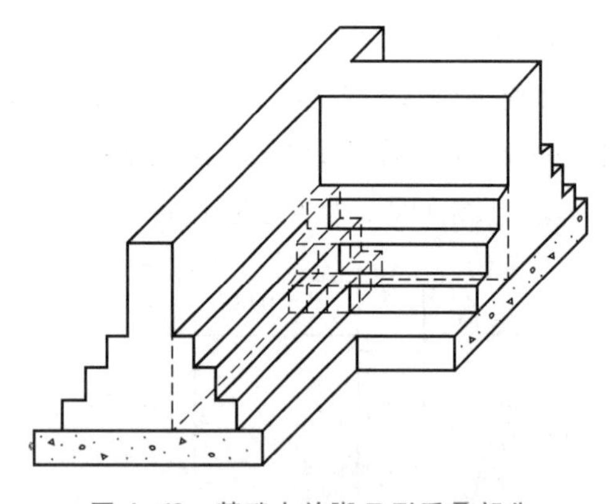

图4-62 基础大放脚T形重叠部分

暖气沟的挑檐
±0.000
设计室外地坪标高
暖气沟

图4-63 暖气沟挑檐

2. 墙体

墙体按设计图示尺寸以体积计算，扣除门窗洞口、过人洞、空圈、嵌入墙内的钢筋混凝土柱、梁、圈梁、挑梁、过梁及凹进墙内的壁龛、管槽、暖气槽、消火栓（箱）所占体积，不扣除梁头、板头、檩头、垫木、木楞头、沿缘木、木砖、门窗走头、砖墙内拉结筋、铁件、钢管及单个面积≤0.3 m^{2}的孔洞所占体积。凸出墙面的腰线、挑檐、压顶、窗台线、泛水砖、门窗套的体积亦不增加。凸出墙面的砖垛并入墙体体积内计算。

（1）墙长度

外墙按中心线、内墙按净长计算墙长度。

（2）墙高度

① 外墙高度计算：斜（坡）屋面无檐口天棚算至屋面板底；有屋架且室内外均有天棚算至屋架下弦底另加 200 mm；无天棚算至屋架下弦底另加 300 mm，出檐宽度超过 600 mm 时按设计高度计算；有钢筋混凝土楼板隔层算至板顶；平屋顶算至钢筋混凝土板底，如图 4-64 所示。

② 内墙高度计算：位于屋架下弦算至屋架下弦底；无屋架算至天棚底另加 100 mm，如图 4-65 所示；有钢筋混凝土楼板隔层算至板顶；有框架梁时算至梁底。

③ 女儿墙高度计算：从屋面板上表面算至女儿墙顶面（如有混凝土压顶时算至压顶下表面），如图 4-66 所示。

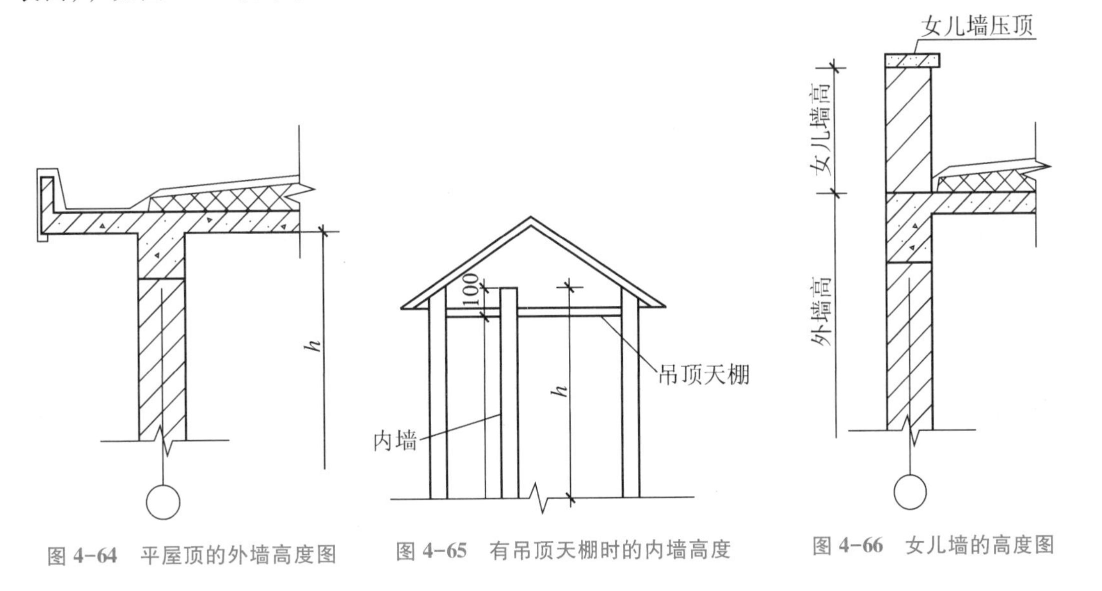

图 4-64　平屋顶的外墙高度图　　图 4-65　有吊顶天棚时的内墙高度　　图 4-66　女儿墙的高度图

④ 围墙高度计算：高度算至压顶上表面（如有混凝土压顶时算至压顶下表面），围墙柱并入围墙体积内。

特别提示

① 砌筑墙体高度按 3.6 m 编制，超过 3.6 m 时，其超过部分按相应子目的人工乘以系数 1.05。

② 砖、砌块及石砌体的砌筑均按直形砌筑编制，设计为弧形的，按相应子目的人工乘以系数 1.10，砖、砌块、石材及砂浆（黏结剂）用量乘以系数 1.03。

3. 零星砌砖、零星蒸压加气混凝土砌块

零星砌砖、零星蒸压加气混凝土砌块按设计图示尺寸以体积计算。

4. 地沟、明沟、坡道

地沟、明沟、坡道按设计图示尺寸以体积计算

5. 散水、地坪（平铺）

散水、地坪（平铺）按设计图示尺寸以面积计算。

6. 水泥砂浆板通风道

水泥砂浆板通风道按设计图示尺寸以长度计算。

7. 石勒脚

石勒脚按设计图示尺寸以体积计算，不扣除单个面积≤0.3 m^2 的孔洞所占体积。

8. 石护坡、石台阶、石地沟

石护坡、石台阶、石地沟按设计图示尺寸以体积计算。

9. 石坡道

石坡道按设计图示尺寸以水平投影面积计算。

10. 轻质隔墙

轻质隔墙按设计图示尺寸以面积计算，不扣除单个≤0.3 m^2 的孔洞所占面积。

11. 垫层

垫层按设计图示尺寸以体积计算。

随学随练

一、单选题

1. 一砖半厚的标准砖墙，计算工程量时，墙厚取值为（　　）mm。

A. 370　　B. 360　　C. 365　　D. 355

2. 砌筑工程中，基础与墙的分界线是（　　）。

A. 室内设计地面标高

B. 室外设计地坪标高

C. 不同材料的分界线

D. 根据材料分界线与室内地面的相对位置确定

3. 构造柱嵌在墙体部分的马牙槎体积应（　　）。

A. 单独计算　　B. 并入构造柱计算

C. 以上两者都可以　　D. 根据嵌入墙体的体积而定

4. 在计算墙体工程量时，凸出墙面的砖垛工程量（　　）。

A. 单独按墙体计算　　B. 单独按砖柱列项计算

C. 并入墙体体积内计算　　D. 并入砖柱体积内计算

5. 依据 2021 年《北京市建设工程计价依据——预算消耗量标准》规定，墙体砌筑高度按（　　）m 编制。

A. 3　　B. 3.4　　C. 3.6　　D. 4

6. 烧结标准砖尺寸是（　　）。

A. 240 mm×115 mm×90 mm　　B. 240 mm×115 mm×53 mm

C. 190 mm×190 mm×90 mm　　D. 240 mm×180 mm×115 mm

7. 墙体砌筑高度超过 3.6 m 时，其超过部分工程量的定额综合工日乘以系数（　　）。

A. 1　　B. 1.3　　C. 1.15　　D. 1.05

8. 砖基础工程量计算时，应扣除（　　）的体积。

A. 嵌入基础的钢筋混凝土柱　　B. 嵌入基础内的钢筋、铁件

C. 单个面积≤0.3 m^2 的孔洞　　D. 基础砂浆防潮层

9. 砌筑墙体工程量计算中，应扣除（　　）。

A. 门窗洞口　　B. 单个面积≤0.3 m^2 的孔洞

C. 梁头、垫木　　D. 凸出墙面的腰线

10. 外墙工程量长度应按（　　）计算，内墙应按（　　）计算。

A. 中心线、净长　　B. 中心线、外边线

C. 内边线、中心线　　D. 内边线、中心线

11. 图纸上标注 250 厚的轻集料砌块墙，计算工程量时，墙厚取值为（　　）mm。

A. 270　　B. 260　　C. 250　　D. 240

12. 砌筑工程中围墙的基础与墙的分界线是（　　）。

A. 室内设计地面标高

B. 室外设计地坪标高

C. 不同材料的分界线

D. 根据材料分界线与室内地面的相对位置确定

二、多选题

1. 计算墙体的砌砖工程量时，不增加的项目有（　　）。

A. 门窗套　　B. 压顶

C. 凸出墙面的腰线　　D. 挑檐

2. 砖基础工程量计算时，应扣除（　　）。

A. 地梁（圈梁）　　B. 单个面积>0.3 m^2 的孔洞

C. 单个面积≤0.3 m^2 的孔洞　　D. 构造柱

3. 依据 2021 年《北京市建设工程计价依据——预算消耗量标准》规定，以下对砌筑基础工程量计算规则描述正确的是（　　）。

A. 基础按设计图示尺寸以体积计算

B. 砖基础附墙垛基础宽出部分体积不增加

C. 砖基础工程量计算时，不扣除基础大放脚T形接头处的重叠部分及嵌入基础内的钢筋、铁件、管道、基础砂浆防潮层和单个面积≤0.3 m^2 的孔洞所占体积

D. 砖基础工程量计算时，不增加靠墙暖气沟的挑檐体积

4. 依据2021年《北京市建设工程计价依据——预算消耗量标准》规定，以下对砌筑墙体工程量计算规则描述正确的是（　　）。

A. 墙体按设计图示尺寸以体积计算

B. 砌筑墙体工程量计算时，扣除门窗洞口、嵌入墙内的钢筋混凝土柱、梁、圈梁、挑梁、过梁及凹进墙内的壁龛、管槽、暖气槽、消火栓箱所占体积

C. 砌筑墙体工程量计算时，不增加凸出墙面的腰线、挑檐、压顶、窗台线、泛水砖、门窗套的体积

D. 凸出墙面的砖垛并入墙体体积内计算

5. 以下对墙高度计算规则描述正确的是（　　）。

A. 有平屋顶的外墙算至钢筋混凝土板底

B. 女儿墙从屋面板上表面算至女儿墙顶面（如有混凝土压顶时算至压顶下表面）

C. 围墙高度算至压顶上表面（如有混凝土压顶时算至压顶下表面）

D. 内墙有框架梁时算至梁底

6. 以下对砖墙计算厚度描述正确的是（　　）。

A. 1/4砖墙计算厚度取53 mm　　B. 1/2砖墙计算厚度取115 mm

C. 1砖墙计算厚度取240 mm　　D. $1\frac{1}{2}$砖墙计算厚度取365 mm

7. 基础与墙身划分描述正确的是（　　）。

A. 使用同一种材料时，应以设计室内地面为界，设计室内地面以上为墙体，设计室内地面以下为基础

B. 使用同一种材料时，应以设计室内地坪为界，设计室内地坪以上为墙体，设计室内地坪以下为基础

C. 基础与墙身使用不同种材料时，当设计室内地面与不同材料分界线高差≤±300 mm时，以不同材料为分界线，不同材料以上为墙体，不同材料以下为基础

D. 基础与墙身使用不同种材料时，当设计室内地面与不同材料分界线高差>±300 mm时，以室内设计地面为分界线，设计室内地面以上为墙体，设计室内地面以下为基础

三、判断题

1. 基础与墙身的划分以室外标高为界。　（　　）

2. 计算砖基础工程量时，应扣除T形接头大放脚重叠部分体积。　（　　）

3. 建筑物墙体上的腰线不计算工程量。　（　　）

4. 女儿墙砌砖套用砖墙子目。　（　　）

5. 计算墙体的砌砖工程量时，应扣除单个面积等于 0.3 m^2 的孔洞所占的体积。（　　）

6. 图示尺寸为 360 的标准砖的墙体计算厚度均为 365 mm。（　　）

7. 墙体砌筑高度超过 3.6 m 时，其超过部分工程量的定额预算价乘以系数 1.3。

（　　）

4.3.2 随学随练答案

4.3.3 砌筑工程量计算及应用

1. 条形砖基础的计算

条形砖基础的计算公式为

$$基础体积=基础断面面积×基础长度-应扣除体积 \quad (4\text{-}13)$$

（1）砖基础断面面积

砖基础一般为大放脚形式，砖基础断面面积计算公式为

$$\begin{aligned}砖基础断面面积&=基础墙基面积+大放脚增加面积\\&=标准墙厚×(砖基础高度+大放脚折加高度)\\&=标准墙厚×砖基础高度+大放脚增加断面面积\end{aligned} \quad (4\text{-}14)$$

大放脚折加高度就是大放脚增加的断面面积除以基础墙厚度。折加高度相当于把大放脚的面积折成同等墙宽的墙高。为计算方便，制定了大放脚折加高度及增加断面面积表（见表 4-7）。

表 4-7 大放脚折加高度及增加断面面积表

大放脚层数	折加高度/m								增加断面面积/m^2	
	$\frac{1}{2}$砖		1 砖		$1\frac{1}{2}$砖		2 砖			
	等高	不等高	等高	不等高	等高	不等高	等高	不等高	等高	不等高
一	0.137	0.137	0.066	0.066	0.043	0.043	0.032	0.032	0.015 75	0.015 75
二	0.411	0.342	0.197	0.164	0.129	0.108	0.096	0.080	0.047 25	0.039 38
三	—	—	0.394	0.328	0.259	0.216	0.193	0.161	0.094 50	0.078 75
四	—	—	0.656	0.525	0.432	0.345	0.321	0.253	0.157 50	0.126 00
五	—	—	0.984	0.788	0.647	0.518	0.482	0.380	0.236 30	0.189 00
六	—	—	1.378	1.083	0.906	0.712	0.672	0.530	0.330 80	0.259 90

续表

大放脚层数	折加高度/m								增加断面面积/m²	
	$\frac{1}{2}$砖		1 砖		$1\frac{1}{2}$砖		2 砖			
	等高	不等高	等高	不等高	等高	不等高	等高	不等高	等高	不等高
七	—	—	1. 838	1. 444	1. 208	0. 949	0. 900	0. 707	0. 441 00	0. 346 50
八	—	—	2. 363	1. 838	1. 553	1. 208	1. 157	0. 900	0. 567 00	0. 441 10
九	—	—	2. 953	2. 297	1. 942	1. 510	1. 447	1. 125	0. 708 80	0. 551 30
十	—	—	3. 610	2. 789	2. 372	1. 834	1. 768	1. 366	0. 866 30	0. 669 40

（2）基础长度

外墙墙基按外墙的中心线计算基础长度，内墙墙基按内墙的净长线计算基础长度。

（3）应扣除体积

应扣除体积是指应扣除基础里非砖基础的体积，一般包括地梁（圈梁）、构造柱等。

例 4-7 某建筑基础平面、基础剖面图如图 4-67 所示，其为 DM7. 5 砌筑砂浆砌砖，内外墙基础断面相同，均为三层等高式大放脚，自然地坪标高为-0. 4 m，垫层厚为 100 mm，房间灰土垫层体积为 3. 89 m³，房心回填土体积为 5. 83 m³，土类别为三类土，土方施工采用人工挖土，现场堆土。回填后，将剩余土方外运，运距 15 km。试计算：（1）平整场地工程量；（2）人工挖沟槽工程量；（3）砖基础工程量；（4）混凝土垫层（C10，现浇预拌混凝土）工程量；（5）回填土工程量；（6）运土工程量。

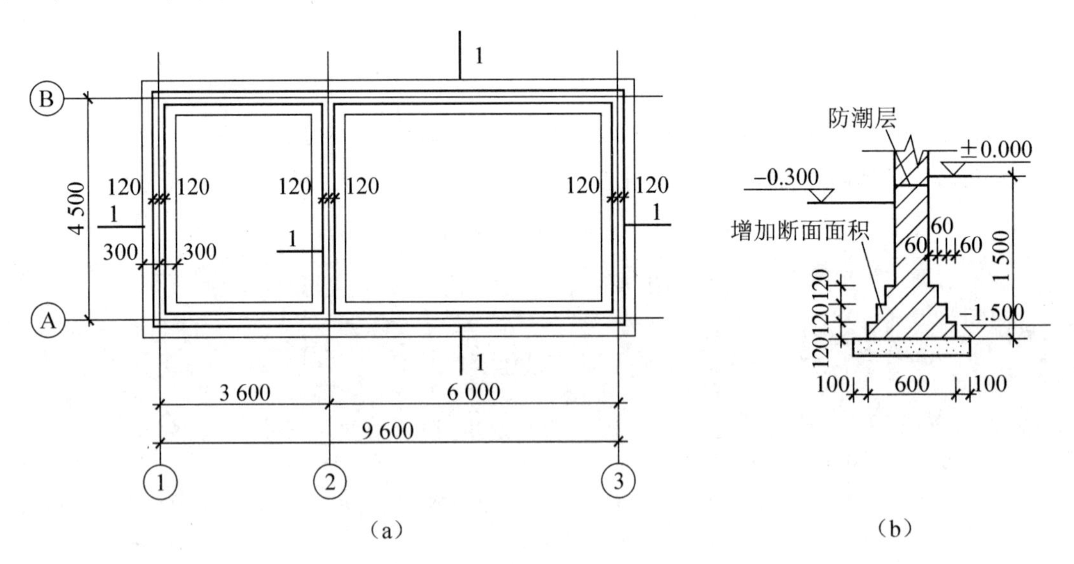

图 4-67　某建筑基础平面、基础剖面图

（a）基础平面图；（b）1-1 基础剖面图

解：（1）平整场地工程量

室外设计地坪与自然地坪平均厚度为（-0.3）-（-0.4）= 0.1（m），在±0.3 m 范围内。

$$\begin{aligned}平整场地工程量&=首层建筑面积\\&=(9.6+0.12\times2)\times(4.5+0.12\times2)\\&\approx46.64(m^2)\end{aligned}$$

消耗量标准选用：子目编号 1-1（人工平整场地）。

（2）人工挖沟槽工程量

① 挖土深度。由于室外设计标高与自然地坪标高相差在±0.3 m 以内，挖土深度为

$$(-0.3)-(-1.5)+0.1=1.3(m)$$

未超过三类土的放坡起点（1.5 m），不需要计算放坡土方增量。

② 沟槽宽。查表 4-2 可知，混凝土垫层支模板每边增加工作面宽度为 300 mm，则

$$沟槽宽=0.6+0.1\times2+0.3\times2=1.4(m)$$

③ 沟槽长。

$$外墙中心线长=(9.6+4.5)\times2=28.2(m)$$

$$内墙沟槽净长线=(4.5-0.4-0.4-0.3\times2)=3.1(m)$$

④ 人工挖沟槽工程量。

$$人工挖外墙沟槽工程量=28.2\times1.4\times1.3\approx51.32(m^3)$$

$$人工挖内墙沟槽工程量=3.1\times1.4\times1.3\approx5.64(m^3)$$

$$\begin{aligned}人工挖沟槽工程量&=人工挖外墙沟槽工程量+人工挖内墙沟槽工程量\\&=51.32+5.64=56.96(m^3)\end{aligned}$$

消耗量标准选用：子目编号 1-16（人工挖沟槽，三类土）。

（3）砖基础工程量

$$外墙砖基础中心线长=28.2(m)$$

$$内墙砖基础净长=4.4-0.12\times2=4.16(m)$$

$$内外墙基础总长=28.2+4.16=32.36(m)$$

① 按折加高度计算。查表 4-7，根据 240 砖墙，三层等高式大放脚，折加高度为 0.394 m。

$$基础断面面积=0.24\times(1.5+0.394)\approx0.455(m^2)$$

$$基础体积=32.36\times0.455\approx14.72(m^3)$$

② 按增加断面面积计算。查表 4-7，根据 240 砖墙，三层等高式大放脚，增加断面面积为 0.094 50 m^2。

$$基础断面面积=0.24\times1.5+0.09450\approx0.455(m^2)$$

$$基础体积=32.36\times0.455\approx14.72(m^3)$$

消耗量标准选用：子目编号 4-1（砖砌体：基础，DM7.5 砌筑砂浆）。

（4）混凝土垫层工程量

$$外墙垫层中心线长=28.2(m)$$

$$内墙垫层净长=4.5-0.4-0.4=3.7(m)$$

$$\begin{aligned}混凝土垫层工程量&=外墙垫层工程量+内墙垫层工程量\\&=28.2\times0.8\times0.1+3.7\times0.8\times0.1\\&\approx2.55(m^3)\end{aligned}$$

消耗量标准选用：子目编号 4-1 换（基础垫层：C10，现浇预拌混凝土）。

子目编号 4-1 换是指题中采用 C10 混凝土替换了定额中的 C15 混凝土。

（5）回填土工程量

① 室外地坪下砖基础工程量。计算原理为总的砖基础工程量减去室外地坪以上的砖基础工程量。（3）中计算的内外墙基础总长为 32.36 m。

$$室外地坪下砖基础工程量=14.77-0.24\times0.3\times32.36\approx12.44(m^3)$$

② 回填土工程量=挖土总体积-室外地坪下砖基础体积-基础垫层体积

$$=56.96-12.44-2.55=41.97(m^3)$$

消耗量标准选用：子目编号 1-35（回填土：夯填）。

（6）运土工程量

$$运土工程量=56.96-41.97-3.89\times0.9-5.83\approx5.66(m^3)$$

消耗量标准选用：子目编号 1-50（土方装车）。

1-51+1-52×14（土方运输：运距 15 km 以内）。

例 4-8 若例 4-7 中墙上有附墙砖垛，如图 4-68 所示带附墙砖垛的基础平面图，砖垛尺寸为 250 mm×490 mm，其他条件同例4-7，试计算基础工程量。

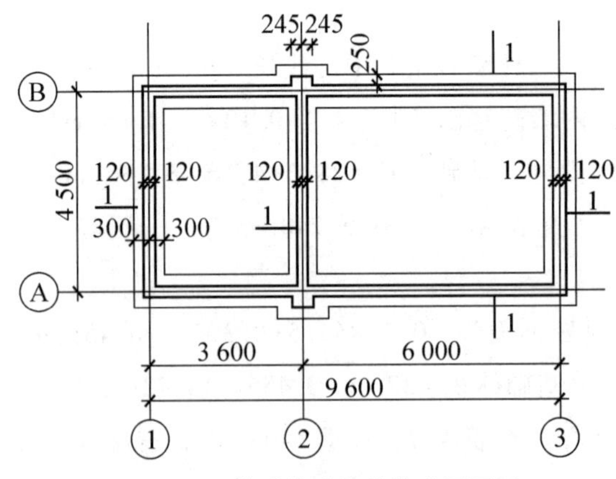

图 4-68 带附墙砖垛的基础平面图

解： 砖墙基础体积工程量由例 4-7 可知为 14.72 m^3，故只需计算砖垛基础工程量。砖垛数为 2 个，按增加断面面积计算，则

$$砖垛基础体积=(0.49\times1.5+0.094\ 50)\times0.25\times2$$
$$\approx0.415(m^3)$$
$$基础工程量总计=14.72+0.415\approx15.14(m^3)$$

消耗量标准选用：子目编号 4-1（砖基础，砌筑砂浆 DM7.5）。

2. 墙体工程量计算

墙体工程量的计算公式为

$$墙体工程量=(墙长\times墙高-门窗洞口面积)\times墙厚-墙中混凝土构件体积+凸出墙面砖垛的体积 \tag{4-15}$$

式中：墙中混凝土构件体积——柱、梁、圈梁、过梁等的体积。

在进行墙体工程量计算时，要扣除墙体内的构造柱的体积。在计算构造柱体积时，嵌接墙体部分（马牙槎）的体积应并入柱身体积内计算，因此，应按图示构造柱的平均断面面积乘以柱高来计算。构造柱的柱高，自其生根构件的上表面算至其锚固构件的下表面。

例 4-9　构造柱示意图如图 4-69 所示，试计算各构造柱（C30，现浇预拌混凝土）的平均断面面积。

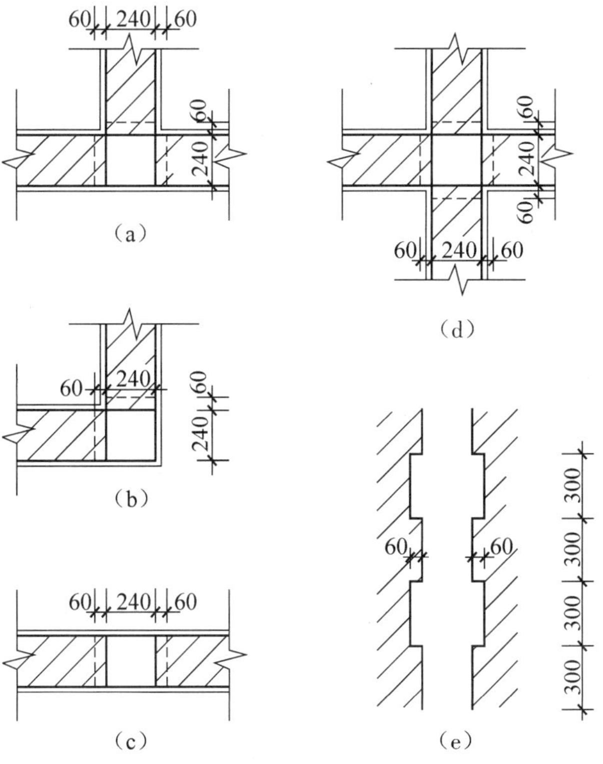

图 4-69　构造柱示意图

（a）T 形构造柱；（b）L 形构造柱；（c）一字形构造柱；（d）十字形构造柱；（e）砖墙与构造柱咬接示意图

解：T形构造柱，如图4-69（a）所示，有3面马牙槎，其平均断面面积为

$$0.24\times0.24+0.03\times3\times0.24=0.0792(m^2)$$

L形构造柱，如图4-69（b）所示，有2面马牙槎，其平均断面面积为

$$0.24\times0.24+0.03\times2\times0.24=0.072(m^2)$$

一字形构造柱，如图4-69（c）所示，有2面马牙槎，其平均断面面积为

$$0.24\times0.24+0.03\times2\times0.24=0.072(m^2)$$

还有一种情况，一字形构造柱位于墙的端部（见图4-70），有1面马牙槎，其平均断面面积计为

$$0.24\times0.24+0.03\times0.24=0.0648(m^2)$$

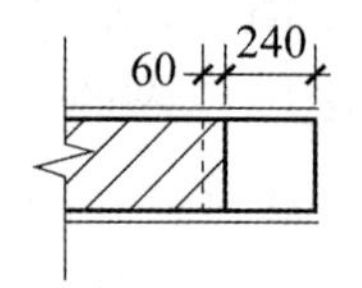

图4-70　一字形构造柱（端柱）

十字形构造柱，如图4-69（d）所示，有4面马牙槎，其平均断面面积为

$$0.24\times0.24+0.03\times4\times0.24=0.0864(m^2)$$

消耗量标准选用：子目编号4-11（构造柱：C30，现浇预拌混凝土）。

例4-10　某二层建筑平面图如图4-71所示。构造柱从钢筋混凝土基础上生根至圈梁底，圈梁高180 mm，外墙高为6.6 m，内墙每层高为3.3 m，内墙、外墙厚均为250 mm，材料采用DM7.5砌筑砂浆，轻集料砌块墙；外墙上有DM7.5砌筑砂浆，烧结普通砖女儿墙，高为500 mm，厚为240 mm；内外墙均设有圈梁，高180 mm，外墙上的过梁、圈梁的体积为2.5 m^3，内墙上的过梁、圈梁的体积为1.2 m^3；门窗洞口尺寸：C-1为1 500 mm×1 500 mm；M-1为900 mm×2 100 mm；M-2为1 200 mm×2 400 mm。试计算：（1）建筑面积；（2）平整场地工程量；（3）外墙工程量；（4）女儿墙工程量；（5）内墙工程量。

解：（1）建筑面积

$$首层建筑面积=(10.2+0.24)\times(9.6+0.24)\approx102.73(m^2)$$

$$建筑面积=102.73\times2=205.46(m^2)$$

（2）平整场地工程量

$$平整场地工程量=首层建筑面积=102.73(m^2)$$

消耗量标准选用：子目编号1-1（人工平整场地）。

（3）外墙工程量

① 外墙体中门窗洞口面积。

$$C\text{-}1洞口面积=1.5\times1.5=2.25(m^2)$$

$$M\text{-}2洞口面积=1.2\times2.4=2.88(m^2)$$

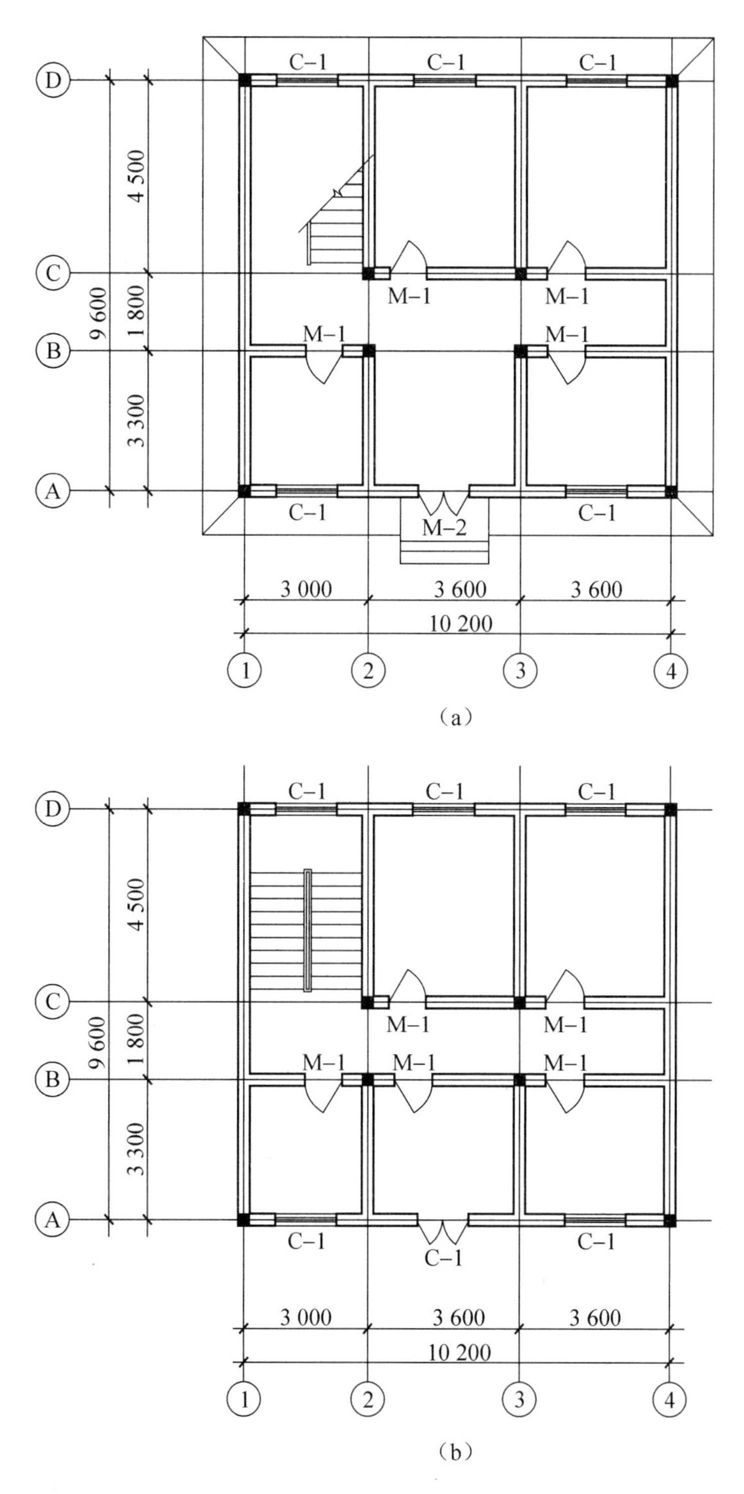

图 4−71　某二层建筑平面图

(a) 首层平面图；(b) 二层平面图

② 外墙构造柱工程量。

图 4-71 中外墙的 L 形构造柱有 4 根，参照例 4-9 中 L 形构造柱平均断面面积为 0.072 m^2，则

$$外墙构造柱体积 = 0.072\times(6.6-0.18\times2)\times4\approx1.80(m^3)$$

③ 外墙工程量。

$$外墙体积 = (39.6\times6.6-2.25\times11-2.88)\times0.24-1.80-2.5$$
$$\approx51.80(m^3)$$

消耗量标准选用：子目编号 4-21（DM7.5 砌筑砂浆，240 厚的轻集料砌块墙）。

（4）女儿墙工程量

$$外墙中心线长 = (10.2+9.6)\times2=39.6(m)$$

$$外墙女儿墙体积 = 39.6\times0.5\times0.24\approx4.75(m^3)$$

消耗量标准选用：子目编号 4-3（砖砌体：DM7.5 砌筑砂浆，烧结标准砖女儿墙）。

（5）内墙工程量

① 内墙体中门窗洞口面积。

$$M-1 洞口面积 = 1\times2.1=2.1(m^2)$$

② 内墙构造柱工程量。

图 4-71 中内墙的 L 形构造柱有 4 根，T 形构造柱有 4 根，参照例 4-9 中 T 形构造柱平均断面面积为 0.079 2 m^2，L 形构造柱平均断面面积为 0.072 m^2，分层计算构造柱体积，则

$$内墙构造柱体积 = 0.0792\times(3.3-0.18)\times4+0.072\times(3.3-0.18)\times4\approx1.887(m^3)$$

③ 内墙工程量。

$$首层内墙净长 = (4-0.24)+(3.6-0.24)\times3+4.5\times2+3.3\times2=29.44(m)$$

$$二层内墙净长 = 29.44+(3.6-0.24)=32.8(m)$$

$$内墙总净长 = 29.44+32.8=62.24(m)$$

$$砖内墙体积 = (62.24\times3.3\times2-2.1\times9)\times0.24-1.887-1.2$$
$$\approx90.97(m^3)$$

消耗量标准选用：子目编号 4-21（DM7.5 砌筑砂浆，240 厚的轻集料砌块墙）。

随学随练

计算题

如图 4-72 所示为一层砖混结构办公用房，其中图 4-72（a）为建筑平面图，图 4-72（b）为基础详图，图 4-72（c）为外墙节点详图，图 4-72（d）为内墙节点详图；基础和女儿墙由砌筑砂浆 DM7.5，烧结黏土砖砌筑，内墙、外墙由砌筑砂浆 DM7.5，轻集料砌块砌筑；构造柱尺寸为 240 mm×240 mm，生根于墙体内±0.000 以下 500 mm 处，女儿墙转角处设有构造柱。C-1 洞口尺寸为 1 500 mm×1 500 mm，M-1 洞口尺寸为 1 000 mm×2 100 mm。过梁

宽同墙厚，深入墙体的长度每边为 250 mm，高 200 mm，内、外墙皆设圈梁，圈梁尺寸为 240 mm×250 mm；层高为 3 300 mm，女儿墙高为 500 mm，求该工程砖基础、墙体和女儿墙的工程量。

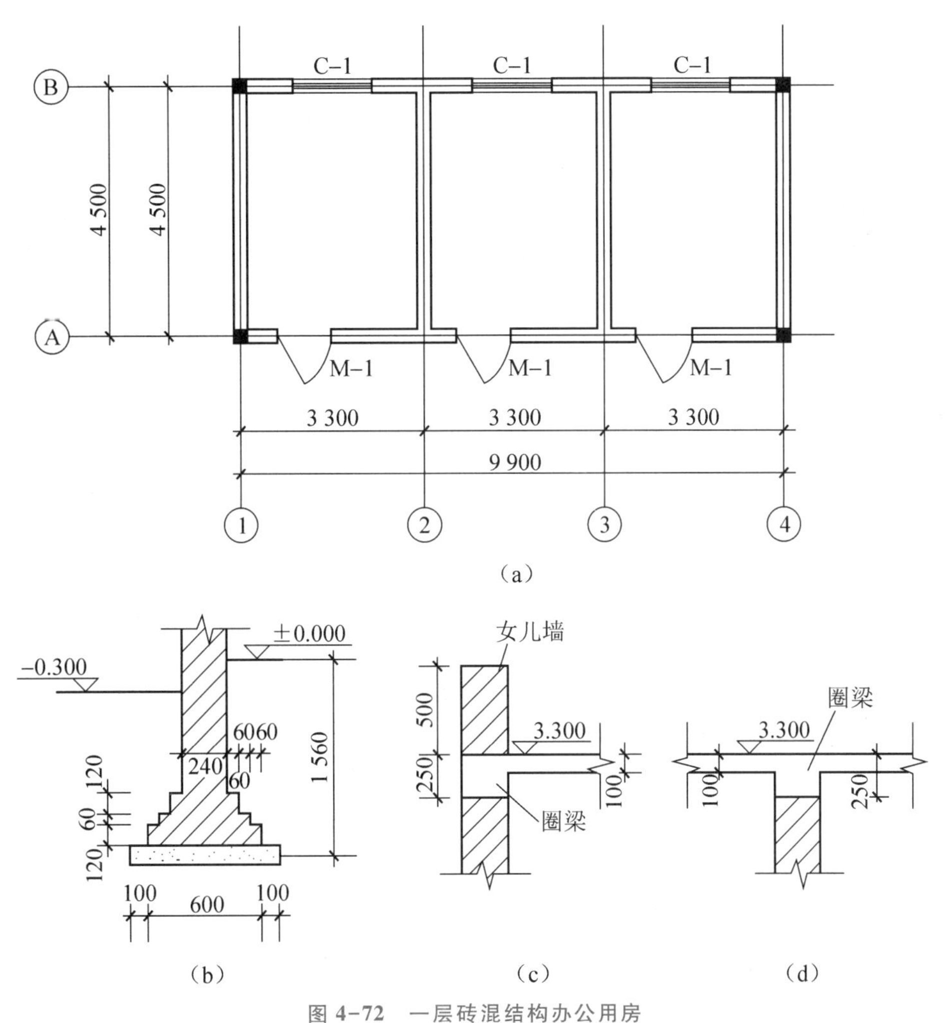

图 4–72 一层砖混结构办公用房

（a）建筑平面图；（b）基础详图；（c）外墙节点详图；（d）内墙节点详图

4.4 混凝土工程及模板工程量计算

听老师讲：混凝土工程相关知识及列项

钢筋混凝土是房屋建筑工程中使用量最大的一种工程材料。混凝土构件的准确计量与计价，对合理、有效控制工程造价意义重大。

混凝土工程施工过程包括支模板、绑扎钢筋和浇筑混凝土三个主要工序，混凝土工程量的计算应分为钢筋工程、混凝土工程和模板工程三部分分别列项计算。其中，房屋建筑工程中的钢筋工程较为复杂，本书不做讲解；混凝土工程和模板工程在施工时为顺接流程，且计算时数据可相互应用，故将它们合并在本节讲解。混凝土工程属于分部分项工程，模板工程属于措施项目工程。

4.4.1 项目划分及相关知识

1. 混凝土的种类

按生产方法不同，混凝土可分为现场搅拌混凝土和预拌混凝土两大类。

① 现场搅拌混凝土就是在施工现场按混凝土施工配合比，将各种原材料用混凝土搅拌机均匀拌和，成为符合相应技术要求的混凝土。由于该方法存在环境污染等问题，我国当前已禁止在中心城市进行混凝土现场搅拌工作，只允许零星少量混凝土采用现场搅拌的方式。

② 预拌混凝土，也称商品混凝土，是指由专门的混凝土生产企业按技术标准集中搅拌好混凝土再以商品形式供应给用户。预拌混凝土采用先进的生产设备，计量精确，搅拌均匀，质量高，有完善的质检系统，质量有保证。因此，目前北京市的建筑工程已全部采用预拌混凝土。

2. 混凝土的强度等级

普通混凝土的强度等级分为C15、C20、C25、C30、C35、C40、C45、C50、C55、C60、C65、C70、C75、C80等。

3. 混凝土构件的划分

混凝土构件按施工方法和程序的不同可分为现浇混凝土构件、一般预制混凝土构件和装配式预制混凝土构件。

现浇混凝土构件是指在现场原位支模并整体浇筑而成的混凝土构件。现有混凝土结构多为现浇混凝土构件。现浇混凝土构件整体性较好，但施工周期较长，管理复杂。定额项目分为现浇混凝土的垫层、基础、柱、梁、板、墙、楼梯、阳台、雨篷和其他构件等。定额中未列出项目的构件以及单件体积≤0.1 m^3 的构件，执行小型构件相应子目；定额中未列出项目的构件及单件体积>0.1 m^3 的构件，执行其他构件相应子目。

一般预制混凝土构件是指混凝土梁、板、柱等构件在工厂浇筑生产，然后运至工程现场组装。采用预制混凝土构件可以缩短施工工期。定额项目分为预应力柱、梁、板等。

装配式预制混凝土构件是把预制板、梁等构件吊装就位以后，在它的上面或是与其他部位相接处浇筑钢筋混凝土而连接成整体，形成装配整体式建筑。

知识链接

党的二十大报告描绘了中国未来五年的发展蓝图，强调可持续发展与高质量发展，特别是提出了“积极稳妥推进碳达峰碳中和”的目标。

习近平总书记指出，实现碳达峰碳中和，是贯彻新发展理念、构建新发展格局、推动高质量发展的内在要求，是一场广泛而深刻的经济社会系统性变革，具有重大的现实意义和深远的历史意义。

装配式建筑作为建筑“低碳先锋”成绩十分突出。北京中粮万科长阳半岛项目是北京第一个实施住宅产业化面积奖励优惠政策的试点项目，预制装配式复合外墙板的预制化率达到了 85%，预制楼梯、阳台板、空调板的预制化率达到了 100%，预制叠合板达到了 45%。装配式建筑作为建筑工业化和信息化技术深度融合的产物，以构件工厂预制化生产、现场装配式安装为模式，以标准化设计、工厂化生产、装配化施工、一体化装修和信息化管理为特征，实现建筑产品节能、环保、低碳、全周期价值最大化的可持续发展的安全、高效、快速、低成本的新型建筑生产方式。

思考：装配式建筑的构件如何计量与计价？

4.4.2 混凝土工程量计算规则

1. 现浇混凝土构件

现浇混凝土工程量除另有规定外，均按设计图示尺寸以体积计算，不扣除构件内钢筋、预埋铁件、螺栓及单个面积≤0.3 m^2 的孔洞所占体积。型钢混凝土框架结构中，型钢所占体积按每吨型钢扣减 0.127 m^3 的混凝土体积计算。

（1）现浇混凝土基础

按设计图示尺寸以体积计算，不扣除构件内钢筋、预埋铁件和伸入承台基础的桩头所占体积。

动画：混凝土带形基础列项计算

① 带形基础。外墙按中心线，内墙按净长线乘以基础断面面积以体积计算；带形基础肋的高度自基础上表面算至肋的上表面。

② 筏板基础。局部加深部分并入筏板基础体积。

③ 杯形基础。扣除杯口所占体积。

（2）现浇混凝土柱

按设计图示尺寸以体积计算，不扣除构件内钢筋、预埋铁件所占体积。

① 柱高的规定。有梁板的柱高，自柱基上表面（或楼板上表面）至上一层楼板上表面之间的高度计算；无梁板的柱高，自柱基上表面（或楼板上表面）至柱帽下表面之间的高度计算；框架柱的柱高，自柱基上表面至柱顶面的高度计算；构造柱的柱高，自其生根构件的上表面至其锚固构件的下表面计算，嵌接墙体部分（马牙槎）并入柱身体积。

② 依附柱上的牛腿并入柱身体积计算。

③ 钢管混凝土柱按钢管内截面面积乘以设计图示钢管高度以体积计算。

④ 斜柱按柱截面面积乘以设计图示柱中心斜长以体积计算。

⑤ 芯柱按孔的截面面积乘以设计图示高度以体积计算。

（3）现浇混凝土梁

现浇混凝土梁按设计图示尺寸以体积计算，不扣除构件内钢筋、预埋铁件所占体积，伸入墙内的梁头、梁垫并入梁体积。

① 梁长的规定。梁与柱连接时，梁长算至柱侧面；主梁与次梁连接时，次梁长算至主梁侧面；梁与墙连接时，梁长算至墙侧面。圈梁的长度外墙按中心线计算，内墙按净长线计算；过梁按设计图示尺寸计算。

② 圈梁代过梁时，过梁体积并入圈梁工程量。

动画：构造柱、圈梁、过梁列项及工程量计算

（4）现浇混凝土墙

按设计图示尺寸以体积计算，不扣除构件内的钢筋、预埋铁件所占体积，以及单个面积≤0.3 m^2 的孔洞所占体积，墙垛及凸出墙面部分并入墙体体积。

① 墙长。外墙按中心线计算，内墙按净长线计算。

② 墙高的规定。墙与板连接时，墙高从基础（基础梁）或楼板上表面算至上一层楼板上表面；墙与梁连接时，墙高算至梁底。

③ 女儿墙。从屋面板上表面算至女儿墙的上表面，女儿墙压顶、腰线、装饰线的体积并入女儿墙工程量。

（5）现浇混凝土板

现浇混凝土板按设计图示尺寸以体积计算，不扣除构件内钢筋、预埋铁件及单个面积≤0.3 m^2 的柱、垛，以及孔洞所占体积，无梁板的柱帽并入板体积。

① 板的图示面积的规定。有梁板按主梁间的净尺寸计算；无梁板按板外边线的水平投影面积计算；平板按主墙间的净面积计算；板与圈梁连接时，算至圈梁侧面；板与砖墙连接时，伸出墙面的板头体积并入板工程量。

② 有梁板的次梁并入板的工程量。

③ 薄壳板的肋、基梁并入薄壳工程量。

④ 空心楼板按设计图示尺寸以体积计算，扣除空心部分所占体积。

⑤ 空心楼板内芯管安装按设计图示尺寸以长度计算。

(6) 现浇混凝土楼梯

楼梯（包括休息平台、平台梁、斜梁及楼梯的连接梁），按设计图示尺寸以水平投影面积计算，不扣除宽度≤500 mm 的楼梯井，伸入墙内部分不计算。

动画：现浇混凝土柱、梁、板列项计算

(7) 现浇混凝土其他构件

① 散水按设计图示水平投影面积计算。

② 坡道、电缆沟、地沟、台阶、扶手、压顶、小型构件、其他构件、二次灌浆按设计图示尺寸以体积计算，不扣除构件内钢筋、预埋铁件所占体积。

(8) 后浇带

后浇带按设计图示尺寸以体积计算。

(9) 预应力混凝土构件

预应力混凝土构件按设计图示尺寸以体积计算，不扣除灌浆孔道所占体积。

2. 一般预制混凝土构件

① 一般预制混凝土构件按设计图示尺寸以体积计算，不扣除钢筋、预埋铁件、空心板空洞及单个面积≤0.3 m^2 的孔洞等所占体积，构件外露钢筋体积不再增加。

② 补板缝按预制板长度乘以板缝宽度再乘以板厚以体积计算。

③ 柱、梁、板及其他构件接头灌缝按预制构件体积计算，杯形基础灌缝按设计图示数量计算。

3. 装配式预制混凝土构件

① 装配式预制混凝土构件按设计图示构件尺寸以体积计算，不扣除构件中保温层、饰面层、钢筋、预埋铁件、配管、套管、线盒及单个面积≤0.3 m^2 的孔洞等所占体积，构件外露钢筋体积不再增加。

② 套筒灌浆按设计图示数量计算。

③ 清缝打胶按构件墙体接缝的设计图示尺寸以长度计算。

④ 构件连接混凝土按设计图示尺寸以体积计算，不扣除钢筋、预埋铁件、螺栓及单个面积≤0.3 m^2 的孔洞所占体积。

4.4.3 模板工程量计算规则

混凝土模板及支架的工程量，按模板与现浇混凝土构件的接触面积计算。

1. 筏板基础

集水井（沟）、电梯井、高低错台侧壁的模板面积并入筏板基础工程量。

2. 柱

① 柱模板及支架按柱周长乘以柱高以面积计算，不扣除柱与梁连接重叠部分的面积，牛腿的模板面积并入柱模板工程量。

② 柱高从柱基或板上表面算至上一层楼板上表面，对无梁板，算至柱帽底部标高。

③ 构造柱按图示外漏部分的最大宽度乘以柱高以面积计算。

3. 梁

① 梁模板及支架按与现浇混凝土构件的接触面积计算，不扣除梁与梁连接重叠部分的面积。梁侧的出沿并入梁模板工程量。

② 梁长的计算规定。梁与柱连接时，梁长算至柱侧面。梁与墙连接时，梁长算至墙侧面。如墙为砌块（砖）墙时，伸入墙内的梁头和梁垫的面积并入梁的工程量。次梁长算至主梁侧面。

③ 圈梁。外墙按中心线计算，内墙按净长线计算。

4. 墙

墙模板及支架按与现浇混凝土构件的接触面积计算，不扣除单个≤0.3 m^2 的孔洞所占面积，洞侧壁模板亦不增加。附墙柱侧面积并入墙模板工程量。

① 墙高的规定。墙与板连接时，外墙面高度由楼板表面算至上一层楼板（或梁）上表面，内墙面高度由楼板上表面算至上一层楼板（或梁）下表面；墙顶与宽出墙体的梁同向上下连接时，墙高算至梁底。

② 止水螺栓按设计有抗渗要求的现浇混凝土墙的模板工程量计算。

5. 板

板模板及支架模板按与现浇混凝土构件的接触面积计算，不扣除单个面积≤0.3 m^2 的孔洞所占面积，洞侧壁模板不增加。

① 柱帽并入无梁板工程量。

② 斜板按斜面积计算。

6. 复合模板

复合模板支撑高度>3.6 m时，按超过部分全部面积计算工程量。

7. 后浇带

后浇带按模板与后浇带的接触面积计算。

8. 其他

① 阳台、雨篷、挑檐按图示外挑部分水平投影面积计算。

阳台、平台、雨篷、挑檐的平板侧面模板按图示面积计算。

② 楼梯（包括休息平台、平台梁、斜梁和楼层板的连接梁）按水平投影面积计算，不

扣除宽度≤500 mm 的楼梯井所占面积。楼梯踏步、踏步板、平台梁等侧面模板面积不另计算，深入墙内部分亦不增加。

③ 旋转式楼梯的计算公式为

$$S=\pi\times(R^2-r^2)\times n \tag{4-16}$$

式中：R——楼梯外径；

r——楼梯内径；

n——层数（或 n=旋转角度/360）。

④ 小型构件或其他现浇构件按图示接触面积计算。

⑤ 混凝土台阶（不包括梯带）按图示水平投影面积计算。台阶两端的挡墙或花池另进行计算，并入相应的工程量。

随学随练

一、单选题

1. 计算楼梯混凝土工程量时，当梯井宽在（　　）以内时，可不扣除梯井所占面积。

A. 200 mm　　B. 300 mm

C. 400 mm　　D. 500 mm

2. 梁柱相交时，相交部分的混凝土应（　　）。

A. 并入柱中计算　　B. 并入梁中计算

C. 另列项目计算　　D. 不计算

3. 现浇柱帽的混凝土工程量的体积并入（　　）。

A. 板　　B. 梁

C. 柱　　D. 墙

4. 根据计算规则，箱形基础中的基础、柱、梁、墙、板，在列项时应（　　）。

A. 分别列项　　B. 可合并筏板基础项目

C. 可分可并　　D. 根据箱形基础混凝土总体积而定

5. 现浇钢筋混凝土构件的混凝土工程量，除另有规定外均应按（　　）计算。

A. 混凝土的质量　　B. 混凝土的体积

C. 构件的表面积　　D. 构件的长度

6. 框架结构中，框架梁间的框架柱高度应按（　　）计算。

A. 层高　　B. 层高减板厚

C. 框架梁间净高　　D. 根据同位置其他层构造柱而定

7. 无梁板下的柱，其柱高应从（　　）。

A. 柱基上表面算至楼板下表面　　B. 柱基上表面算至楼板上表面

C. 柱基上表面算至柱帽下表面　　D. 柱基上表面算至柱帽上表面

8. 现浇钢筋混凝土楼梯工程量，不包括（　　）。

A. 楼梯踏步　　B. 楼梯斜梁

C. 休息平台　　D. 楼梯栏杆

9. 某三层建筑采用现浇整体楼梯，屋顶不上人。楼梯间净长 6 m，净宽 4 m，楼梯井宽 450 mm，长 3 m，则该现浇楼梯的混凝土工程量为（　　）。

A. 45.3 m^3　　B. 72.00 m^3

C. 67.95 m^3　　D. 48.00 m^3

10. 现浇混凝土圈梁的工程量（　　）。

A. 并入墙体工程量　　B. 单独计算，执行圈梁子目

C. 并入楼板工程量　　D. 不计算

11. 对于现浇混凝土工程量计算，描述不正确的是（　　）。

A. 除另有规定外，均按设计图示尺寸以体积计算

B. 不扣除构件内钢筋、预埋铁件、螺栓

C. 扣除 0.3 m^2 以内的孔洞所占体积

D. 型钢混凝土结构中，每吨型钢应扣减 0.127 m^3 混凝土体积

12. 带形基础混凝土工程量按基础断面面积乘以基础长度以体积计算，其中，外墙按（　　）计算，内墙按（　　）计算。

A. 内边线、中心线　　B. 中心线、外边线

C. 内边线、中心线　　D. 中心线、净长线

13. 现浇混凝土墙在计算钢筋混凝土工程量时，墙高为（　　）。

A. 墙与梁连接时，墙高算至梁底

B. 墙与板连接时，墙高算至楼板下表面

C. 女儿墙墙高从屋面板下表面算至女儿墙上表面

D. 墙与梁连接时，墙高算至梁顶

14. 主梁与次梁相交时，相交部分应（　　）。

A. 并入主梁中计算　　B. 并入次梁中计算

C. 另列项目计算　　D. 并入有梁板中计算

15. 预制混凝土构件按设计图示尺寸以（　　）计算。

A. 长度　　B. 面积　　C. 体积　　D. 质量

16. 现浇混凝土构件模板工程量除另有规定外，均应区分不同材质，按（　　）计算。

A. 混凝土构件体积　　B. 混凝土与模板接触面积

C. 模板体积　　D. 混凝土构件表面积

17. 首层的柱、梁、墙、板的支模高度的起点为（　　）。

A. 室外设计地坪　　B. 室内设计地面

C. 楼板板底　　D. 楼板板顶

18. 楼板的模板工程量按图示尺寸以平方米计算，不扣除单孔面积在（ ）以内的孔洞所占的面积。

A. 1 m^2　B. 0.5 m^2　C. 0.3 m^2　D. 0.1 m^3

19. 混凝土面层的散水是按（ ）来计算工程量的。

A. 体积　B. 面积

C. 延长米　D. 外墙的外边线

20. 混凝土模板工程量属于（ ）。

A. 分部分项工程　B. 措施项目工程

C. 其他工程　D. 企业管理费

二、多选题

1. 楼梯与现浇板的划分界限表述正确的是（ ）。

A. 楼梯与现浇混凝土板之间有梯梁连接时，以梁的外边线为分界

B. 无梯梁连接时，以楼梯的最后一个踏步边缘加 300 mm 为分界线

C. 楼梯与现浇混凝土板之间有梯梁连接时，以梁的内边线为分界

D. 无梯梁连接时，以楼梯的最后一个踏步边缘为分界线

2. 现浇混凝土梁在计算钢筋混凝土工程量时，梁长计算正确的是（ ）。

A. 梁与柱连接时，梁长算至柱的侧面

B. 主梁与次梁连接时，次梁长算至主梁侧面

C. 梁与墙连接时，梁长算至墙侧面

D. 圈梁的长度外墙按中心线，内墙按净长线计算

3. 现浇混凝土墙按设计图示尺寸以体积计算，以下描述正确的是（ ）。

A. 不扣除构件内的钢筋、预埋铁件所占体积

B. 扣除门窗洞口及单个面积 $>0.3\ m^2$ 的孔洞所占体积

C. 外墙按中心线、内墙按净长线计算

D. 墙与梁连接时，墙高算至梁底

4. 现浇混凝土板按设计图示尺寸以体积计算，以下描述正确的是（ ）。

A. 不扣除单个面积 $\leqslant 0.3\ m^2$ 的柱、垛以及孔洞所占体积

B. 压形钢板混凝土楼板应扣除构件内压形钢板所占体积

C. 无梁板的柱帽并入板体积内

D. 有梁板的次梁并入板的工程量内

5. 关于板的图示面积以下描述正确的是（ ）。

A. 有梁板按主梁间的净尺寸计算

B. 无梁板按板外变现的水平投影面积计算

C. 平板按主墙间的净面积计算

D. 板与圈梁连接时，算至圈梁侧面

6. 现浇混凝土楼梯混凝土工程量包括（　　）。

A. 休息平台
B. 平台梁、斜梁及楼梯的连接梁
C. 宽度≤500 mm 的楼梯井
D. 伸入墙内部分

7. 关于混凝土模板支模高度描述正确的是（　　）。

A. 室外设计地坪至板底
B. 室内设计地坪至板底
C. 板面至板底
D. 板面至板顶

8. 混凝土柱模板工程量计算时，柱高描述正确的是（　　）。

A. 柱高从柱基上表面算至上一层楼板上表面
B. 柱高从柱基上表面算至楼板下表面
C. 无梁板算至柱帽底部标高
D. 无梁板算至柱帽顶部标高

9. 混凝土梁模板工程量计算时，梁长描述正确的是（　　）。

A. 梁与柱连接时，梁长算至柱侧面
B. 主梁与次梁连接时，次梁长算至主梁侧面
C. 梁与墙连接时，梁长算至墙侧面
D. 外墙按中心线计算圈梁，内墙按净长线计算圈梁

10. 关于混凝土板模板工程量计算描述正确的是（　　）。

A. 扣除单孔面积>0.3 m^2 的孔洞，孔洞侧壁模板面积并入板模板工程量中
B. 扣除梁所占面积
C. 柱帽按展开面积计算，并入无梁板工程量中
D. 有梁板按板与次梁的模板面积之和计算

11. 以下混凝土构件中，需按面积计算工程量的是（　　）。

A. 扶手
B. 楼梯
C. 散水
D. 遮阳板

三、判断题

1. 混凝土雨篷工程量按水平投影面积计算，嵌入墙内部分另计。（　　）
2. 混凝土台阶按设计尺寸以立方米计算工程量。（　　）
3. 钢筋混凝土柱基础与柱身是以基础扩大面为分界线的。（　　）
4. 散水、坡道、台阶混凝土工程的定额子目中，不包括面层的工料费用。（　　）
5. 有梁板的次梁并入混凝土梁的工程量。（　　）
6. 无梁板的柱帽并入板体积计算。（　　）
7. 现浇混凝土楼梯应扣除楼梯井所占面积。（　　）
8. 现浇混凝土楼梯混凝土工程量按设计图示尺寸以体积计算。（　　）

四、计算题

图 4-73 为某四层建筑物中的现浇钢筋混凝土楼梯，试计算 $B=300$ mm 和 $B=600$ mm 时楼梯工程量。

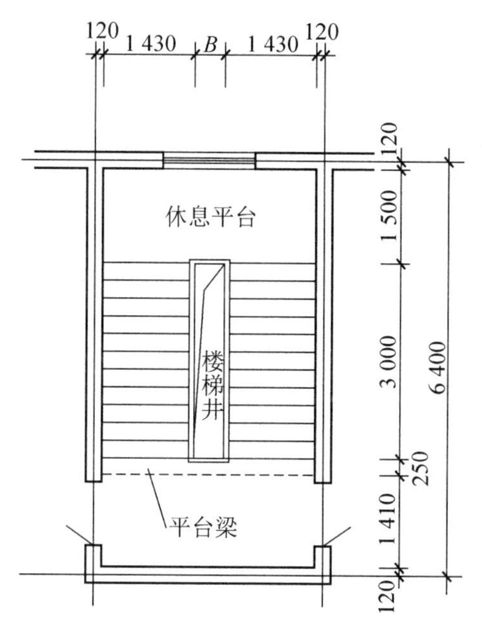

图 4-73　某四层建筑物中的现浇钢筋混凝土楼梯

4.4.3 随学随练答案

4.4.4　混凝土及模板工程量计算及应用

1. 带形基础工程量计算

带形基础又称条形基础，其外形呈长条状，断面形式一般有梯形、阶梯形和矩形。带形基础可分为有肋带形基础和无肋带形基础。凡带形基础上部有梁的几何特征的，都属于有肋带形基础，如图 4-74 所示；凡带形基础上部没有梁的几何特征的，都属于无肋带形基础，如图 4-75 所示。

① 带形基础混凝土工程量的计算公式为

$$带形基础混凝土工程量=断面面积\times基础长度 \tag{4-17}$$

外墙按中心线计算基础长度，内墙按净长线计算基础长度。

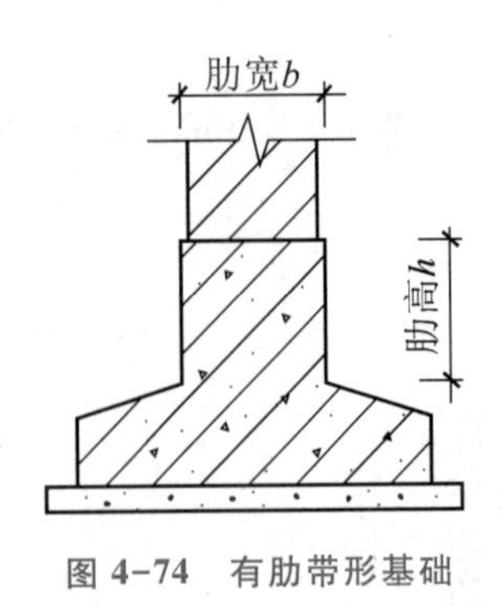

图 4-74　有肋带形基础

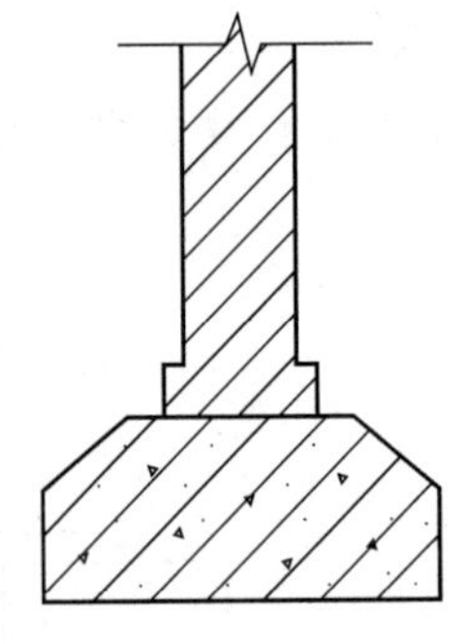

图 4-75　无肋带形基础

② 带形基础模板工程量（2个侧边支模板）的计算公式为

带形基础模板工程量=基础长度×高×2-内墙基础与外墙基础相交的面积　（4-18）

特别提示

有肋带形基础，肋的高度≤1.5 m时，肋并入带形基础，执行带形基础子目；肋的高度>1.5 m时，基础和肋分别执行带形基础和墙子目。

例 4-11　带形钢筋混凝土基础平面图如图4-76所示，采用C30预拌混凝土，其断面有三种情况，试分别计算其混凝土基础工程量。

解：（1）基础数据

$$外墙基础中心线长=(12+4.5)\times2=33(m)$$

$$内墙基础净长=4.5-0.5\times2=3.5(m)$$

（2）图4-76（a）所示为矩形断面带形基础

① 带形基础混凝土工程量。

$$带形基础混凝土工程量=1.0\times0.3\times(33+3.5)=10.95(m^3)$$

② 带形基础模板工程量。

$$模板长度=33\times2-1\times2+3.5\times2=71(m)$$

$$带形基础模板工程量=71\times0.3=21.3(m^2)$$

（3）图4-76（b）所示为锥形断面带形基础

① 带形基础混凝土工程量。

$$外墙基础工程量=(1.0\times0.3+\frac{0.4+1.0}{2}\times0.2)\times33=14.52(m^3)$$

$$内墙基础长度=\frac{0.4+1.0}{2}=0.7(m)$$

$$锥形部分的内墙基础长度=4.5-0.7=3.8(m)$$

$$内墙基础工程量=\frac{0.4+1.0}{2}\times0.2\times3.8+1.0\times0.3\times3.5=1.582(m^3)$$

$$带形基础混凝土工程量=14.52+1.582\approx16.10(m^3)$$

② 带形基础模板工程量。

$$模板长度=33\times2-1\times2+3.5\times2=71(m)$$

$$带形基础模板工程量=71\times0.3=21.3(m^2)$$

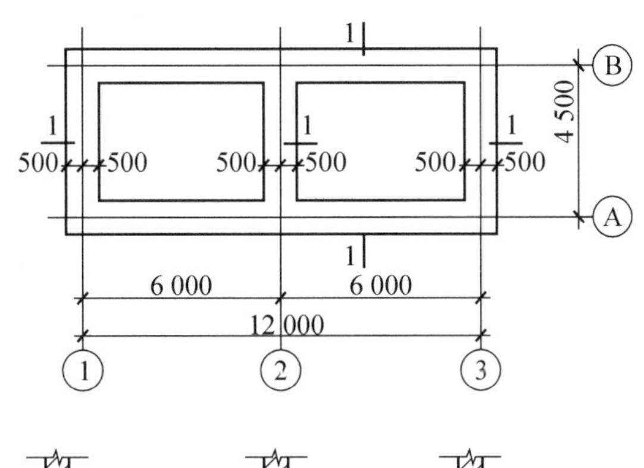

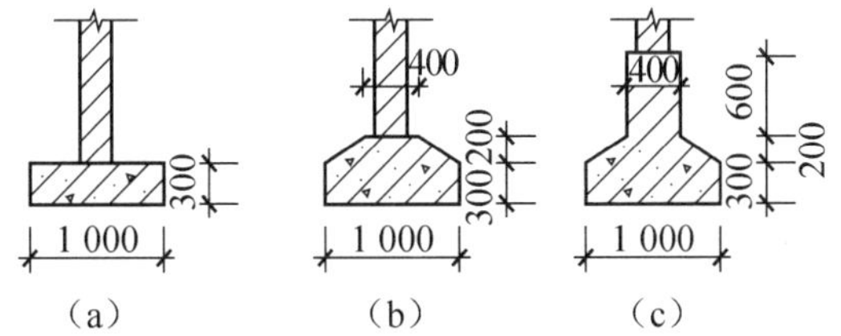

图 4-76 带形钢筋混凝土基础平面图

（a）矩形断面带形基础；（b）锥形断面带形基础；（c）有肋带形基础

（4）图 4-76（c）所示为有肋带形基础

肋高为 0.6 m，小于 1.5 m，其工程量并入带形基础工程量。

$$内墙基础肋长=4.5-0.4=4.1(m)$$

① 带形基础混凝土工程量。

$$肋部分工程量=0.4\times0.6\times(33+4.1)\approx8.90(m^3)$$

$$带形基础混凝土工程量=16.10+8.90=25(m^3)$$

② 带形基础模板工程量。

$$肋部分模板工程量=0.6\times2\times(33+4.1)=44.52(m^2)$$

$$带形基础模板工程量=21.3+44.52-0.4\times0.6\times2=65.34(m^2)$$

消耗量标准选用：子目编号 5-4（现浇混凝土基础：带形基础、预拌混凝土、C30）；

子目编号 16-2（带形基础复合模板）。

例 4-12 带形钢筋混凝土基础平面图如图 4-77 所示，混凝土均为预拌混凝土，垫层和基础混凝土强度等级分别为 C15 和 C30，试计算混凝土垫层和基础的工程量。

解：（1）基础数据

$$外墙垫层中心线长=(4.5+9+4.5+0.06\times2)\times2+(6+2.1+0.06\times2)\times2+(2.1-0.06+0.06)\times2=56.88(m)$$

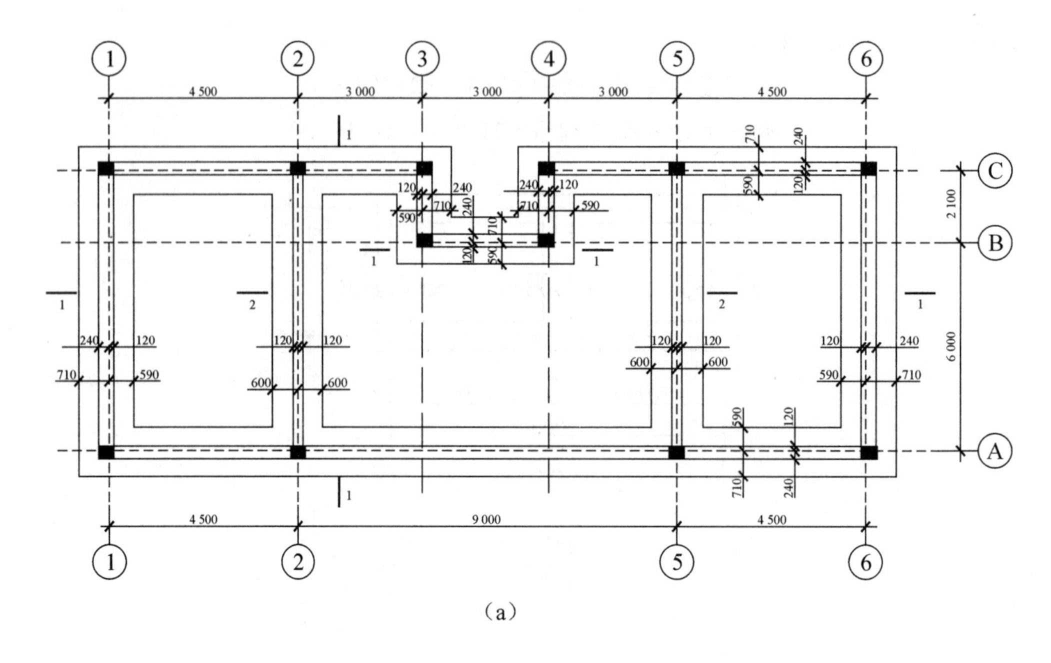

（a）

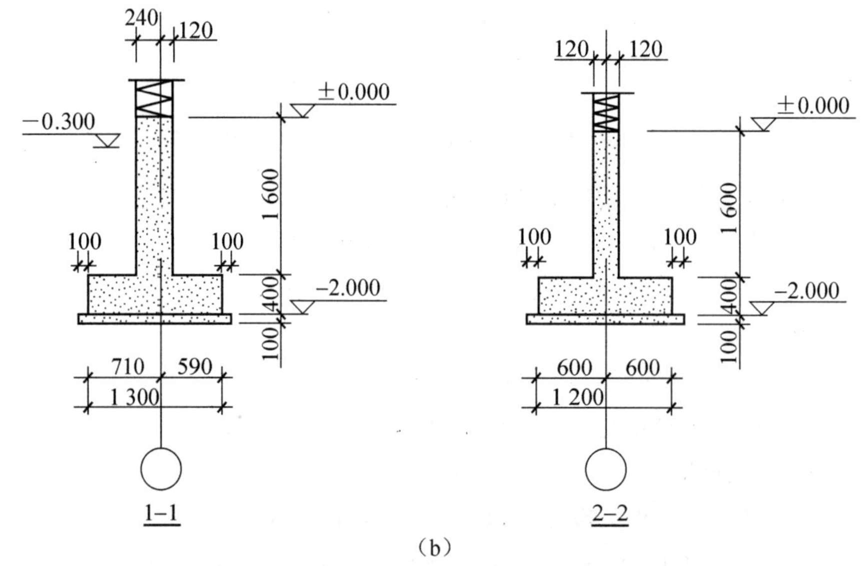

（b）

图 4-77　带形钢筋混凝土基础平面图

（a）平面图；（b）剖面图

（2）垫层工程量

① 垫层混凝土工程量。

内墙垫层净长线 = ［6+2. 1−(0. 59+0. 1)−(0. 59+0. 1)］×2 = 13. 44(m)

1-1 垫层宽为 1. 3+0. 1×2 = 1. 5(m)，垫层高为 0. 1 m。

2-2 垫层宽为 1. 2+0. 1×2 = 1. 4(m)，垫层高为 0. 1 m。

垫层混凝土工作量 = 56. 88×1. 5×0. 1+13. 44×1. 4×0. 1 ≈ 10. 41(m^3)

消耗量标准选用：子目编号 5-1（C15 预拌混凝土基础垫层）。

② 垫层模板工程量。

外墙 1-1 剖面处，垫层模板高为 0.1 m，已知外墙垫层中心线长为 56.88 m，则

$$模板长度=56.88\times2-1.4\times4=108.16(m)$$

外墙 1-1 剖面处，模板工程量 $=108.16\times0.1\approx10.82(m^2)$

内墙 2-2 剖面处，垫层模板高为 0.1 m。

内墙 2-2 剖面处，垫层模板净长 $=(6+2.1-0.69\times2)\times4=26.88(m)$

内墙 2-2 剖面处，模板工程量 $=26.88\times0.1\approx2.69(m^2)$

$$垫层模板工程量=10.82+2.69=13.51(m^2)$$

消耗量标准选用：子目编号 16-1（基础垫层模板）。

（3）带形基础工程量

由图 4-77（b）可以看出，该基础为有梁式带形基础，肋高为 1.6 m，大于 1.5 m，肋部分按墙体单独计算，带形基础混凝土工程量和模板工程量均不计算肋部分。

① 带形基础混凝土工程量。

$$内墙基础长度=(6+2.1-0.59\times2)\times2=13.84(m)$$

$$带形基础混凝土工程量=56.88\times1.3\times0.4+13.84\times1.2\times0.4\approx36.22(m^3)$$

消耗量标准选用：子目编号 5-4（C30 预拌混凝土带形基础）。

② 带形基础模板工程量。

外墙 1-1 剖面处，基础模板高为 0.4 m。

$$模板长度=56.88\times2-1.2\times4=108.96(m)$$

外墙 1-1 剖面处，模板工程量 $=108.96\times0.4\approx43.58(m^2)$

内墙 2-2 剖面处，基础模板高为 0.4 m。

$$内墙模板净长=(6+2.1-0.59\times2)\times4=27.68(m)$$

内墙 2-2 剖面处，模板工程量 $=27.68\times0.4\approx11.07(m^2)$

$$带形基础模板工程量=43.58+11.07=54.65(m^2)$$

消耗量标准选用：子目编号 16-2（带形基础复合模板）。

2. 独立基础工程量计算

独立基础是指现浇钢筋混凝土柱下的单独基础。独立基础有阶梯形、四棱锥台形，如图 4-78所示。

① 阶梯形独立基础工程量计算，按图示尺寸分别计算出每阶的立方体体积和侧面积。阶梯形独立基础混凝土工程量及模板工程量的计算公式分别为

$$阶梯形独立基础混凝土工程量=abh_1+a_1b_1h_2 \tag{4-19}$$

$$阶梯形独立基础模板工程量=(a+b)\times2\times h_1+(a_1+b_1)\times2\times h_2 \tag{4-20}$$

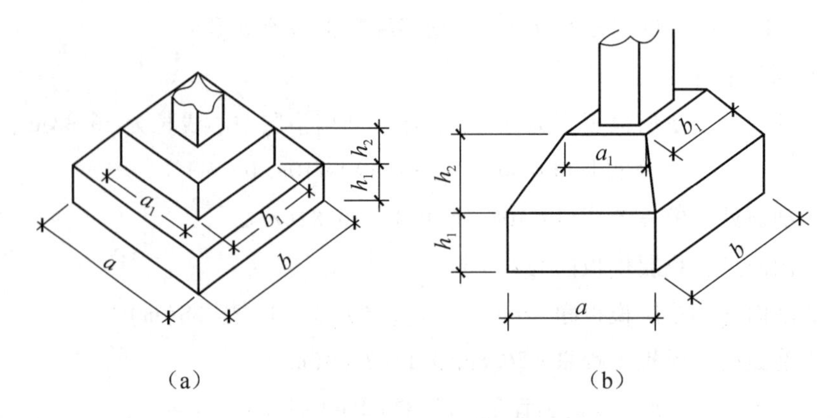

图 4-78　独立基础

（a）阶梯形独立基础；（b）四棱锥台形独立基础

② 四棱锥台形独立基础工程量计算，其混凝土体积为四棱锥台体积加底座体积。模板面积为底座的侧表面积。四棱锥台形独立基础混凝土工程量及模板工程量的计算公式分别为

$$四棱锥台形独立基础混凝土工程量=abh_1+\frac{h_2}{3}(ab+a_1b_1+\sqrt{ab\cdot a_1b_1})\tag{4-21}$$

$$四棱锥台形独立基础模板工程量=(a+b)\times2\times h_1\tag{4-22}$$

③ 杯形混凝土独立基础如图 4-79 所示。当柱子为预制构件时，独立基础做成杯口形，然后将柱子插入并嵌固在杯口内，形成杯形独立基础。杯形独立基础混凝土工作量的计算公式为

$$杯形独立基础混凝土工程量=外形体积-杯芯体积\tag{4-23}$$

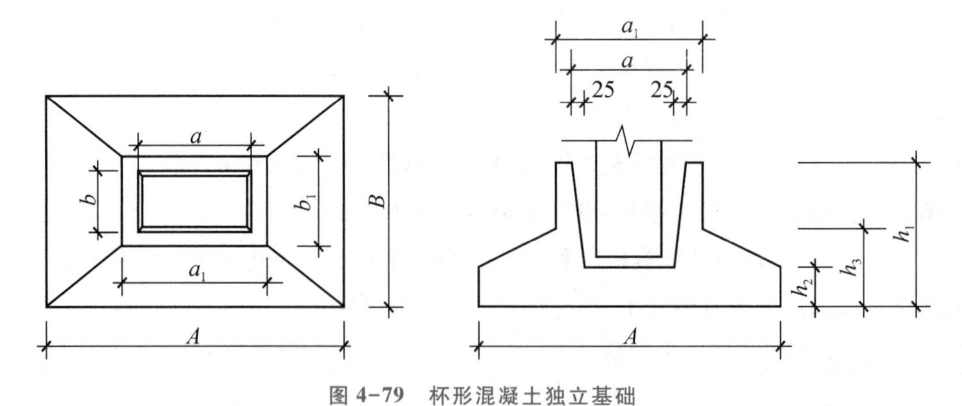

图 4-79　杯形混凝土独立基础

杯形独立基础混凝土工程量还可用如下公式计算

$$V=ABh_2+\frac{h_3-h_2}{3}(AB+a_1b_1+\sqrt{AB\cdot a_1b_1})+a_1b_1(h_1-h_3)-\frac{h_1-h_2}{3}[ab+(a-0.025)(b-0.025)+\sqrt{ab\cdot(a-0.025)(b-0.025)}]\tag{4-24}$$

3. 筏板基础工程量计算

筏板基础又称满堂基础，当建筑物上部载荷较大，地基承载能力又较弱时，常将墙或柱下基础连成一片，钢筋混凝土板支撑整个建筑物。筏板基础分为无梁式筏板基础（见图 4-80）、有梁式筏板基础（见图 4-81）和箱式基础（见图 4-82）。

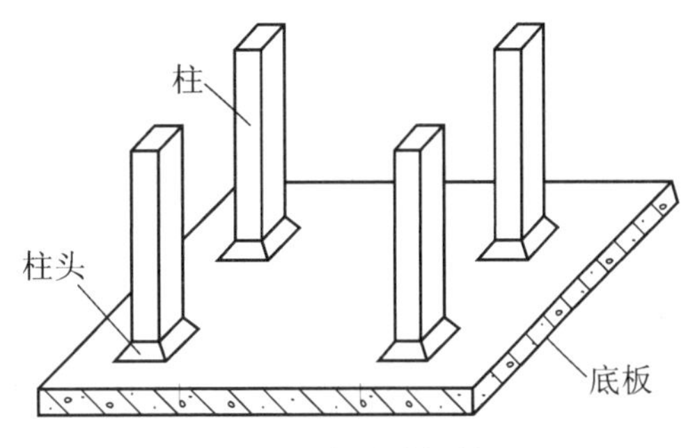

图 4-80 无梁式筏板基础

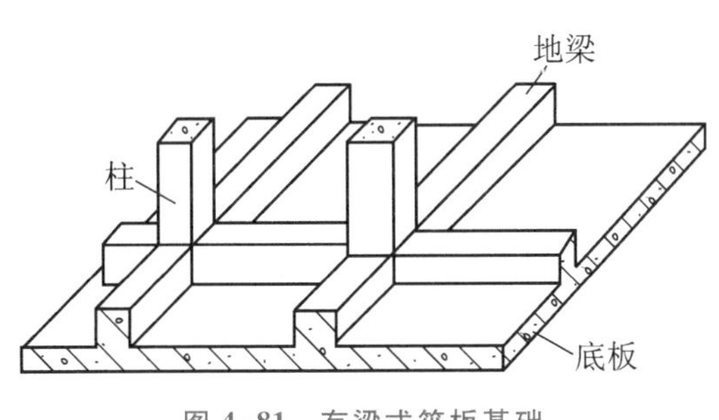

图 4-81 有梁式筏板基础

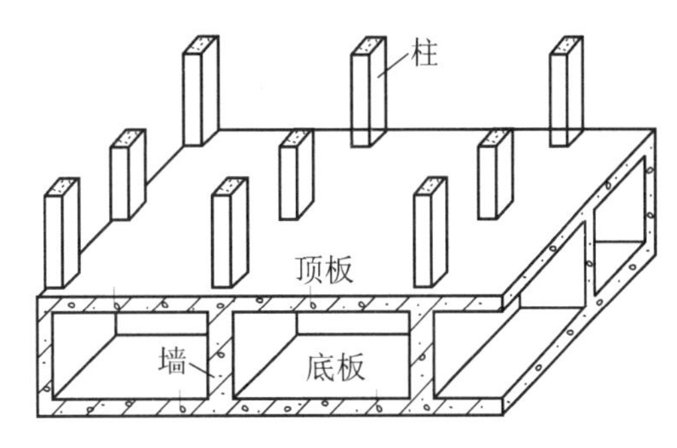

图 4-82 箱式基础

① 无梁式筏板基础。无梁式筏板基础混凝土工程量及模板基础工程量的计算公式分别为

无梁式筏板基础混凝土工程量=底板体积+柱墩的体积 (4-25)

=底板长×底板宽×底板厚+柱墩的体积

无梁式筏板基础模板工程量(底板 4 个侧边支模板)= 底板周长×底板厚 (4-26)

② 有梁式筏板基础。有梁式筏板基础混凝土工程量及模板基础工程量的计算公式分别为

有梁式筏板基础混凝土工程量=底板长×底板宽×底板厚 (4-27)

有梁式筏板基础模板工程量=底板周长×底板厚 (4-28)

特别提示

筏板基础的基础梁凸出板顶高度≤1.5 m 时，凸出部分执行基础梁子目；高度>1.5 m 时，凸出部分执行墙相应子目。

③ 箱式基础。箱式基础上有顶板，下有底板，中间有横纵墙连接、四壁封闭的整体基础（钢筋混凝土地下室）。

特别提示

箱式基础分别执行筏板基础、柱、梁、墙的相应子目。

箱式基础的计算公式同有梁式筏板基础的计算公式。

例 4-13 如图 4-83 所示为现浇筏板混凝土基础工程，该工程采用 C20 现场搅拌混凝土，复合模板；基础垫层采用 C15 现场搅拌混凝土，复合模板。试计算筏板基础和基础垫层工程量。

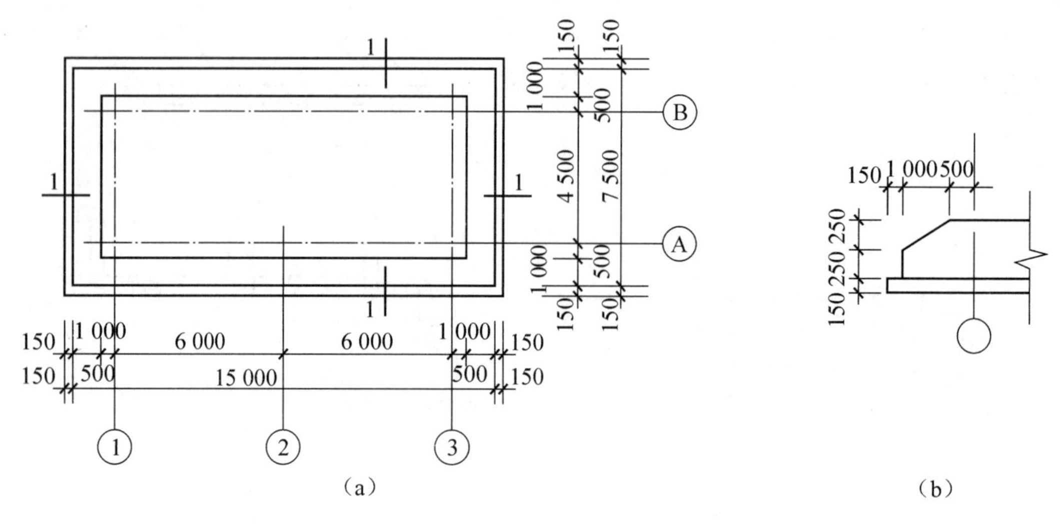

图 4-83 现浇筏板混凝土基础工程

（a）平面图；（b）1-1 剖面图

解：（1）筏板基础

$$筏板基础混凝土工程量=15\times7.5\times0.25+\frac{0.25}{3}(15\times7.5+13\times5.5+\sqrt{15\times7.5\times13\times5.5})$$

$$\approx50.93(m^3)$$

$$筏板基础模板工程量=(15+7.5)\times2\times0.25=11.25(m^2)$$

（2）基础垫层

基础垫层工程量的计算方法与筏板基础工程量的计算方法相同。

$$基础垫层混凝土工程量=(15+0.15\times2)\times(7.5+0.15\times2)\times0.1\approx11.93(m^3)$$

$$基础垫层模板工程量=(15+0.15\times2+7.5+0.15\times2)\times2\times0.1=4.62(m^2)$$

消耗量标准选用见表 4-8。

表 4-8 消耗量标准选用

子目编号	项目名称	单位	工程量
5-7 换	C20 预拌混凝土筏板基础	m^3	50.93
5-1	C15 预拌混凝土垫层	m^3	11.93
16-4	筏板基础复合模板	m^2	11.25
16-1	垫层模板	m^2	4.62

4. 现浇混凝土柱工程量计算

现浇混凝土柱包括矩形柱、构造柱、芯柱，需要计算的工程量有混凝土工程量、模板工程量。

（1）矩形柱

① 矩形柱混凝土工程量的计算公式为

$$矩形柱混凝土工程量=框架柱截面积\times框架柱柱高 \tag{4-29}$$

其中，有梁板的框架柱柱高为柱基上表面（或楼板上表面）至上一层楼板上表面之间的高度，如图 4-84 所示；无梁板的框架柱柱高为柱基上表面（或楼板上表面）至柱帽下表面之间的高度，如图 4-85 所示。

② 矩形柱模板工程量。

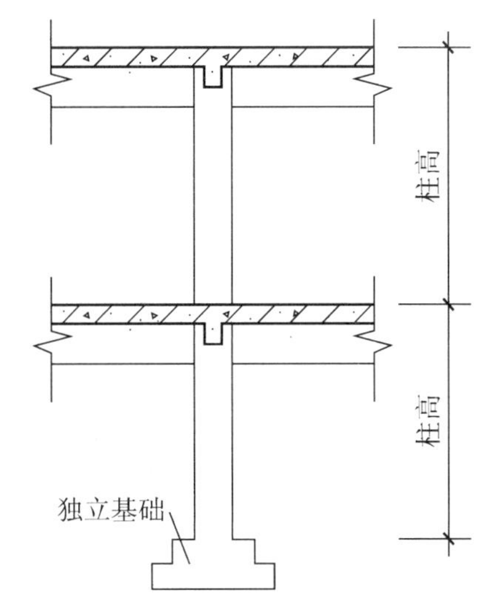

图 4-84 有梁板的框架柱柱高

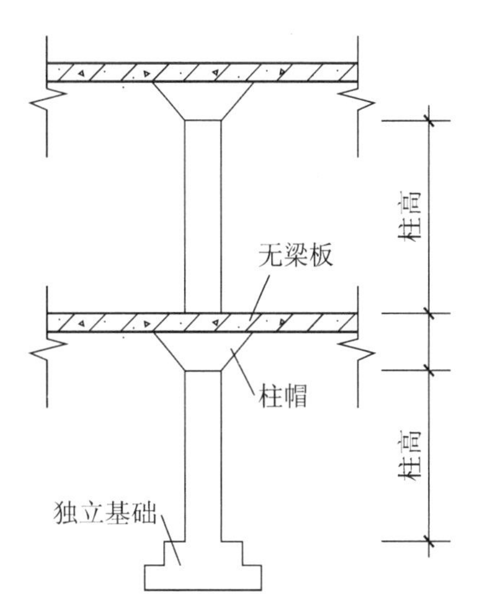

图 4-85 无梁板的框架柱柱高

特别提示

柱、梁、墙、板的支模高度（室外设计地坪或板面至板底之间的高度）是按 3.6 m 编制。超过 3.6 m 的部分，超过部分整体面积执行模板支撑高度 3.6 m 以上每增 1 m 的相应子目，不足 1 m 按 1 m 计算。

支模高度的计算公式为

$$首层支模高度=室内外高差+板顶标高-板厚 \tag{4-30}$$

$$其他楼层支模高度=层高-板厚 \tag{4-31}$$

根据支模高度是否超过 3.6 m，框架柱的模板计算分两种情况。

支模高度≤3.6 m 时，只计算模板工程量，计算公式为

$$框架柱模板工程量=框架柱周长×框架柱高度 \tag{4-32}$$

支模高度>3.6 m时，计算模板工程量和模板支撑高度超高工程量，计算公式为

$$模板工程量=框架柱周长×框架柱高度 \tag{4-33}$$

$$模板支撑超高工程量=框架柱周长×模板支撑超3.6 m高度 \tag{4-34}$$

模板支撑超3.6 m高度的计算公式为

$$首层高度=室内外高差+板顶标高-3.6 \tag{4-35}$$

$$其他层高度=层高-3.6 \tag{4-36}$$

例4-14 某一层的钢筋混凝土框架柱，截面为矩形，尺寸600 mm×600 mm，柱高4.5 m，室外地坪为-0.3 m，有梁板板厚120 mm，复合模板，试计算首层柱子的工程量。

解：（1）矩形柱混凝土工程量

$$矩形柱混凝土工程量=0.6×0.6×4.5=1.62(m^3)$$

消耗量标准选用：5-10（矩形柱，C30预拌混凝土）。

（2）矩形柱模板工程量

$$矩形柱支模高度=0.3+4.5-0.12=4.68(m)>3.6 m$$

需计算模板支撑超高工程量，则

$$矩形柱模板工程量=0.6×4×4.5=10.8(m^2)$$

消耗量标准选用：16-8（矩形柱复合模板）。

$$模板支撑超高高度=0.3+4.5-3.6=1.2(m)>1 m$$

$$模板支撑超高3.6 m部分工程量=0.6×4×1.2=2.88(m^2)$$

消耗量标准选用：子目编号（16-13）×2（柱支撑高度3.6 m以上，柱支撑超高2 m以内）。

（2）构造柱

构造柱（图纸中表示为GZ）是在砌体墙体的规定部位，按构造配筋，并按先砌墙后浇灌混凝土柱的施工顺序制成的混凝土柱。构造柱的主要作用不是承担竖向荷载，而是承担剪力、抗震等横向荷载。

马牙槎是用于抗震区设置构造柱时砖墙与构造柱相交处的砌筑方法，目的是在浇筑构造柱时使墙体与构造柱结合得更牢固，更利于抗震。砌墙时在构造柱处每隔五皮砖伸出60 mm，伸出的皮数也是五皮，同时也要按规定预留拉接钢筋。

首先，根据图纸统计各种型号构造柱的数量和马牙槎的数量；其次，计算构造柱混凝土和模板工程量。

① 构造柱混凝土工程量的计算公式为

$$混凝土工程量=柱高×[构造柱断面面积×柱根数+(马牙槎宽/2)×墙宽×马牙槎根数] \tag{4-37}$$

式中：柱高——自其生根构件的上表面算至其锚固构件的下表面；

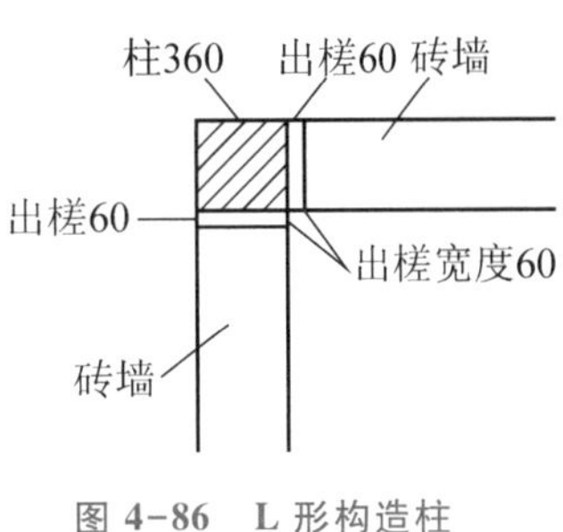

图 4-86　L 形构造柱

构造柱断面面积——构造柱本身的尺寸，长×宽；

马牙槎宽——按 60 mm 计算。

② 构造柱模板工程量。

构造柱模板面积按图示外露部分的最大宽度乘以柱高计算。例如，L 形构造柱如图 4-86 所示，有两面是外露，有两面与砖墙接触，因此，构造柱模板面积只计算外露部分，构造柱模板工程量的计算公式为

构造柱模板工程量={[柱的边长+出槎的宽度(0.06 m)]×2+转角处出槎的宽度(0.06 m×2)}×柱高　　(4-38)

(3) 芯柱

芯柱是指在砌块内部空腔中插入竖向钢筋并浇灌混凝土后形成的砌体内部的钢筋混凝土小柱（不插入钢筋的称为素混凝土芯柱）。计算工程量时，首先看图纸中墙体材料是否采用空心砌块，这是芯柱存在的前提条件。芯柱由于在孔中进行浇筑，其工程量只计算混凝土工程量。芯柱混凝土工程量的计算公式为

芯柱混凝土工程量=墙高×孔的断面面积×柱根数　　(4-39)

5. 现浇混凝土梁的工程量计算

现浇混凝土梁项目分基础梁、矩形梁、斜梁、异形梁、圈梁、过梁、水平系梁、弧形梁、拱形梁等，计算时按梁的类别、强度等级分开计算，分别套用子目，计算其混凝土工程量和模板工程量。

(1) 梁的混凝土工程量

梁的混凝土工程量的计算公式为

梁的混凝土工程量=梁的截面面积×梁的长度　　(4-40)

其中，梁的长度按下列规定确定：

① 梁与柱连接时，主梁长算至柱侧面，如图 4-87 所示。

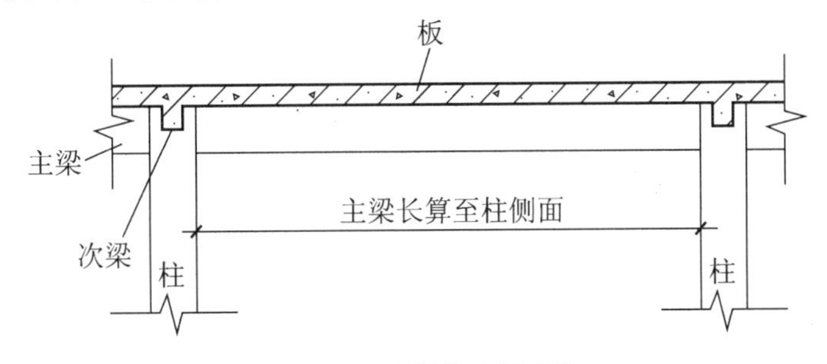

图 4-87　主梁长度示意图

② 主梁与次梁连接时，次梁长算至主梁侧面，如图 4-88 所示。

③ 梁与墙连接时，梁长算至墙侧面。

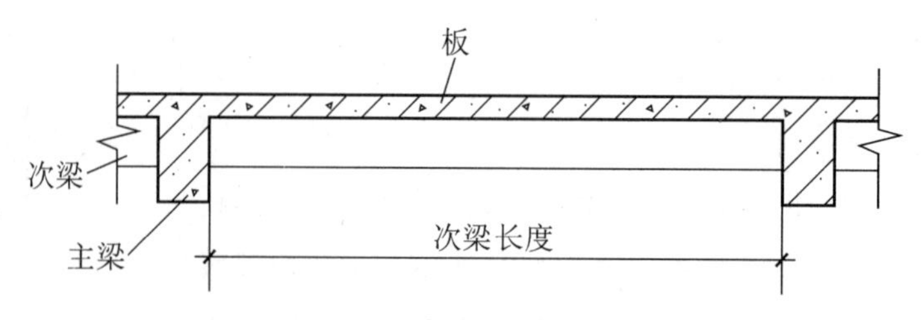

图 4-88　次梁长度示意图

④ 外墙按中心线计算圈梁的长度，内墙按净长线计算圈梁的长度。

⑤ 过梁按图示尺寸计算。

（2）梁的模板工程量

① 支模高度≤3.6 m时，现浇混凝土梁（包括基础梁、连梁）模板工程量，按梁三面展开宽度乘以梁长计算，即

梁两侧与板连接模板工程量=(梁高-板1厚+梁底宽+梁高-板2厚)×梁长　(4-41)

梁一侧与板连接模板工程量=(梁高-板1厚+梁底宽+梁高)×梁长　(4-42)

② 支模高度>3.6 m时，既要算模板工程量又要算模板支撑超高工程量

模板支撑超高工程量=梁模板面积　(4-43)

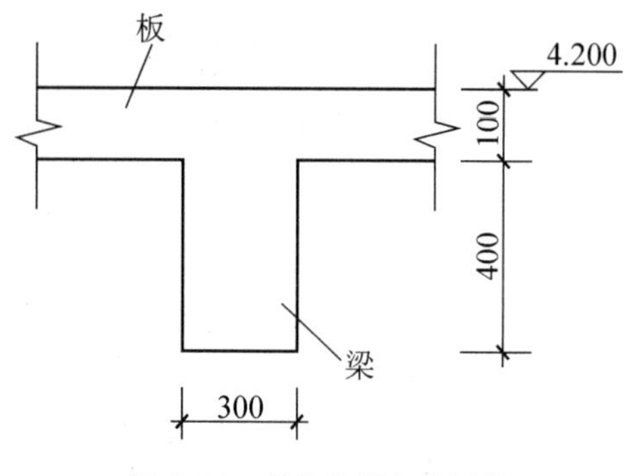

图 4-89　某钢筋混凝土梁截面

例 4-15　某钢筋混凝土梁截面如图 4-89 所示，梁顶标高为+4.200 m，设计室外地坪为-0.3 m，板厚100 mm，梁高500 mm，复合模板，取梁长1 m。试计算其模板工程量。

解：（1）模板工程量

模板工程量=(0.3+0.4×2)×1=1.1(m^2)

消耗量标准选用：子目编号16-15（矩形梁复合模板）。

（2）判断梁是否超高

支撑高度=4.2+0.3-0.1=4.4(m)　>3.6 m

因此，需计算模板支撑超高工程量。

梁模板支撑超高高度=4.2+0.3-0.1-3.6=0.8(m)

梁模板支撑超高工程量=梁模板面积=1.1(m^2)

消耗量标准选用：子目编号16-22（梁支撑高度3.6 m以上每增1 m）。

6. 现浇混凝土板工程量计算

现浇混凝土板类型包括有梁板、无梁板、平板等，要计算的工程量有板混凝土工程量和板模板工程量。

（1）板混凝土工程量

① 有梁板是指带有梁并与板构成一体的板，在框架结构中有梁板通常一次浇筑成型，如图 4-90 所示。

特别提示

有梁板的次梁并入板工程量。

有梁板混凝土工程量(包括次梁与板)=(板的面积-0.3 m^2 以内的孔洞)×板的厚度+次梁的体积　（4-44）

② 无梁板是指不带梁，直接用柱头支撑的板，如图 4-91 所示。

特别提示

无梁板的柱帽并入板体积。

无梁板混凝土工程量=(板的面积-0.3 m^2 以内的孔洞)×板的厚度+柱帽的体积（4-45）

③ 平板是指无梁、柱，直接由墙承重的板，如图 4-92 所示。平板常在砖混结构中，各类板伸入墙内的板头并入板体积计算。

图 4-90　有梁板

图 4-91　无梁板

图 4-92　平板

（2）板模板工程量

① 支模高度≤3.6 m 时，只计算模板工程量。有梁板和无梁板模板工程量的计算公式分别为

有梁板模板工程量=板的底面面积+次梁底面面积+次梁侧面面积　（4-46）

无梁板模板工程量=板的底面面积-柱托板底面积+柱帽柱托模板接触面积（4-47）

② 支模高度>3.6 m 时，需计算模板工程量和模板支撑高度超高工程量。

板的模板支撑高度超高工程量同模板工程量。

随学随练

一、单选题

1. 有肋带形基础，肋的高度不大于（　　）时，其工程量并入带形基础工程量中。

A. 1 m　　B. 1.2 m　　C. 1.5 m　　D. 2 m

2. 柱、梁、墙、板的支模高度是按 3.6 m 编制的，超过 3.6 m 部分，执行本单元相应的模板支撑高度 3.6 m 以上每增 1 m 的定额子目，不足 1 m 时按（　　）计算。

A. 1 m　　B. 忽略不计　　C. 0.5 m　　D. 四舍五入

3. 筏板基础不包括反梁，反梁凸出板顶高度在（　　）以内时，执行基础梁子目。

A. 1 m　　B. 1.5 m　　C. 0.5 m　　D. 2 m

4. 不带梁直接用柱支承的板称为（　　）。

A. 有梁板　　B. 平板　　C. 无梁板　　D. 肋形板

5. 有梁板柱模板柱高，应从（　　）。

A. 柱基算至上一层楼板上表面　　B. 柱基算至上一层楼板下表面

C. 室外地坪算至楼板上表面　　D. 室外地坪算至楼板下表面

6. 关于现浇混凝土模板工程量计算规则，描述不正确的是（　　）。

A. 梁模板及支架按展开面积计算，不扣除梁与梁连接重叠部分的面积

B. 模板支撑高度>3.6 m 时，按超过部分全部面积计算工程量

C. 柱模板计算时，扣除柱与梁连接重叠部分的面积

D. 有梁板按板与次梁的模板面积之和计算

二、计算题

1. 试计算如图 4-93 所示的高杯口基础（方底）的混凝土工程量。

2. 试计算如图 4-94 所示的现浇无梁板混凝土的工程量。

3. 如图 4-95 和图 4-96 所示为现浇混凝土梁板柱的结构图和示意图，框架柱的截面尺寸为 400 mm×400 mm，试计算柱、梁、板的混凝土和模板工程量。

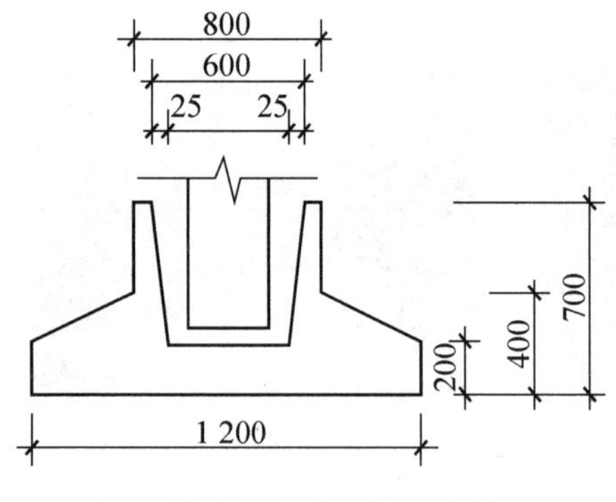

图 4-93　高杯口基础图

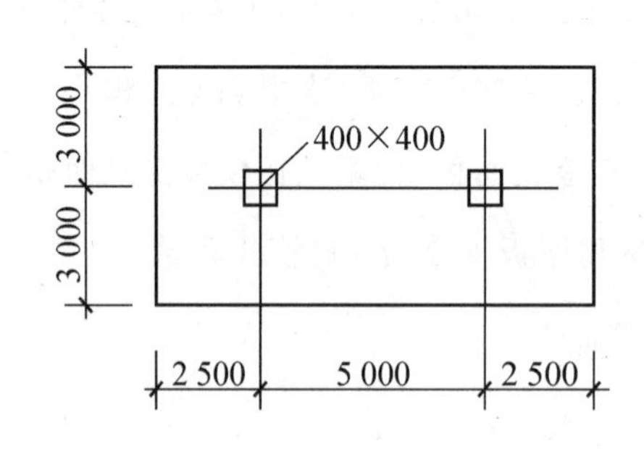

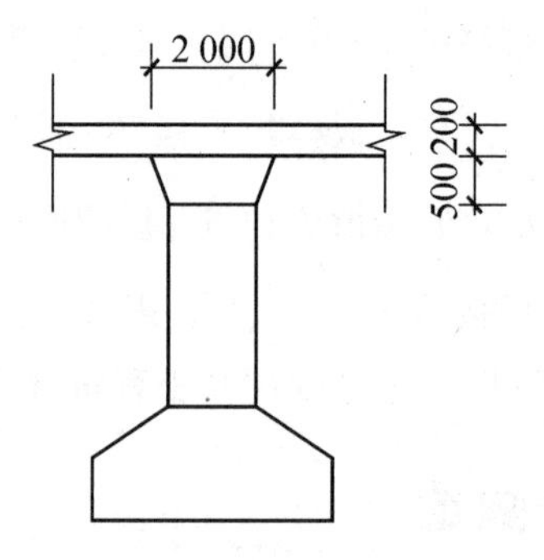

图 4-94　现浇无梁板混凝土

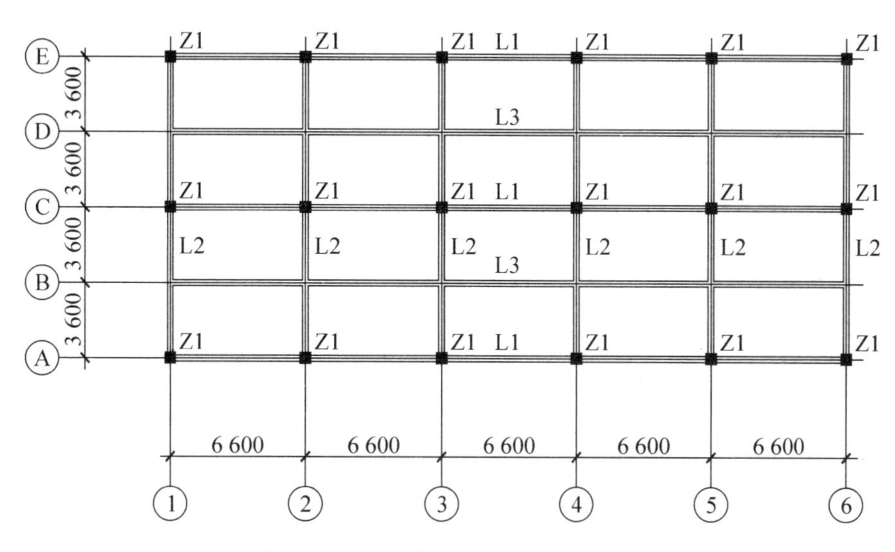

图 4-95　现浇混凝土梁板柱的结构图

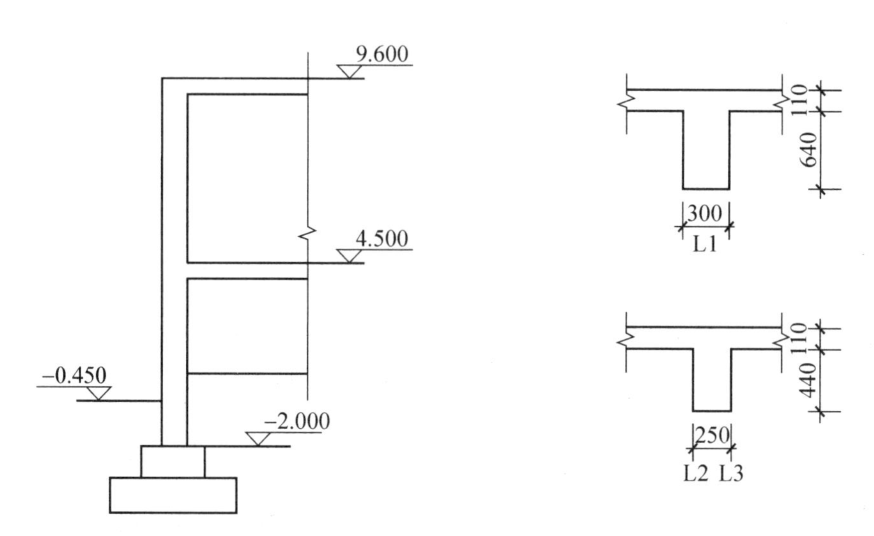

图 4-96　现浇混凝土梁板柱的示意图

听老师讲：门窗工程量计算

4.5 门窗工程量计算

门窗是房屋建筑中的围护构件。窗的主要功能是采光、通风及观望；门的主要功能是交通出入、分隔联系建筑空间，也起通风、采光的作用。另外，门窗对建筑物的外观及室内装修造型影响也很大。

4.5.1 项目划分及相关知识

门窗工程包括木门及门框，金属门、卷帘（闸）门、厂库房大门、特种门、其他门，木窗、金属窗、门窗套、窗台板、窗帘、窗帘盒、窗帘轨、特殊五金安装、其他项目、超低能耗窗等。

1. 门的分类

① 按开启方式，门可分为平开门、弹簧门、推拉门、折叠门、转门、上翻门、升降门、卷帘门等。

② 按使用材料，门可分为木门、钢木门、钢门、铝合金门、玻璃门等。

③ 按构造形式，门可分为镶板门、拼板门、夹板门、百叶门等。

④ 按使用功能，门可分为保温门、隔声门、防火门、防护门等。

2. 窗的分类

① 按开启方式，窗可分为固定窗、平开窗、悬窗、立式转窗、推拉窗、百叶窗等。

② 按使用材料，窗可分为木窗、钢窗、铝合金窗、塑料窗、玻璃钢窗、塑钢窗等。

3. 窗帘盒、窗帘轨

窗帘盒、窗帘轨设置在窗樘内侧顶部，用于吊挂窗帘。

窗帘盒是安装窗帘轨、遮挡窗帘上部的安装结构，可增加装饰效果。窗帘盒的尺寸：长度为两端伸出窗洞各 150 mm 或通长设置；开口宽度为 140～200 mm；开口深度为 100～150 mm。

4. 门窗套

门窗套是指在门窗洞口的两个立边垂直面，可凸出外墙形成边框也可与外墙平齐，既要立边垂直平整又要满足与墙面平整，故质量要求很高。这好比在门窗外罩上一个正规的套子，人们习惯称之为门窗套。门窗套用于保护和装饰门框及窗框。门窗套包括筒子板和贴脸，与墙连接在一起，如图 4-97 所示。

垂直门窗的，在洞口侧面的装饰，称为筒子板，如图 4-97 中的 A 所示；平行门窗的，在墙面上的，盖住筒子板和墙面缝隙的，称为贴脸，如图 4-97 中的 B 所示。

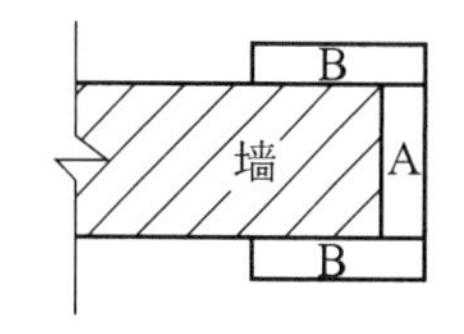

图 4-97　门窗套示意图

4.5.2　门窗工程量计算规则

① 门窗按设计图示洞口尺寸以面积计算。安装在洞口外的门窗，按设计图示尺寸以框外围展开面积计算；飘（凸）窗按设计图示尺寸以框外围展开面积计算；混凝土密闭门、防密门、悬板活门、挡窗板、钢制密闭门按设计图示尺寸以框（扇）外围展开面积计算；围墙铁丝网门、钢质花饰大门按设计图示尺寸以框（扇）外围展开面积计算；旋转门按设计图示数量计算；伸缩门按设计图示尺寸以长度计算；纱门、纱窗按纱扇的框外围尺寸以面积计算；组合窗中开启扇按设计图示尺寸以扇外围面积计算，固定扇按设计图示洞口面积扣除开启扇面积计算。

② 门窗套按设计图示尺寸以展开面积计算。

③ 窗台板按设计图示尺寸以水平投影面积计算。

④ 卷轴、百叶窗帘按设计图示尺寸以展开面积计算。

⑤ 窗帘盒、窗帘轨、推拉门滑轨按设计图示尺寸以长度计算。

⑥ 特殊五金及电动装置按设计图示数量计算。

⑦ 门窗附框按设计图示洞口尺寸以长度计算。

⑧ 门窗后塞口、钢防火门灌浆按设计图示洞口尺寸以面积计算。

⑨ 玻璃贴膜按设计图示粘贴尺寸以面积计算。

⑩ 卷帘遮阳、织物遮阳按设计图示卷帘宽度乘以卷帘高度（包括卷帘盒高度）以面积计算；升降百叶帘遮阳按设计图示百叶帘宽度乘以百叶帘高度（包括帘片盒高度）以面积计算；机翼片遮阳和格栅遮阳按设计图示尺寸以面积计算。

⑪ 超低能耗窗按设计图示洞口尺寸以面积计算。

4.5.3　门窗工程量计算及应用

例 4-16　某卷帘门如图 4-98 所示，卷帘门卷轴直径 600 mm，试计算该卷帘门的工程量。

解：安装在洞口外的门窗，按设计图示尺寸以框外围展开面积计算。

$$S=(3.6+0.3)\times3.2=12.48(\mathrm{m}^2)$$

消耗量标准选用：子目编号 8-21 [不锈钢卷帘（闸）门，安装洞口外]。

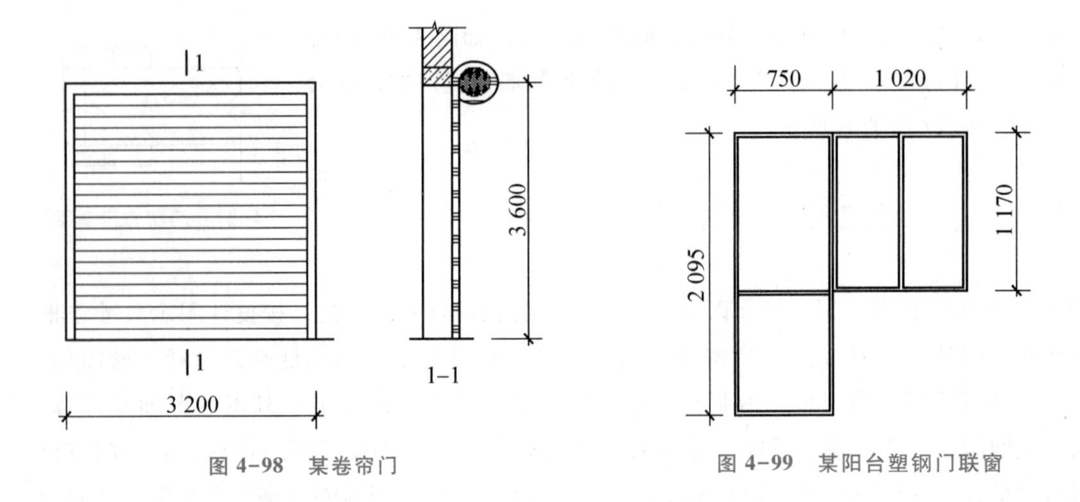

图 4–98　某卷帘门

图 4–99　某阳台塑钢门联窗

例 4–17　某阳台塑钢门联窗如图 4–99 所示，平开式开启方式，洞口尺寸见图，采用填充剂后塞口，试计算该塑钢门联窗工程量。

解：

$$门的工程量 = 0.75\times2.095\approx1.57(\mathrm{m}^2)$$

消耗量标准选用：子目编号 8–11 换（塑钢换铝合金平开门）。

$$窗的工程量 = 1.02\times1.17\approx1.19(\mathrm{m}^2)$$

消耗量标准选用：子目编号 8–51（塑钢换铝合金平开窗）。

$$填充剂后塞口工程量 = 1.57+1.19 = 2.76(\mathrm{m}^2)$$

消耗量标准选用：子目编号 8–101（填充剂后塞口）。

特别提示

阳台门联窗，门和窗分别执行相应的子目。

随学随练

一、单选题

1. 以下对安装在洞口外的卷闸门描述正确的是（　　）。

A. 卷闸门安装按洞口尺寸以“m^2”计算

B. 安装高度算至滚筒顶点为准

C. 金属卷帘闸门按框外围以展开面积计算

D. 以上均不正确

2. 以下对门窗工程量计算规则描述不正确的是（　　）。

A. 门窗按洞口尺寸以面积计算　　B. 飘窗以洞口面积计算

C. 门窗套按展开面积计算　　D. 门锁按设计图示数量计算

3. 以下对金属门窗工程量计算规则描述不正确的是（ ）。

A. 金属门窗按设计图示洞口尺寸以面积计算

B. 金属门窗的配套五金发生时另行计算

C. 金属门窗子目中不包括纱扇

D. 以上均不正确

二、判断题

1. 各种门窗按门窗外围面积计算工程量。（ ）

2. 门联窗并在一起进行计算。（ ）

3. 窗帘盒、窗帘轨按设计图示尺寸以长度计算。（ ）

4. 门窗后塞口按设计图示洞口面积计算。（ ）

5. 防火门子目中不包括特殊五金及防火玻璃。（ ）

6. 铝合金推拉门子目中不包含滑轨、滑轮安装。（ ）

7. 木门窗安装包括了普通五金。（ ）

4.5 随学随练答案

4.6 屋面工程量计算

听老师讲：屋面工程工程量计算

屋面又称屋顶或屋盖，它是建筑物最上层的外围护构件，用于抵抗自然界的雨、雪、风、霜、太阳辐射、气温变化等不利因素的影响，保证建筑内部有一个良好的使用环境。屋面应满足坚固耐久、防水、保温、隔热、防火和抵御各种不良影响的功能要求。

4.6.1 项目划分及相关知识

1. 屋面类型

常见的屋面类型有平屋面和坡屋面两种形式。

（1）平屋面

屋面坡度小于 5% 的称为平屋面。平屋面的构造组成如图 4-100 所示，分为有隔气层和无隔气层两种。

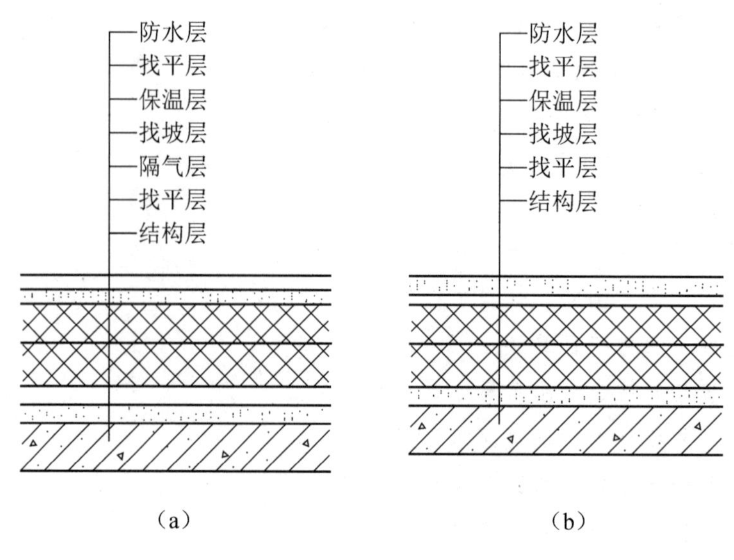

图 4-100　平屋面的构造组成

（a）有隔气层；（b）无隔气层

平屋面需要对屋面积水进行有组织的排放，因此，要设置屋面雨水排水系统，主要由檐沟、雨水口、水落管及泛水组成。

① 檐沟。在有组织排水屋面中，平屋面的檐口处常设置钢筋混凝土檐沟，在檐沟上面做炉渣及 1 : 3 水泥砂浆找坡、找平层，再做油毡防水层；在女儿墙的檐口处，檐沟设在女儿墙内侧，并在女儿墙上每隔一段距离设置雨水口，使水流入雨水管中。

② 雨水口。在檐沟与水落管交接处，一般设置雨水口，以导出雨水。

③ 水落管。水落管的材料有镀锌钢板、铸铁或 PVC 塑料。

④ 泛水。在平屋顶中，凡凸出屋面的结构物，与屋面交接处都必须做泛水。泛水高必须大于 250 mm。

（2）坡屋面

屋面坡度大于 10% 的称为坡屋面。坡屋面多以各种小块瓦为防水材料，按照屋面瓦品种不同，坡屋面可分为青瓦屋面、平瓦屋面、筒瓦屋面、石棉水泥瓦屋面、玻璃钢波形瓦屋面、铁皮屋面等。

坡屋面除自身排水构造外，还设置一些其他的屋面排水设施来协同排水，这种屋面排水形式称为有组织排水。坡屋面的排水设施主要有檐沟、天沟、水落管及泛水等。

2. 屋面的构造

（1）屋面找坡

屋面找坡一般采用轻质混凝土和保温隔热材料。找坡层平均厚度的计算公式为

$$找坡层平均厚度=L\times i\times 1/2+找坡层最薄处厚度 \tag{4-48}$$

式中：L——坡宽；

i——坡度系数。

找坡层平均厚度如图 4-101 所示。

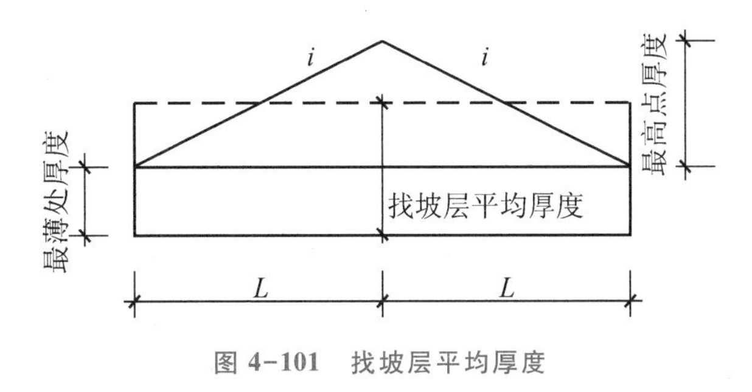

图 4-101 找坡层平均厚度

（2）保温隔热

屋面要具有保温隔热功能。

① 保温隔热材料分类。按材料成分，保温隔热材料可分为有机类保温隔热材料、无机类保温隔热材料；按材料形式，保温隔热材料可分为松散保温隔热材料、板状保温隔热材料和整体保温隔热材料。

其中，松散保温隔热材料，用炉渣、膨胀蛭石、膨胀珍珠岩、矿物棉、锯末等干铺而成；板状保温隔热材料，用松散保温隔热材料或化学合成聚酯与合成橡胶类材料加工制成，如泡沫混凝土板、蛭石板、有机纤维板、矿物棉板、软木板等；整体保温隔热材料，用松散保温材料做集料，用水泥或沥青做胶结料，经搅拌浇筑而成，如膨胀珍珠岩混凝土、水泥膨胀蛭石混凝土、沥青膨胀蛭石等。

（3）找平层

找平层是防水层依附的一层。为了保证防水层不受各种变形的影响，要求其铺贴在坚固而平整的基层上，因此，必须在结构层或找坡层上设置找平层。常用的找平层有细石混凝土找平层和 DS 砂浆找平层。

（4）屋面防水

屋面防水一般包括屋面卷材防水、屋面涂膜防水、屋面刚性防水、瓦屋面防水、屋面接缝密封防水。

（5）隔离层

隔离层是消除相邻两种材料之间黏结力、机械咬合力、化学反应等不利影响的构造层。

4.6.2 屋面工程量计算规则

1. 屋面及防水工程

（1）瓦、型材及其他屋面

① 瓦、型材及其他屋面按设计图示尺寸以斜面面积计算，不扣除屋面烟囱、风帽底座、

风道、小气窗和斜沟等所占面积。小气窗的出檐部分不增加面积。

② 阳光板屋面、采光屋面按设计图示尺寸以面积计算，不扣除单个≤0.3 m^2 孔洞所占面积。

③ 膜结构屋面按设计图示尺寸以水平投影面积计算。

④ 屋面纤维水泥架空板凳按设计图示尺寸以水平投影面积计算，与其配套的钢篦子、钢盖板按设计图示尺寸以长度计算。

（2）屋面防水及其他

① 屋面防水按设计图示尺寸以面积计算。斜屋面按斜面面积计算，平屋面（包括找坡）按水平投影面积计算；屋面烟囱、风帽底座、风道、屋面小气窗和斜沟所占面积不扣除，相应上翻部分的面积不增加；屋面女儿墙、伸缩缝和天窗等处的弯起部分，并入屋面工程量内；天沟、檐沟、挑檐、雨篷防水按设计图示展开面积，并入屋面工程量。

② 水落管、空调排水管按设计图示尺寸以长度计算。

③ 水斗、弯头、下水口、玻璃钢短管按设计图示数量计算。

④ 屋面排（透）气管、泄（吐）水管、风帽及屋面出人孔按设计图示数量计算。

（3）墙面防水、防潮及其他

① 墙面防水按设计图示尺寸以面积计算，不扣除单个≤0.3 m^2 孔洞所占的面积。附墙柱、墙垛侧面并入墙体工程量内。

② 卷材防水压条按设计图示尺寸以长度计算。

（4）楼（地）面防水、防潮及其他

① 楼（地）面防水按设计图示尺寸以面积计算，不扣除间壁墙及单个面积≤0.3 m^2 柱、垛、烟囱和孔洞所占面积。

② 楼（地）面防水上翻高度≤300 mm 的弯起部分并入楼（地）面工程量。

特别提示

楼（地）面防水上翻高度≤300 mm 时，执行楼（地）面防水相应子目；上翻高度>300 mm 时，执行墙面防水相应的子目。

（5）基础防水

① 基础防水按设计图示尺寸以面积计算，反梁部分按展开面积并入相应工程量内。

② 桩头防水按设计图示数量计算。

③ 防水布按设计图示尺寸以面积计算。

④ 止水带按设计图示尺寸以长度计算。

（6）防水保护层及嵌缝

① 防水保护层按设计图示尺寸以面积计算。

② 嵌缝按设计图示尺寸以长度计算。

另外，变形缝按设计图示尺寸以长度计算。

2. 屋面保温、找坡、找平

根据2021年《北京市建设工程计价依据——预算消耗量标准》计算规则，屋面的保温及找坡执行保温、隔热、防腐工程的相应子目，找平层执行楼地面装饰工程的相应子目。

① 保温隔热屋面按设计图示尺寸以面积计算，不扣除单个面积≤0.3 m^2 孔洞所占面积。

② 找平层按设计图示尺寸以面积计算。

4.6.3 屋面工程量计算及应用

例4-18 某办公楼平屋面构造如图4-102所示，女儿墙厚为240 mm，泛水高为250 mm，女儿墙轴线尺寸为12 m×50 m，试计算屋面工程量。

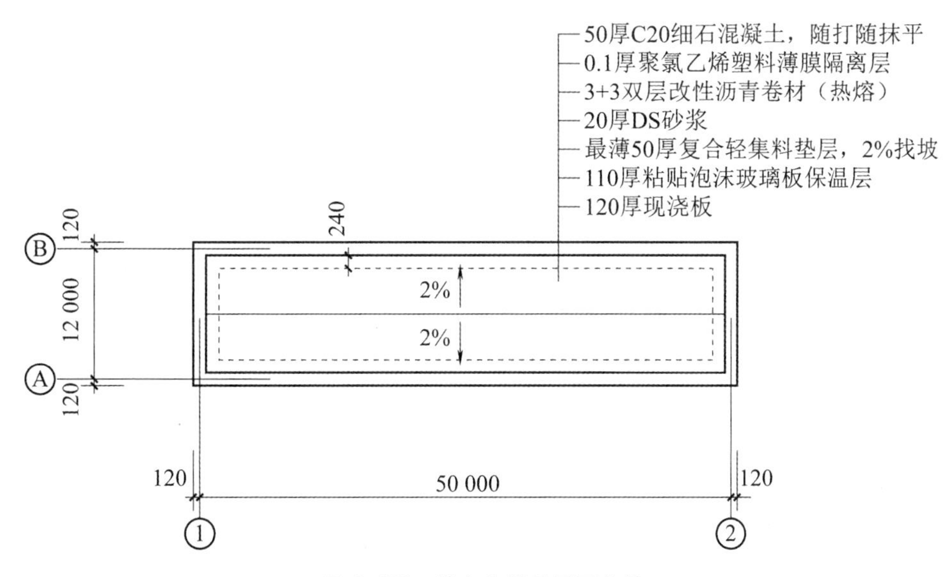

图4-102 某办公楼平屋面构造

解：

$$屋面水平投影面积=(50-0.24)\times(12-0.24)=49.76\times11.76\approx585.18(m^2)$$

$$女儿墙内周长=(50-0.24+12-0.24)\times2=123.04(m)$$

特别提示

屋面工程量的计算与屋面的水平投影面积和女儿墙的内周长这两个数据有关，提前计算这两个数据方便屋面工程量的计算。

（1）110厚粘贴泡沫玻璃板保温层

$$保温层面积=屋顶面积=585.18(m^2)$$

消耗量标准选用：子目编号10-10，字母编号10-12（110厚粘贴泡沫玻璃板保温层）。

（2）最薄 50 mm 厚复合轻集料垫层

$$找坡层平均厚度 = L \times i \times 1/2 + 找坡层最薄处厚度$$
$$= (12-0.24)/2 \times 2\% \times 1/2 + 0.05$$
$$= 0.1088(m)$$

$$找坡层工程量 = 585.18 \times 0.1088 \approx 63.67(m^3)$$

消耗量标准选用：子目编号 9-131（干拌复合轻集料找坡层）。

（3）20 厚 DS 砂浆找平层

$$找平层工程量 = 585.18 + 123.04 \times 0.25 = 615.94(m^2)$$

消耗量标准选用：子目编号 11-5（找平层，20 mm 厚 DS 砂浆，保温层上）。

特别提示

① 找平层是防水层的基层，因此工程量同防水层的工程量，包含上卷面积。

② 规范中规定屋面防水卷材上翻高度应不低于 250 mm，因此在计算时，如果图纸没有标注上卷的高度，那么按上卷 250 mm 计算。

（4）改性沥青卷材（热熔）防水层

$$防水层工程量 = 615.94(m^2)$$

消耗量标准选用：子目编号（9-52）×2［屋面防水，改性沥青卷材（热熔）单层］。

（5）0.1 厚聚氯乙烯塑料薄膜隔离层

$$隔离层工程量 = 615.94(m^2)$$

消耗量标准选用：子目编号 9-126（屋面隔离层，土工膜）。

（6）50 厚细石混凝土保护层

$$保护层工程量 = 615.94(m^2)$$

消耗量标准选用：子目编号 9-265 换（C20 豆石混凝土保护层）。

随学随练

一、单选题

1. 计算屋面卷材防水工程量时，遇女儿墙处的弯起高度，在图中未注明时，应取（　　）。

   A. 上弯 500 mm　　B. 上弯 250 mm　　C. 上弯 300 mm　　D. 上弯 150 mm

2. 屋面的保温隔热层工程量，按（　　）计算。

   A. 设计图示厚度　　B. 设计图示面积

   C. 设计图示体积　　D. 视情况而定

3. 下列关于屋面卷材防水工程量的计算叙述正确的是（　　）。

   A. 平屋顶按实际面积计算

   B. 斜屋顶按水平投影面积计算

C. 平屋顶和斜屋顶均按水平投影面积计算

D. 斜屋顶按斜面积计算

4. 屋面水落管工程量按（　　）计算。

A. 设计图示长度　　B. 设计图示面积

C. 设计图示体积　　D. 设计图示数量

5. 屋面找坡按设计图示水平投影面积乘以（　　）以体积计算。

A. 平均厚度　　B. 最低点厚度　　C. 最高点厚度　　D. 视情况而定

6. 保温隔热屋面需扣除单个面积大于（　　）孔洞。

A. 0.2 m^2　　B. 0.3 m^2　　C. 0.45 m^2　　D. 0.6 m^2

7. 屋面找平层的计量单位为（　　）。

A. m　　B. m^2　　C. m^3　　D. kg

二、多选题

1. 计算屋面面积时，不扣除（　　）等所占面积。

A. 房上烟囱　　B. 风帽底座　　C. 风道　　D. 屋面小气窗

2. 计算建筑物地面防水、防潮工程量时，下列说法正确的是（　　）。

A. 按主墙间的净面积计算

B. 不扣除间壁墙所占面积

C. 应扣除 0.3 m^2 以内孔洞、柱所占面积

D. 在墙面连接处高度在 300 mm 以内时，按展开面积计算并入平面工程量

3. 计算墙面防水时，下列说法正确的是（　　）。

A. 按设计图示尺寸以面积计算

B. 不扣除孔洞所占的面积

C. 附墙柱、墙垛侧面并入墙体工程量内

D. 楼地面上翻高度>300 mm 时，执行墙面防水相应子目

三、判断题

1. 计算屋面防水工程量应包括天窗弯起部分。（　　）

2. 保温、隔热层工程量计算时，需扣除面积>0.3 m^2 孔洞所占面积。（　　）

3. 建筑物墙面防水、防潮层工程量按体积计算。（　　）

四、计算题

1. 屋顶屋面图如图 4-103 所示，根据图中的尺寸和条件计算找坡层平均厚度（干拌复合轻集料找坡，最薄处 30 mm）。

2. 屋面构造图如图 4-104 所示，试计算其屋面工程量。

3. 某商厦地下室净长为 33.45 m，净宽度为 12.76 m，采用沥青玻璃布卷材二布三油做法防水，平面与立面交接处高度为 650 mm，材料及做法与地面相同，试计算地下室防水层工程量。

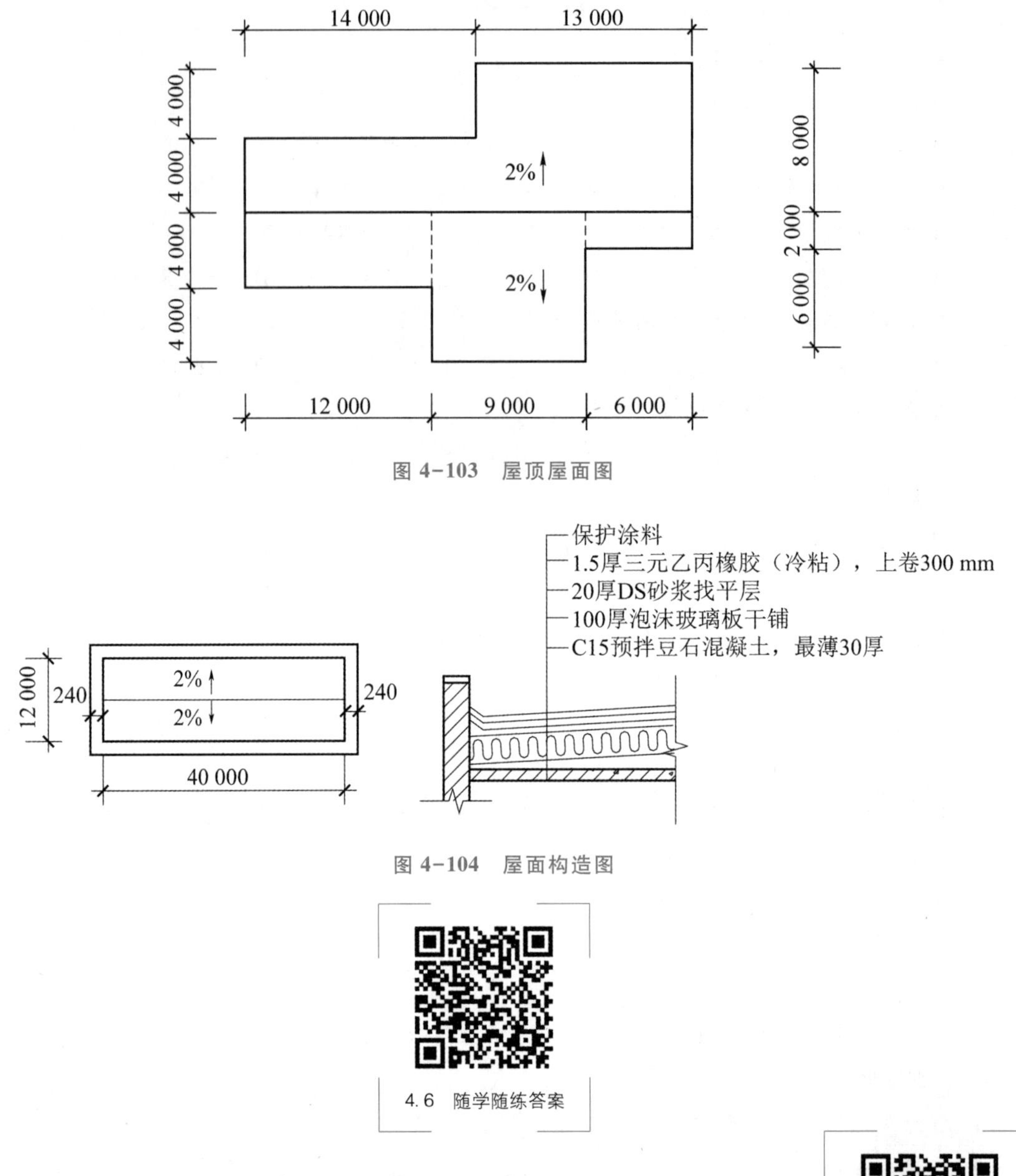

图 4-103 屋顶屋面图

图 4-104 屋面构造图

4.7 楼地面工程量计算

建筑物的底层地面和多层建筑的楼层地面简称楼地面，是人和家具、设备直接接触的部分，起着保护结构层、装饰室内和便于清洁的作用。

4.7.1　项目划分及相关知识

1. 楼地面基本构造

楼地面主要由面层、结合层、找平层和垫层四部分构成，楼地面构成各层（自上至下）的名称见表 4-9。

表 4-9　楼地面构成各层（自上至下）的名称

序号	名称	名称释义
1	面层	楼地面最上层，供人们直接接触的结构层
2	结合层	结合层是面层与下一层构造相连接的中间层
3	找平层	找平层是在垫层上、楼板上或填充层上起整平、找坡或加强作用，便于下一道工序施工的过渡层
4	隔离层	用于卫生间、厨房、浴室等地面的构造层，起防渗和防潮作用
5	填充层	填充层是在建筑地面起隔声、保温、找坡和暗敷管线等作用的构造层
6	垫层	垫层是指承受地面或基础的荷载，并均匀地传递给其下土层的一种应力分布扩散层
7	基层	地面的基层为素土夯实层，楼面的基层为楼板

室内楼地面构造如图 4-105 所示。

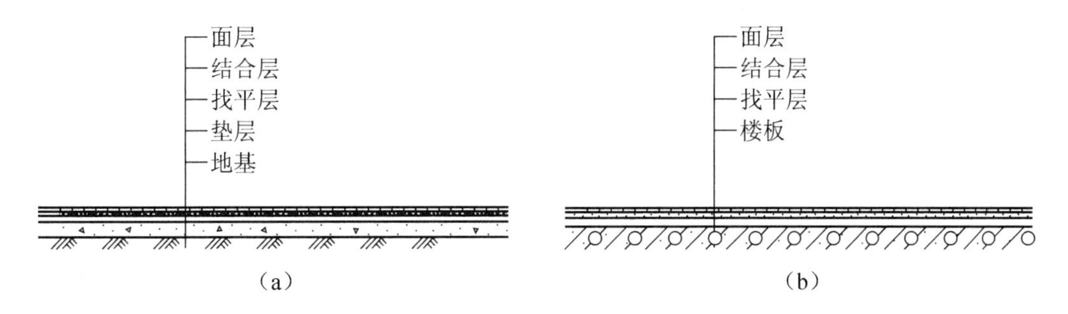

图 4-105　室内楼地面构造

（a）地面做法；（b）楼面做法

根据建筑构造通用图集《工程做法》（21J909）中的规定，楼地面工程做法应用案例见表 4-10。

表 4-10　楼地面工程做法应用案例

编号	名称	用料及分层做法
地块 12	大理石面层 大理石的质感柔和美观庄重，格调高雅、花色繁多，是装饰豪华建筑的理想材料，也是艺术雕刻的传统材料 面层燃烧性能：A 级	① 20 厚大理石板（正、背面及四周边满涂防污刻）。需要时 DTG 砂菜擦缝（或勾缝剂勾缝） ② 10 厚 DTA 砂浆（或 1∶3 水泥砂浆）结合层 ③ 20 厚 DS 砂浆（或 1∶3 干硬性水泥砂浆）找平层 ④ 100 厚 C15 混凝土 ⑤ 素土夯实，压实系数>0.9
楼木 12	强化复合木地板面层（无铺底板） 以硬质纤维板、中密度纤维板为基材的浸清纸胶膜贴面层复合而成表面，再涂以三聚餐胺和三氧化二铝等耐磨材料 面层燃烧性能：B2 级	① 8~12 厚企口强化复合木地板、榫槽、榫舌及尾部满涂胶液挤严后铺设 ② 5 厚泡沫塑料衬垫 ③ 20 厚 DS 砂浆（或 1∶2.5 水泥砂浆）找平层 ④ 50（70）厚楼面轻质垫层 ⑤ 钢筋混凝土楼板

2. 楼地面的类型

根据面层材料和施工方法不同，楼地面可分为整体楼地面、板块楼地面、卷材楼地面和涂料楼地面四大类。

① 整体楼地面。整体楼地面是指在现场用浇筑的方法做成整片的地面，一般有水泥砂浆地面、细石混凝土地面、现浇水磨石地面、自流平涂层土地面等。

② 板块楼地面。板块楼地面是指借助胶结材料将各种不同形状的块状面层材料粘贴或铺钉在结构层或垫层上的地面，一般有陶瓷板块地面、石材地面、塑料板块地面和木地面。板块楼地面沿墙边四周所做的装饰线称为波打线，其基层做法一般与楼地面做法一致，只是与楼地面层采用的材料或颜色不同。

③ 卷材楼地面。卷材楼地面是用成卷的地面覆盖材料铺贴而成的。常见的地面卷材有软质聚氯乙烯塑料地毡、橡胶地毡和地毯。

④ 涂料楼地面。涂料楼地面是由合成树脂代替水泥或部分代替水泥，加入填料、颜料拌和而成的地面材料进行现场涂刷或涂刮，硬化后形成的整体无接缝地面。

3. 其他楼地面构造

① 踢脚。踢脚是楼地面与墙面交接处的构造，又称踢脚线。踢脚的作用是遮盖接缝，保护墙面根部清洁，防止清扫地面时弄脏墙面。踢脚的高度一般为 100~180 mm，材料和做法一般与地面一致。

② 楼梯。由于楼梯的特殊使用要求，楼梯面层所用材料应耐磨、防滑、便于清洁。因此，常用楼梯面层有水泥砂浆面层、水磨石面层、缸砖面层、大理石面层和花岗岩面层等。

为避免行人滑倒，踏步表面应采取相应的防滑措施，通常在踏步的边缘做防滑条或防滑槽，其长度一般为楼梯宽度每边减 150 mm。

③ 散水。散水是指为防止雨水和室外地面积水渗入地下危害基础，波及墙身，在外墙

四周所设置的向外倾斜的排水坡面，可将雨水迅速排除。其做法通常是在基层土壤上现浇混凝土，或用砖石灌浆、水泥砂浆抹面。

④ 台阶、坡道。台阶和坡道位于建筑物出入口处，应采用坚实耐磨和抗冻性能好的材料，一般采用混凝土和石材。

4.7.2 楼地面工程量计算规则

① 找平层按设计图示尺寸以面积计算。

② 整体面层、装配式楼地面按设计图示尺寸以面积计算，扣除凸出地面构筑物、设备基础、室内管道、地沟等所占面积，不扣除墙厚≤120 mm 及≤0.3 m^2 的柱、垛、附墙烟囱及孔洞所占面积。门洞、空圈、暖气包槽、壁龛的开口部分不增加面积。

动画：块料楼地面工程量计算

③ 块料面层、橡塑面层、其他材料面层按设计图示尺寸以面积计算。门洞、空圈、暖气包槽、壁龛的开口部分并入相应的工程量内。

④ 踢脚、装配式踢脚按设计图示尺寸以长度计算。

⑤ 楼梯面层按设计图示（包括踏步、休息平台及≤500 mm 的楼梯井）水平投影面积计算。楼梯与楼地面相连时，算至梯口梁内侧边沿；无梯口梁者，算至最上一层踏步边沿加 300 mm。

⑥ 楼地面分隔线、防滑条按设计图示尺寸以长度计算。

⑦ 台阶按设计图示（包括最上层踏步边沿加 300 mm）水平投影面积计算。

⑧ 坡道、散水按设计图示水平投影面积计算。

⑨ 零星装饰按设计图示尺寸以面积计算。

⑩ 车库标线按设计图示尺寸以面积计算。

⑪ 广角镜安装、标志标识牌按设计图示数量计算。

⑫ 车挡、减速带按设计图示尺寸以长度计算。

4.7.3 楼地面工程量计算及应用

楼地面工程做法，需要计算如下工程量。

1. 垫层

在工程上，经常采用的垫层为灰土垫层和混凝土垫层，其中，灰土垫层执行 2021 年《北京市建设工程计价依据——预算消耗量标准》第四章砌筑工程的相关子目，如 4-55 2∶8 灰土垫层，4-56 3∶7 灰土垫层子目；混凝土垫层执行第五章混凝土及钢筋混凝土工程的相关子目，如 5-2 C15 混凝土楼地面垫层，5-3 楼地面轻质垫层子目。

垫层按设计图示尺寸以体积计算，垫层工程量的计算公式为

$$垫层工程量=(房间净面积-柱、垛等所占面积)\times垫层厚度 \tag{4-49}$$

2. 找平层

找平层以面积计算，找平层工程量的计算公式为

$$找平层工程量=房间净面积-柱、垛所占面积+门洞口开口面积 \tag{4-50}$$

$$门洞口开口面积=门洞宽\times墙厚\times0.5 \tag{4-51}$$

3. 面层

面层的计算分两种情况：一种是整体面层，另一种是其他面层。它们的计算方法如下：

（1）整体面层

整体面层工程量的计算公式为

$$整体面层工程量=房间净面积-构筑物、地沟等所占面积-0.3\ m^2以上柱、垛、孔洞所占面积 \tag{4-52}$$

（2）其他面层

其他面层工程量的计算公式同找平层工程量的计算公式。

特别提示

台阶的平台面积和楼梯间的楼层平台面积都是楼地面面层的计算范围。

4. 踢脚

踢脚以长度计算，踢脚工程量的计算公式为

$$踢脚工程量=房间净周长+突出墙面的中间柱子、垛的侧壁宽-门洞口宽+门的侧壁宽 \tag{4-53}$$

当门框居中安装时，则有

$$门的侧壁宽=(墙厚-门框宽)\times0.5\times2 \tag{4-54}$$

特别提示

楼梯的踢脚不在计算范围内。

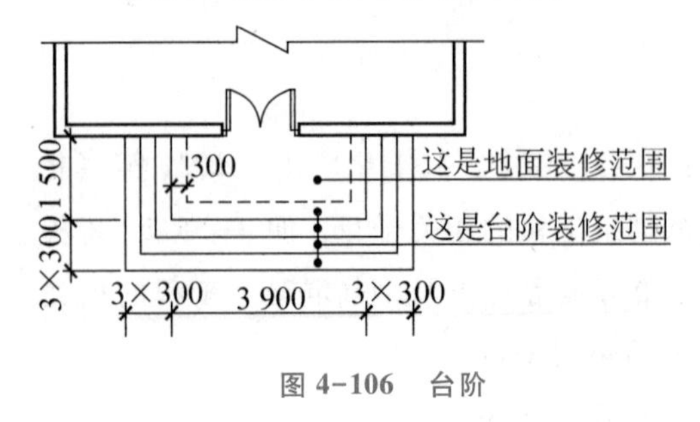

图 4-106　台阶

5. 台阶

台阶装饰分两部分进行计算，如图 4-106 所示，台阶的平台部分执行地面面层子目，台阶部分执行台阶装饰子目。

图 4-106 中台阶装饰的工程量如下：

（1）地面装饰工程量

地面装饰工程量的计算公式为

地面装饰工程量=(台阶长-0.3×4×2)×(台阶宽-0.3×4)+门洞口开口面积　(4-55)

门洞口开口面积=门洞宽×墙厚×0.5　(4-56)

(2) 台阶装饰工程量

台阶装饰工程量的计算公式为

台阶装饰工程量=台阶长×台阶宽-(台阶长-0.3×4×2)×(台阶宽-0.3×4)(三面台阶)　(4-57)

特别提示

台阶、坡道嵌边及侧面≤0.5 m^2 镶贴块料面层执行零星装饰项目。

6．散水、坡道

散水、坡道工程量的计算公式为

散水工程量=[(外墙外边长+外墙外边宽)×2-台阶、花坛等所占长度+散水宽×4]×散水宽　(4-58)

坡道工程量=坡道宽×坡道水平投影长　(4-59)

特别提示

如果散水为混凝土散水，则执行2021年《北京市建设工程计价依据——预算消耗量标准》混凝土及钢筋混凝土子目。

例 4-19　某实习工厂车间平面图如图 4-107 所示，已知：内外墙厚度均为 240 mm，室外地坪为-0.45 m，门的洞口尺寸 M1 为 1 500 mm×2 100 mm，M2 为 900 mm×2 100 mm；门框宽 860 mm，居中布置。室内地面做法：铺 60 mm 厚 C15 预拌混凝土垫层，20 mm 厚 DS 砂浆找平层，DTA 砂浆贴 600 mm×600 mm 地砖，150 mm 瓷砖踢脚。混凝土台阶装饰：100 mm厚 C15 预拌混凝土垫层，面层贴 600 mm×600 mm 地砖。坡道为 100 mm 厚 C15 预拌混凝土垫层，DS 水泥礓礤面。散水为 60 mm 厚 C15 预拌混凝土垫层，DS 砂浆面层。试计算楼地面的工程量。

解：(1) 计算每个房间的净面积和净周长作为基础数据

每个房间的净面积：$S_1=(3.6-0.24)\times(5.1-0.24)\approx16.330(m^2)$

$S_2=(3-0.24)\times(3.6-0.24)\approx9.274(m^2)$

$S_3=(3-0.24)\times(3.6-0.24)\approx9.274(m^2)$

$S_4=(5.1+3-0.24)\times(3.6+3.6-0.24)\approx54.706(m^2)$

总净面积$=16.330+9.274+9.274+54.706\approx89.58(m^2)$

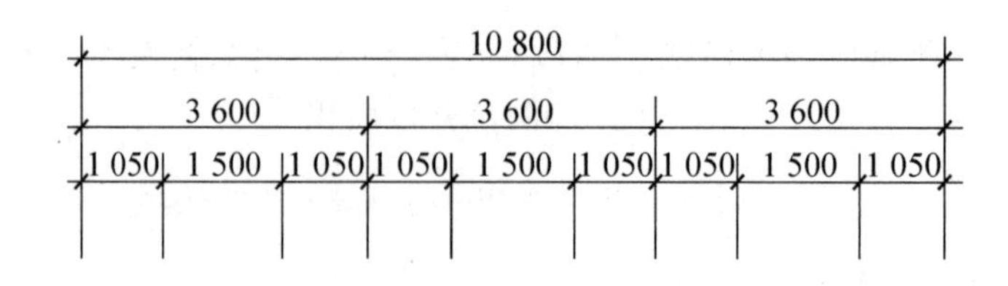

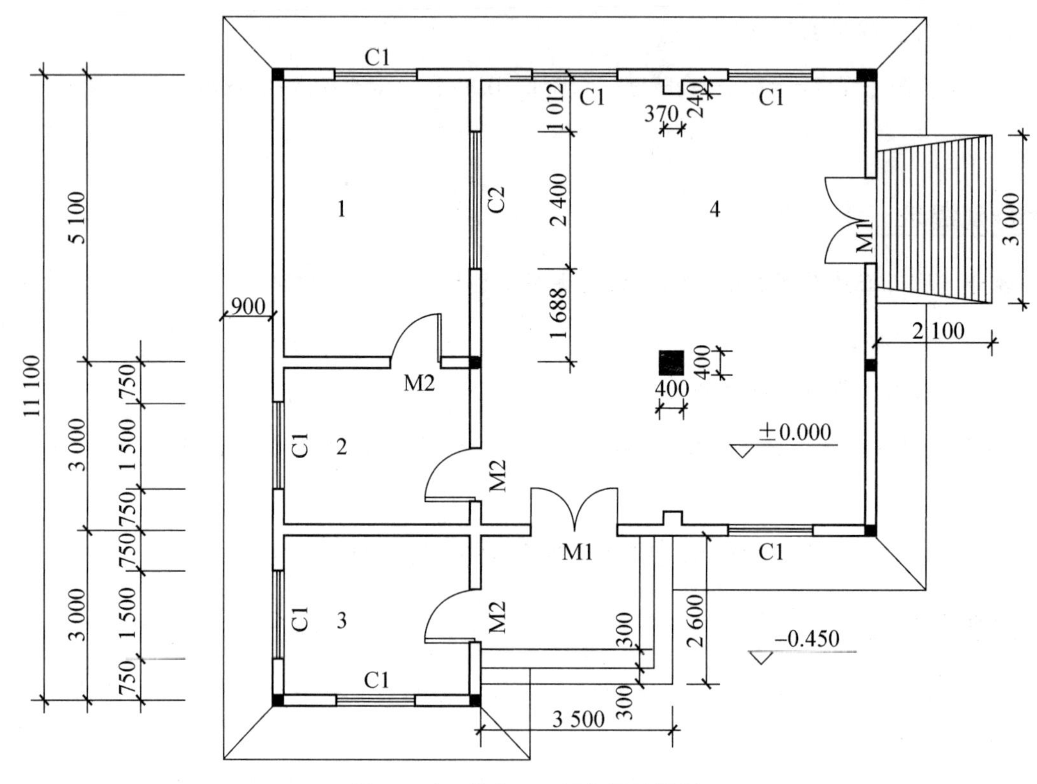

图 4-107　某实习工厂车间平面图

每个房间的净周长：房间 1 内墙净长 = (3.6−0.24+5.1−0.24)×2 = 16.44(m)

房间 2 内墙净长 = (4−0.24+3.6−0.24)×2 = 14.24(m)

房间 3 内墙净长 = 14.24(m)

房间 4 内墙净长 = (3.6×2−0.24+5.1+4−0.24)×2 = 31.64(m)

房间总净周长 = 16.44+14.24×2+31.64 = 76.56(m)

（2）工程量计算

① C15 预拌混凝土垫层。

$S_{图示面积}$ = 89.58+1×(0.24×2+0.12)+1.5×0.12×2−0.4×0.4−0.37×0.24×2 ≈ 93.44(m^2)

混凝土地面垫层工程量 = 93.44×0.06 ≈ 5.61(m^3)

台阶混凝土垫层工程量 = 3.5×2.6×0.1 = 0.91(m^3)

坡道混凝土垫层工程量 = 2.1×3×0.1 = 0.63(m^3)

散水面积 = [(10.8+0.24+11.1+0.24)×2−(3.5+2.6−0.9+3)+0.9×4]×0.9
≈36.14(m^2)

散水混凝土垫层工程量 = 散水面积×厚度 = 36.14×0.06≈2.17(m^3)

C15 预拌混凝土垫层工程量 = 5.61+0.91+0.63+2.17 = 9.32(m^3)

特别提示

楼地面垫层除了房间内的楼地面垫层外，台阶、坡道、散水的下面的垫层也执行楼地面子目，在计算工程量时经常漏算。

② 地面 20 mm 厚 DS 泥砂浆找平层。

地面 20 mm 厚 DS 泥砂浆找平层工程量 = 93.44(m^2)

③ 水泥砂浆粘贴的 600 mm×600 mm 地砖面层：工程量同找平层。

平台地砖面层工程量 = (3.4−0.3×3)×(2.6−0.3×3)+1.5×0.12+1×0.12 = 4.55(m^2)

地砖面层工程量 = 93.44+4.55 = 97.99(m^2)

特别提示

若楼地面粘贴含波打线的面层，则计算面层工程量时应扣除波打线面积。波打线所占的面积按图示尺寸单独计算，执行相应子目。

④ 瓷砖踢脚工程量。

瓷砖踢脚工程量 = 内墙净长−门洞口长+门洞的侧壁宽+墙垛的侧壁宽
= 76.56−1.5×2−0.9×5+(0.24−0.08)×0.5×2×7+0.24×4+0.4×4
= 72.74(m)

⑤ 台阶装饰工程量。

台阶装饰工程量 = 3.5×2.6−(3.4−0.3×3)×(2.6−0.3×3) = 4.85(m^2)

⑥ DS 砂浆散水面层工程量。

DS 砂浆散水面层工程量 = 散水面积 = 36.14(m^2)

⑦ DS 砂浆礓礤面坡道工程量。

DS 砂浆礓礤面坡道工程量 = 2.1×3 = 3.6(m^2)

该楼地面工程的消耗量标准选用如表 4-11 所示。

表 4-11　该楼地面工程的消耗量标准选用

序号	子目编号	项目名称	单位	工程量
1	5-4	C15 混凝土楼地面垫层	m^3	9.32
2	11-4	20 mm 厚 DS 砂浆找平层	m^2	93.44
3	11-51	600 mm×600 mm 地砖面层	m^2	97.99
4	11-85	瓷砖块料踢脚	m	72.73
5	11-108	600 mm×600 mm 地砖块料台阶	m^2	4.85
6	11-120	DS 砂浆散水面层	m^2	36.14
7	11-115	DS 砂浆礓礤面坡道	m^2	3.6

4.7.4 楼梯

（1）楼梯地面

楼梯地面装饰工程量分为两部分，分别执行楼梯面层子目和楼地面面层子目。如图 4-108 所示为楼梯、楼地面装修区分图。楼梯面层工程量计算根据楼梯井的宽度不同有两种计算公式。

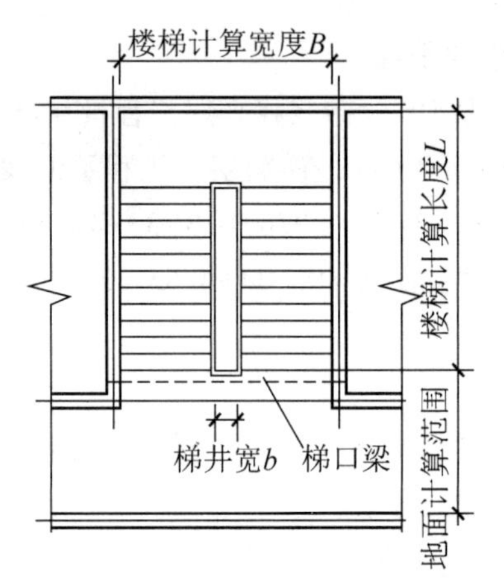

图 4-108 楼梯、楼地面装修区分图

① 当楼梯井>500 mm 时，要扣除楼梯井的面积，楼梯面层工程量的计算公式为

$$楼梯面层工程量=(L\times B-楼梯井所占面积)\times(n-1) \tag{4-60}$$

② 当楼梯井≤500 mm 时，不扣除楼梯井的面积，楼梯面层工程量的计算公式为

$$楼梯面层工程量=(L\times B)\times(n-1) \tag{4-61}$$

式中：n——有楼梯间的建筑物的层数。

特别提示

楼梯面层子目包括踏步、休息平台和楼梯踢脚线，不包括楼梯底面及踏步侧面装饰，楼梯底面装饰执行 2021 年《北京市建设工程计价依据——预算消耗量标准》天棚工程相应子目，踏步侧边装饰执行墙、柱面装饰与隔断、幕墙工程零星装饰相应子目。

（2）防滑条、压板

防滑条、地毯压板一般不需要做到踏步端头，图纸无具体尺寸时，可按楼梯踏步的两端距离减 300 mm 以延长米计算。防滑条、压板工程量的计算公式为

$$防滑条、压板工程量=[(楼梯间净宽度-楼梯井宽)\div 2-0.3]\times踏步数\times楼梯层数 \tag{4-62}$$

例 4-20 某四层办公楼无梁式楼梯平面图如图 4-109 所示，满铺地毯，花岗岩踢脚，不锈钢压板，踏步宽 300 mm，计算楼梯的装饰工程量。

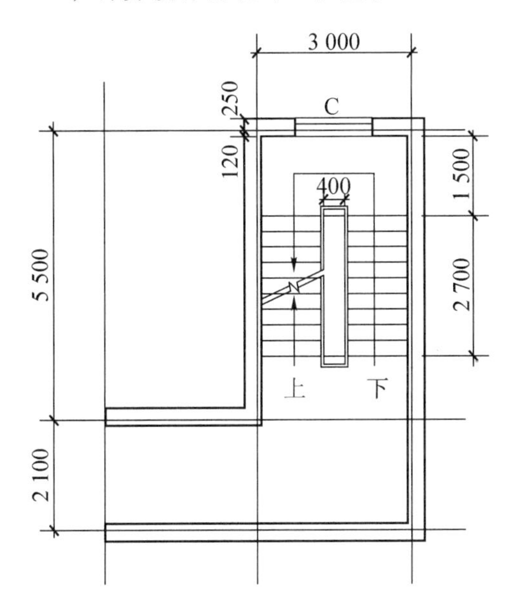

图 4-109 某四层办公楼无梁式楼梯平面图

解： ① 满铺地毯楼梯地面，按楼梯间净面积计算。

满铺地毯工程量 $=(3-0.24)\times(1.5+2.7+0.3)\times(4-1)=37.26(\text{m}^2)$

消耗量标准选用：子目编号 11-96（满铺地毯）。

② 不锈钢压板工程量。

不锈钢压板工程量 $=[(3-0.24-0.4)/2-0.3]\times9\times2\times(4-1)=47.52(\text{m})$

消耗量标准选用：子目编号 11-101（地毯压板）。

注意： ① 满铺地毯是指从梯段顶级铺到梯段最低级，整个楼梯铺设地毯。

② 不满铺地毯是指分散分块铺设，一般平面部分铺，立面不铺。

③ 压板、压棍主要用于楼梯踏步的阳角处。

随学随练

一、单选题

1. 踢脚线是按（　　）来计算工程量的。

A. 体积　　B. 面积　　C. 长度　　D. 按不同材料区分

2. 建筑物楼梯井间距大于（　　）时，楼梯面层工程量计算时应扣除楼梯井所占面积。

A. 300 mm　　B. 400 mm　　C. 500 mm　　D. 200 mm

3. 防滑条、地毯压板无具体尺寸时，按楼梯踏步的两端距离减（　　）以延长米计算。

A. 300 mm　　B. 400 mm　　C. 500 mm　　D. 200 mm

4. 过门石编制过程中按（　　）套取子目。

A. 零星装饰　　B. 踢脚

C. 波打线　　D. 块料面层

5. 整体面层和块料面层对于门洞开口部分的处理有（　　）。

A. 整体面层和块料面层不增加　　B. 整体面层不增加，块料面层增加

C. 都增加　　D. 根据实际情况而定

6. 石材台阶面层工程量按（　　）计算。

A. 展开面积

B. 水平投影面积

C. 立面投影面积

D. 包括最上层踏步边缘+300 mm 的水平投影面积

7. 水泥砂浆楼梯面层工程量按设计图示尺寸的（　　）计算

A. 水平投影面积　　B. 展开面积

C. 水平投影面积乘以面层厚度　　D. 展开面积乘以面层厚度

二、多选题

1. 楼地面主要由（　　）构成。

A. 面层　　B. 结合层

C. 找平层　　D. 垫层

2. 计算整体面层工程量时，下列说法正确的是（　　）。

A. 按设计图示尺寸以面积计算

B. 不扣除墙厚≤120 mm 及≤0.3 m^2 柱、垛、附墙烟囱及孔洞所占面积

C. 不增加门洞、空圈、暖气包槽、壁龛的开口部分面积。

D. 扣除凸出地面构筑物、设备基础、室内管道、地沟等所占面积

3. 以下有关楼地面的工程量计算规则描述正确的是（　　）。

A. 踢脚线（板）工程量，按 m^2 计算

B. 散水工程量，按 m^2 计算

C. 台阶工程量，按 m^2 计算

D. 楼梯踏步的防滑条工程量，按踏步两端距离以延长米计算

4. 楼地面灰土垫层工程量的计算中，应扣除（ ）所占体积。

A. 凸出地面构筑物　　B. 间壁墙

C. 柱、垛　　D. 凸出地面设备基础

5. 整体楼地面面层通常有（　　）面层。

A. 水泥砂浆　　B. 现浇水磨石　　C. 细石混凝土　　D. 橡胶板

6. 以下按长度计算工程量的有（　　）。

A. 踢脚板　　B. 散水　　C. 防滑条　　D. 坡道

7. 下列不属于楼地面整体面层扣减范围的是（　　）。

A. 设备基础　　　　B. 独立柱

C. 250×250 孔洞　　　　D. 附墙垛

8. 下列属于楼地面块料面层扣减范围的是（ ）。

A. 设备基础　　　　B. 独立柱

C. 250×250 孔洞　　　　D. 附墙垛

9. 楼梯面层计算时以水平投影面积计算，该面积不包括（　　）。

A. 楼梯的牵边　　　　B. 休息平台

C. 宽度大于 500 mm 的楼梯井　　　　D. 宽度小于 500 mm 的楼梯井

三、判断题

1. 楼地面面层按墙与墙间的净面积计算，不扣除柱、垛等所占面积。（　　）

2. 踢脚工程量应扣除门洞口长度。（　　）

3. 地面面层、垫层都是按面积计算工程量。（　　）

4. 坡道、散水、台阶面层属于楼地面工程。（　　）

5. 台阶装饰定额中，包括牵边、侧面装饰及垫层的工程量。（　　）

6. 散水的面积可以根据 $L_{外}$ 计算。（　　）

7. 地面中的找坡层执行垫层子目。（　　）

四、计算题

1. 某实验室平面图如图 4-110 所示，地面采用 100 mm 厚的 C15 混凝土垫层，20 mm 厚的 DS 砂浆找平层，5 mm 厚 DTA 砂浆黏结层，5 厚陶瓷锦砖（拼花），DTG 擦缝；150 mm 高的块料踢脚。台阶、坡道、散水的垫层采用 60 mm 厚 C10 混凝土垫层，台阶采用 DS 砂浆面层，坡道采用水泥防滑条面的 DS 砂浆面层，散水采用水泥砂浆面层。其中，墙体采用 240 厚的多孔砖墙，M2 宽 1.3 m，M1 宽 1.0 m，门居中安装，门框宽 60 mm。试计算垫层、找平层、块料面层整体面层、踢脚、台阶面层、坡道和散水面层的工程量，并选取消耗量标准子目编号。

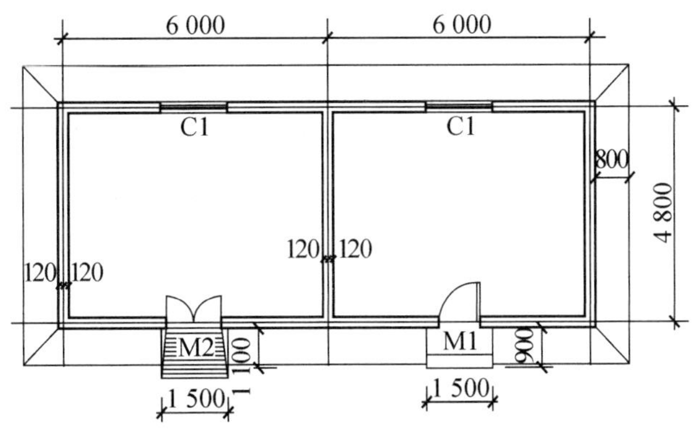

图 4-110　某实验室平面图

2. 某三层办公楼的楼梯平面图如图 4-111 所示，墙厚 240 mm，轴线居墙中，楼梯采用块料面层。试计算楼梯面层工程量。

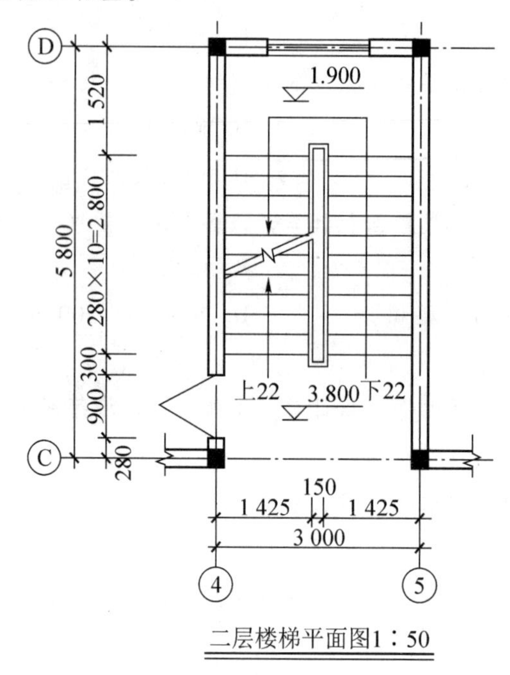

图 4-111　某三层办公楼的楼梯平面图

4.7　随学随练答案

4.8　天棚工程量计算

听老师讲：天棚装饰工程量计算

天棚是楼板层下的覆盖层，又称吊顶、天花板、屋顶，是室内空间的顶界面，也是室内装修部分之一。作为天棚，要求表面光洁、美观，且能起反射光照的作用，以改善室内的亮度。某些有特殊要求的房间，还要求天棚具有隔声、防水、保温、隔热等功能。

4.8.1　项目划分及相关知识

按构造的不同，天棚一般分为两种：一种是直接式天棚，另一种是悬吊式天棚。

1. 直接式天棚

直接式天棚是指直接在钢筋混凝土楼板下喷、刷、粘贴装修材料的一种天棚。直接式天棚构造简单，施工方便，造价较低，在大量的工业与民用建筑中被广泛采用，常见的直接式天棚装修有以下几种处理方式。

① 直接喷刷涂料。当楼板底面平整时，直接在楼板底面喷或刷大白浆涂料或耐擦洗涂料或乳胶漆，以增强天棚的光反射作用。

② 抹灰装修。当楼板底面不够平整，或对室内装修要求较高时，可在板底进行抹灰装修。

③ 贴面式装修。对某些装修要求较高，或有保温、隔热、吸声要求的建筑物，可于楼板底面直接粘贴用于天棚装饰的墙纸、装饰吸声板及泡沫塑胶板等。

2. 悬吊式天棚

悬吊式天棚又称吊天花，简称吊顶。悬吊式天棚结构复杂，施工麻烦，造价较高，一般用于装饰标准较高或楼板底部需隐蔽敷设管线及有隔声等特殊要求的房间。

① 木龙骨吊顶。木龙骨吊顶主要是借预埋于楼板内的金属吊件或锚栓，将吊筋固定在楼板下部，吊筋下固定主龙骨又称吊档，主龙骨下钉次龙骨。

② 金属龙骨吊顶。金属龙骨吊顶主要由金属龙骨基层与装饰面板构成，一般将吊筋固定在楼板下，在吊筋的下端吊主龙骨，再于主龙骨下悬吊吊顶次龙骨，在龙骨之间增设横撑，最后在吊顶次龙骨和横撑上铺、钉装饰面板。

③ 装饰面板。装饰面板有人造面板和金属面板之分。人造面板包括纸面石膏板、矿棉吸声板、穿孔板和纤维水泥板等；金属面板包括铝板、铝合金型板、彩色涂层薄钢板和不锈钢板等，靠螺钉、自攻螺钉、膨胀铆钉或专用卡具固定于吊顶的金属龙骨上。

4.8.2 天棚工程量计算规则

1. 天棚工程

(1) 天棚抹灰

① 天棚抹灰按设计图示尺寸以水平投影面积计算，不扣除墙厚≤120 mm 的墙、垛、柱、附墙烟囱、检查口和管道所占的面积，带梁天棚的梁两侧抹灰面积并入天棚面积内。

② 板式楼梯底面抹灰按楼梯（包括梯段、休息平台、平台梁、连接梁，以及≤500 mm 宽的楼梯井）斜面积计算；无梁连接时，算至最上一级踏步沿加 300 mm；单跑楼梯上下平台与楼梯段等宽部分并入楼梯。

(2) 天棚吊顶

① 天棚龙骨按设计图示尺寸以水平投影面积计算，不扣除墙厚≤120 mm 的墙、垛、柱、附墙烟囱、检查口和管道、单个≤0.3 m^2 的孔洞所占面积。

② 超长吊杆按其超过高度部分的水平投影面积计算。

③ 天棚基层和面层均按设计图示尺寸以展开面积计算。

④ 天棚中格栅吊顶、吊筒吊顶均按设计图示尺寸以水平投影面积计算，不扣除墙厚≤120 mm的墙、垛、柱、附墙烟囱、检查口和管道、单个≤0.3 m^2 的孔洞所占面积。

⑤ 悬挂吊顶按设计图示尺寸以展开面积计算。

(3) 天棚其他装饰

① 灯带附加龙骨按设计图示尺寸以长度计算。

② 灯带面层玻璃按设计图示尺寸以框外围面积计算。

③ 高低错台附加龙骨按图示跌级长度计算。

④ 风口、检修口、吊顶面开孔按设计图示数量计算。

⑤ 雨篷吊挂饰面按设计图示尺寸以水平投影面积计算。

(4) 装配式天棚

装配式天棚按设计图示尺寸以水平投影面积计算，不扣除墙厚≤120 mm 的墙、垛、柱、附墙烟囱、检查口和管道、单个≤0.3 m^2 的孔洞所占面积。

2. 涂料工程

① 金属面油漆按设计图示尺寸以展开面积计算。

② 抹灰面油漆、喷刷涂料、裱糊按设计图示尺寸以面积计算。

4.8.3 天棚工程量计算及应用

1. 直接式天棚工程量计算

(1) 天棚抹灰工程量

天棚抹灰工程量的计算公式为

天棚抹灰工程量=主墙间净长×主墙间净宽+梁侧面面积　　(4-63)

特别提示

当梁下没有墙体时，梁的抹灰工程量应并入天棚抹灰工程量中。

(2) 天棚刮腻子工程量

天棚刮腻子工程量的计算公式为

天棚刮腻子工程量=主墙间净长×主墙间净宽+梁侧面面积　　(4-64)

(3) 涂料工程量

天棚涂料工程量的计算公式为

天棚涂料工程量=主墙间净长×主墙间净宽+梁侧面面积　　(4-65)

特别提示

刮腻子和涂料的工程量执行 2021 年《北京市建设工程计价依据——预算消耗量标准》第 14 章的满刮腻子和喷刷涂料相应子目。

例 4-21　某工程现浇井字梁天棚如图 4-112 所示，墙厚为 240 mm，板厚为 100 mm。天棚装修做法采用建筑构造通用图集《工程做法》（19BJ1-1）中棚 2C 刷涂料顶棚，具体做法：① 板底 5~10 厚粉刷石膏抹平；② 刮 2 mm 厚耐水腻子；③ 刷无机涂料。试计算天棚抹灰的工程量。

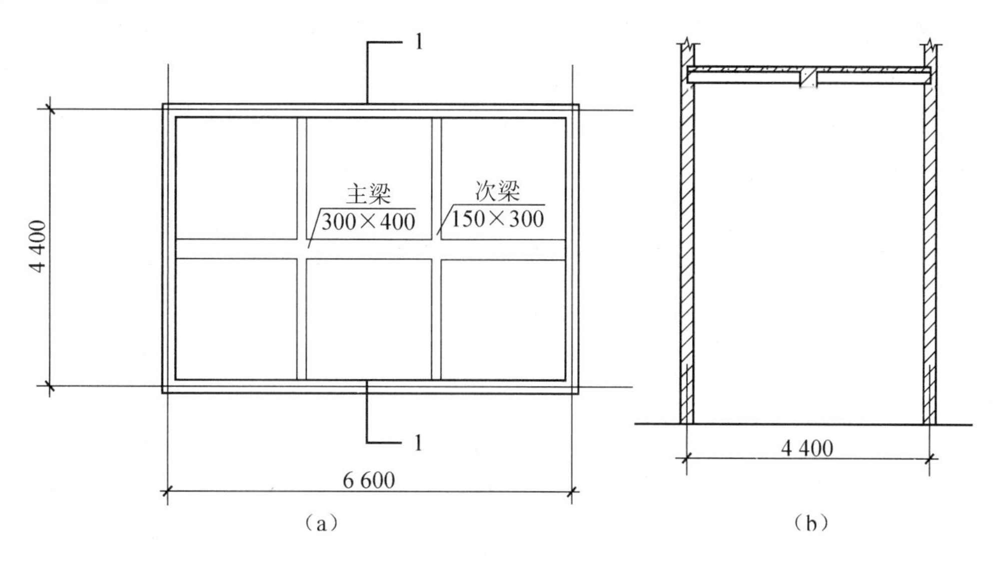

图 4-112　某工程现浇井字梁天棚

（a）平面图；（b）1-1 剖面图

解：

$$天棚顶面面积=(6.60-0.24)\times(4.40-0.24)\approx26.46(m^2)$$

$$梁的侧面面积=(0.4-0.1)\times(6.60-0.24)\times2+(0.4-0.1)\times(4.40-0.24-0.3)\times2\times2-(0.3-0.1)\times0.15\times4\approx8.33(m^2)$$

$$天棚抹灰工程量=26.46+8.33=34.79(m^2)$$

$$天棚耐水腻子工程量=34.79(m^2)$$

$$天棚刷涂料工程量=34.79(m^2)$$

消耗量标准选用：子目编号 13-2（现浇板 10 厚粉刷石膏）；

子目编号 14-47（天棚耐水腻子两遍，抹灰面）；

子目编号 14-129（天棚结构面喷涂无机涂料）。

2. 吊顶式天棚工程量计算

天棚吊顶按龙骨和面层分别编制。

（1）龙骨

龙骨工程量的计算公式为

$$龙骨工程量=房间净面积-窗帘盒所占面积-0.3\ m^2以上洞口面积 \tag{4-66}$$

（2）面层

面层工程量的计算公式为

$$面层工程量=房间净面积-柱垛所占面积-窗帘盒所占面积-0.3\ m^2以上洞口面积+高低错台立面面积 \tag{4-67}$$

例 4-22 会议室天棚布置图如图 4-113 所示，该天棚吊顶为 U 形轻钢龙骨（双层，不上人型），2 440 mm×1 220 mm×10 mm 纸面石膏板面层，二级吊顶，设有高低错台附加龙骨，高差为 300 mm，纸面石膏板上刮耐水腻子两遍，刷乳胶漆两遍。嵌顶灯槽直径为 700 mm。木质窗帘盒高为 300 mm，距墙宽为 240 mm。试计算天棚的工程量。

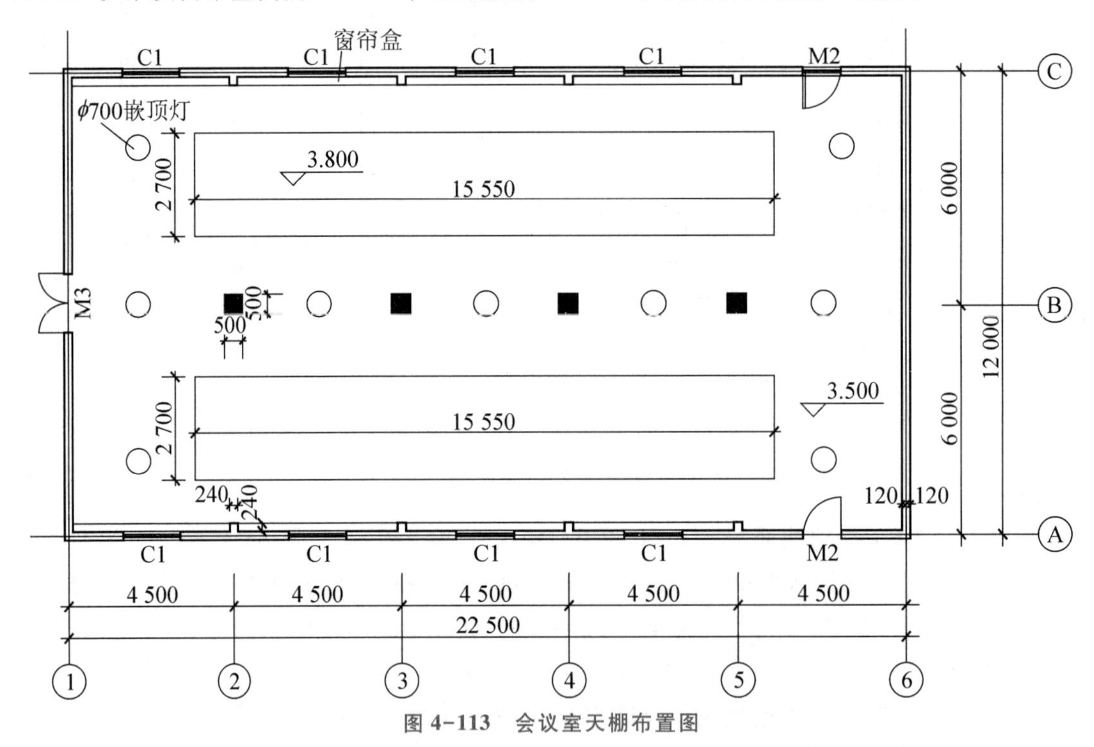

图 4-113 会议室天棚布置图

解：（1）龙骨工程量

$$房间净面积=(22.5-0.24)\times(12-0.24)\approx 261.78(m^2)$$

$$嵌顶灯槽洞口面积=3.14\times 0.35^2\approx 0.385(m^2)\ >0.3\ m^2$$

故需要扣除。

$$\begin{aligned}U形轻钢龙骨工程量&=房间净面积-窗帘盒面积-0.3\ m^2以上孔洞\\&=261.78-0.24\times 4.5\times 4\times 2-3.14\times 0.35^2\times 9\\&\approx 249.68(m^2)\end{aligned}$$

消耗量标准选用：子目编号 13-20（U 形轻钢龙骨，不上人型，面板规格为 0.5 m^2 以外）。

$$高低错台金属附加龙骨=长度=(2.7+15.55)\times2\times2=73(m)$$

消耗量标准选用：子目编号 13-124，13-125（高低错台金属附加龙骨，跌级 300 mm）。

（2）面层工程量

$$纸面石膏板面层工程量=展开面积=249.68-0.5\times0.5\times4+73\times0.3=270.58(m^2)$$

消耗量标准选用：子目编号 13-77（安装在 U 形轻钢龙骨，纸面石膏板）。

（3）面层装饰工程量

$$刮腻子工程量=面层工程量=270.58(m^2)$$

$$刷乳胶漆工程量=面层工程量=270.58(m^2)$$

消耗量标准选用：子目编号 14-49（天棚刮耐水腻子两遍，纸面石膏板）；

子目编号 14-118（天棚乳胶漆二遍）。

例 4-23 现浇雨篷如图 4-114 所示，雨篷底面均为聚合物水泥砂浆打底，底面喷白水泥浆，反沿外面粘贴斩假石，试计算该现浇雨篷的底面装饰工程量。

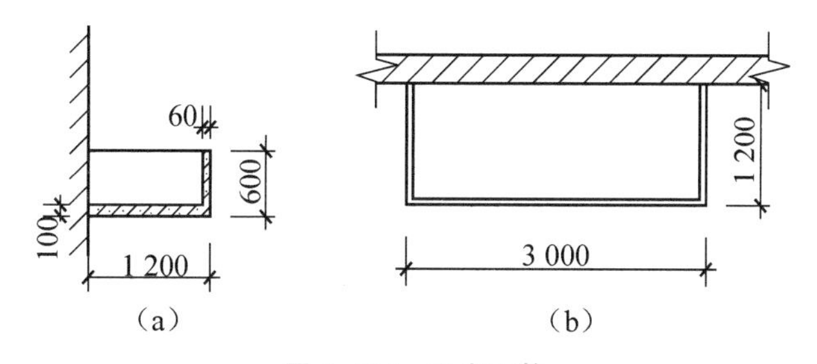

图 4-114 现浇雨篷

（a）雨篷剖面图；（b）雨篷平面图

解：雨篷底面执行天棚工程的相关计算规则：

$$底面喷白水泥浆工程量：3\times1.2=3.6(m^2)$$

消耗量标准选用：子目编号 13-5（天棚抹灰、聚合物水泥砂浆）；

子目编号 14-116（天棚涂料、白水泥浆）。

特别提示

其他构件相关说明：

① 雨篷、挑檐、飘窗顶面执行屋面及防水工程相应子目，雨篷、挑檐、飘窗底面及阳台顶面装饰执行天棚工程相应子目，阳台地面执行楼地面装饰工程相应子目。

② 雨篷、挑檐立板高度≤500 mm，执行外墙装饰中零星装饰相应子目；高度>500 mm，执行外墙装饰相应子目。

③ 楼梯底面也执行天棚工程相应子目。

随学随练

一、单选题

1. 关于天棚抹灰的工程量计算，不正确的是（　　）。

A. 带梁天棚，梁的两侧抹灰面积，应并入天棚抹灰的工程量内计算

B. 按主墙间净面积以平方米计算

C. 扣除间壁墙、垛、附墙烟囱等所占的面积

D. 檐口天棚抹灰面积并入相同的天棚抹灰的工程量内计算

2. 楼梯板底面抹灰工程应套用（　　）工程的相子目。

A. 楼地面　　B. 墙柱面

C. 天棚　　D. 装饰线

3. 雨篷、挑檐顶面和底面抹灰工程分别套用（　　）工程的相应子目。

A. 屋面、楼地面　　B. 楼地面、墙面

C. 楼地面、天棚　　D. 屋面、天棚

4. 阳台地面工程量套用（　　）工程的相应子目。

A. 楼地面　　B. 墙柱面

C. 天棚　　D. 装饰线

5. 顶棚抹灰面积（　　）。

A. 按主墙轴线间面积计算

B. 按主墙间的净面积计算

C. 扣除柱所占的面积

D. 按主墙外围面积计算

二、判断题

1. 天棚抹灰应扣除120 mm砖墙所占的面积。（　　）

2. 楼梯底面的抹灰按水平投影面积计算工程量。（　　）

3. 吊顶天棚龙骨按主墙间实际面积展开计算。（　　）

4. 天棚吊顶按龙骨和面层分别编制。（　　）

三、计算题

1. 某酒店办公室的天棚装饰图如图4-115所示，现浇钢筋混凝土板底吊不上人型U形轻钢龙骨，面层为600 mm×600 mm的矿棉吸声板，天棚安装有6个600 mm×600 mm嵌顶格栅灯，设有U形轻钢龙骨附加龙骨。窗边设200 mm宽的胶合板的窗帘盒。计算天棚的工程量。

2. 某监控室的天棚装饰图如图4-116所示，天棚采用V形轻钢龙骨，2 440 mm×

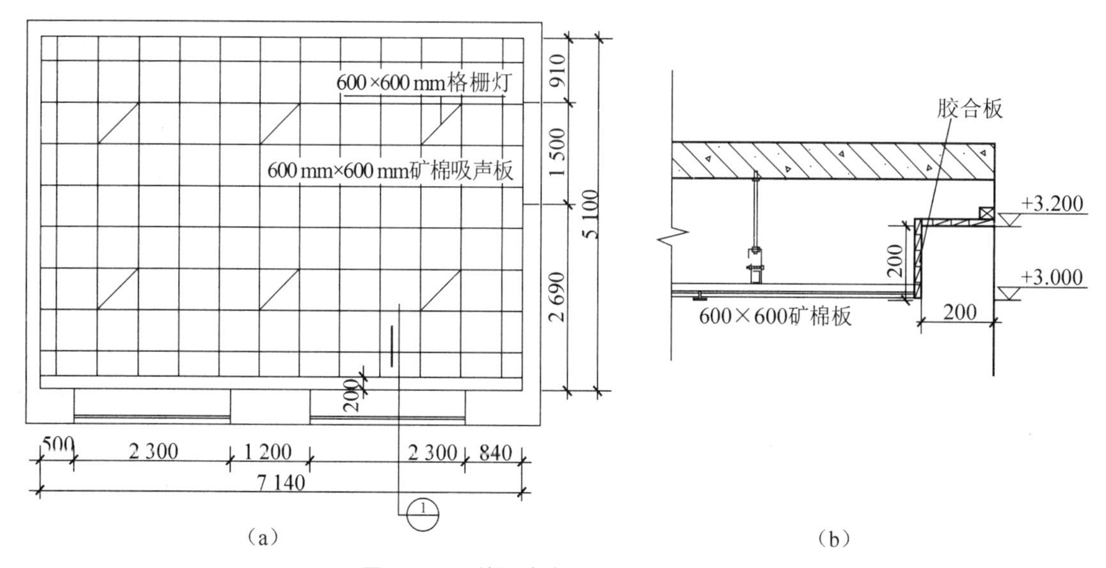

（a） （b）

图 4-115 某酒店办公室的天棚装饰图

（a）天棚平面图；（b）节点详图

1 220 mm×10 mm 纸面石膏板面层，二级吊顶，设有高低错台附加龙骨，高差为400 mm，纸面石膏板上刮耐水腻子两遍，刷乳胶漆两遍，Φ 200 吸顶灯。试计算其天棚工程量。

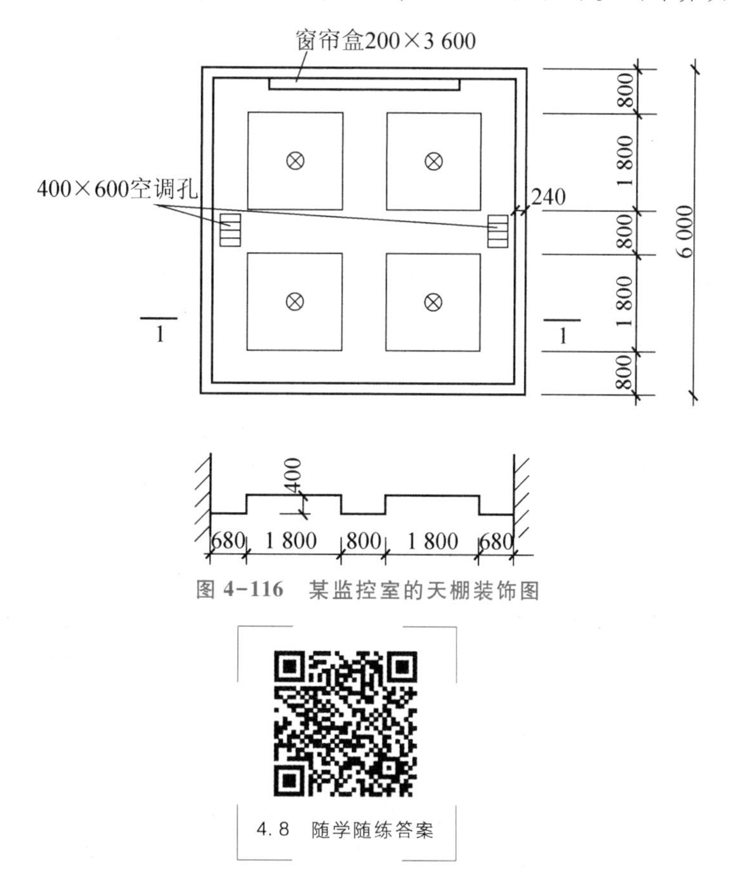

图 4-116 某监控室的天棚装饰图

4.8 随学随练答案

4.9　墙面工程量计算

听老师讲：墙面抹灰及涂料面层工程量计算

4.9.1　项目划分及相关知识

墙面装饰工程包括建筑物外墙面装饰和内墙面装饰两部分。通过墙面装饰，墙体符合使用要求、功能要求及设计效果。按饰面材料和构造不同，墙面装饰工程可分为抹灰类、贴面类、涂刷类、裱糊类、板材类、幕墙类等墙面装饰工程。其中，裱糊类、板材类应用于室内墙面装修，幕墙类应用于室外墙面装修，其他类可应用于各种饰面抹灰。

1. 抹灰类墙面

抹灰类墙面是指建筑内外表面为水泥砂浆、混合砂浆等材料的墙面，其原材料来源广泛，施工操作简单，造价低廉，因此，其在墙面装修中应用广泛。抹灰类又可分为一般抹灰和装饰抹灰两类。

① 一般抹灰。一般抹灰是指抹干拌砂浆（DP砂浆、DP-G砂浆）和现场拌合砂浆（水泥砂浆、混合砂浆、粉刷石膏砂浆、聚合物水泥砂浆）。外墙抹灰厚度一般为20~25 mm，内墙抹灰厚度为15~20 mm，天棚抹灰厚度一般为12~15 mm。在构造上和施工时须分层操作，一般分为底层、中层和面层，各层的作用和要求不同。

② 装饰抹灰。装饰抹灰一般是指采用水泥、石灰砂浆等抹灰的基本材料，除对墙面做一般抹灰之外，还利用不同的施工操作方法将其直接做成饰面层。装饰抹灰根据使用材料、施工方法和装饰效果不同，分为水刷石、干黏石、剁斧石、假面砖等。

2. 贴面类墙面

贴面类墙面是指将各种天然石板或人造板、块，通过绑、挂或直接粘贴于基层表面的墙面。它具有耐久性好、装饰性强、容易清洗等优点。常用的贴面材料：花岗岩板和大理石板等天然石材，水磨石板、水刷石板、剁斧石板等人造石板，以及面砖、瓷砖、锦砖等陶瓷和玻璃制品。

3. 涂料类墙面

涂料类墙面是指喷涂、刷于基层表面后，能与基层形成完整而牢固的保护膜的涂层饰面。它具有造价低、装饰性好、工期短、工效高、自重轻，以及操作简单、维修方便、更新快等特点，因而得到广泛应用和发展。

4. 裱糊类墙面

裱糊类墙面是指将各种装饰性的墙纸、墙布、织锦等材料裱糊在内墙面上的一种装修饰面。墙纸品种很多，常用的装饰材料有PVC塑料壁纸、纺织物面墙纸、金属面墙纸和玻璃纤维墙布等。裱糊类墙面装饰性强、施工方法简捷高效、材料更换方便，并可在曲面和墙面转折处粘贴，获得连续的饰面效果。

5. 板材类墙面

板材类墙面装修是指采用天然木板或各种人造薄板，借助于镶、钉、胶等固定方式对墙面进行装饰处理。板材类墙面由骨架和面板组成，骨架有木骨架和金属骨架，面板有硬木板、胶合板、纤维板、石膏板、金属面板等。板材类墙面装修美观大方、装饰效果好，但防潮、防火性能差，多用于大型公共建筑的墙面装修。

6. 幕墙类墙面

幕墙类墙面指的是建筑物不承重的外墙护围，通常由面板（玻璃、金属板、石板、陶瓷板等）和后面的支承结构（铝横梁立柱、钢结构、玻璃肋等）组成。

4.9.2 墙面工程量计算规则

1. 墙、柱面装饰与隔断、幕墙工程

① 墙面抹灰及找平层按设计图示尺寸以面积计算，不扣除踢脚线、挂镜线和墙与构件交接处的面积及单个≤0.3 m^2 孔洞面积，门窗洞口和孔洞侧壁及顶面不增加面积。附墙的柱、梁、垛、烟囱侧壁及飘窗凸出墙面的竖向部分并入相应的墙面面积内。有吊顶的内墙抹灰，设计无要求时，其高度算至吊顶底面另加 100 mm。

② 柱（梁）面抹灰及找平层按设计图示尺寸以面积计算。牛腿及柱基座并入相应柱（梁）抹灰工程量。

③ 零星抹灰按设计图示尺寸以面积计算。

④ 墙面块料面层、柱（梁）面镶贴块料及镶贴零星块料。墙、柱、梁及零星镶贴块料面层按设计图示镶贴的外表面积计算。门墩石按设计图示数量计算。

⑤ 墙饰面、柱（梁）饰面。墙面装饰板及衬板按设计图示尺寸以面积计算，不扣除单个≤0.3 m^2的孔洞所占面积；柱（梁）面装饰板及衬板按设计图示饰面外围尺寸以面积计算，柱墩并入相应柱工程量，柱帽与柱做法相同时并入相应柱工程量；装饰板墙面、柱（梁）面中的龙骨按设计图示结构尺寸以面积计算；成品装饰柱、柱基座、柱帽按设计图示数量计算。

⑥ 幕墙工程。幕墙型钢龙骨、铝合金龙骨按设计图示尺寸以质量计算；幕墙玻璃龙骨按米计量；不锈钢拉锁按米计量，其余幕墙五金按设计图示数量计算；幕墙面层按设计图示尺寸以面积计算；玻璃幕墙按设计图示框外围尺寸以面积计算，不扣除与幕墙同种材质的窗所占面积；全玻（无框玻璃）幕墙按设计图示尺寸以面积计算。

⑦ 隔断。隔断按设计图示框外围尺寸以面积计算，不扣除单个≤0.3 m^2 的孔洞所占面积；半玻璃隔断按玻璃边框的外边线图示尺寸以面积计算；厕浴隔断按隔断板图示尺寸以面积计算；隔墙龙骨及面板按设计图示尺寸以面积计算。

2. 涂料工程

① 木材面油漆、涂料按设计图示尺寸以面积计算。

② 抹灰面油漆、刮腻子均按设计图示尺寸以面积计算。

4.9.3 墙面工程量计算及应用

1. 墙面装修

墙面装修中，需分别计算内墙和外墙。

（1）墙面抹灰工程量

外墙抹灰工程量和内墙抹灰工程量的计算公式分别为

外墙抹灰工程量=(外墙外周长+突出墙面垛梁柱的侧面)×墙面高度-门窗等面积 （4-68）

内墙抹灰工程量=(内墙净周长+突出墙面垛梁柱的侧面)×墙面高度-门窗等面积 （4-69）

注： 内墙的抹灰高度按天棚装饰分直接式天棚和吊顶式天棚计算。

① 直接式天棚。

内墙抹灰高度=层高-板厚

② 吊顶式天棚。

内墙抹灰高度=吊顶底标高+0.1 m

（2）墙面块料工程量

外墙墙面块料工程量和内墙墙面块料工程量的计算公式分别为

外墙墙面块料工程量=(外墙外周长+突出墙面垛梁柱的侧面)×高度-门窗等面积-台阶垂直面积+门窗侧壁面积 （4-70）

内墙墙面块料工程量=内墙抹灰面积-踢脚面积-吊顶往上100 mm面积-梁与墙相交的面积+门窗侧壁面积 （4-71）

门窗居中安装时，有

门窗侧壁宽度=(墙厚-门窗框宽)×0.5 （4-72）

注： 内外墙涂料工程量计算同块料工程量计算方法。

例4-24 如图4-107和图4-117所示为某实习工厂车间平面图和建筑立面图，层高为4.2 m，板厚为100 mm；门窗尺寸：C1为1 500 mm×1 800 mm，为双玻塑钢推拉窗；C2为2 400 mm×2 100 mm，为双玻塑钢推拉窗；M1为1 500 mm×2 100 mm，为有框的玻璃门；M2为900 mm×2 100 mm，为半截玻璃木门。门窗框宽为80mm，居中布置。内墙窗台为水磨石板。装修施工中采用干拌砂浆。踢脚为150 mm高瓷砖。房间1、2、3采用吊顶式天棚，吊顶底标高为3.6 m，房间4采用直接式天棚。内墙面采用涂料墙面，做法如下：刷乳胶漆两遍，满刮2遍耐水腻子，2 mm厚DP砂浆罩面，5 mm厚DP砂浆打底。外墙墙裙贴金属釉面砖，做法如下：10 mm厚DP砂浆抹平，2 mm厚DTA贴6厚金属釉面砖，DTG擦缝。试计算其外墙裙和内墙装饰的工程量。

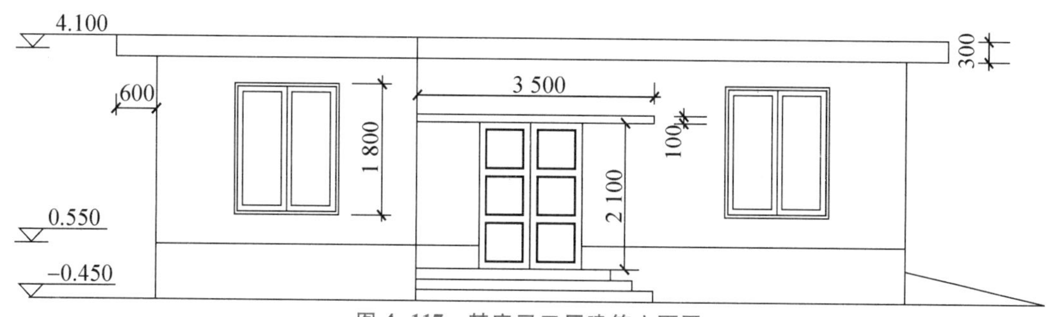

图4-117 某实习工厂建筑立面图

解：（1）计算基础数据

外墙外周长＝(10.8+0.24+11.1+0.24)×2＝44.76(m)

各房间的净周长：房间1内墙净长＝(3.6−0.24+5.1−0.24)×2＝16.44(m)

房间2内墙净长＝(4−0.24+3.6−0.24)×2＝14.24(m)

房间3内墙净长＝14.24(m)

房间4内墙净长＝(3.6×2−0.24+5.1+4−0.24)×2+0.24×4＝32.6(m)

门窗洞口面积：C1：1.5×1.8＝2.7(m^2)　　C2：2.4×2.1＝5.04(m^2)

M1：1.5×2.1＝3.15(m^2)　　M2：0.9×2.1＝1.89(m^2)

（2）外墙裙装修工程量计算

① 外墙裙：10 mm厚DP砂浆抹灰。

外墙裙高＝0.55+0.45＝1(m)

外墙裙抹灰工程量＝44.76×1−1.5×0.55×2−0.9×0.55≈42.62(m^2)

消耗量标准选用：子目编号（12-7）＋（12-8）×5(10 mm厚DP砂浆打底)。

② 外墙裙贴金属釉面砖。

外墙面工程量＝42.62−3×0.45−(3.2+2.3)×0.45+(0.24−0.08)÷2×0.55×6

≈39.06(m^2)

消耗量标准选用：子目编号12-65（外墙，金属釉面砖，勾缝）；

子目编号12-14（挂钢丝网）。

特别提示

贴墙面砖挂钢丝网的主要作用是保护墙面以及防止墙面的拉伸和开裂，能够让墙面变得更加的牢固。

（2）内墙装修工程量

① 内墙面抹灰。

$$房间1、2、3内墙面抹灰工程量=(16.44+14.24\times2)\times(3.6+0.1)-2.7\times4-5.04\times1-1.89\times3\approx144.69(m^2)$$

$$房间4内墙面抹灰工程量=32.6\times(4.2-0.1)-2.7\times3-5.04\times1-1.89\times1-3.15\times2=112.33(m^2)$$

$$内墙面抹灰工程量=144.69+112.33=257.02\ (m^2)$$

消耗量标准选用：子目编号 12-7（DP 砂浆打底，5 厚）。

（12-16）-（12-17）×3（DP 砂浆罩面，2 厚）

② 内墙面抹灰刷乳胶漆两遍，满刮 2 mm 厚耐水腻子。

$$瓷砖踢脚长=(16.44+14.24\times2+32.6)-1.5\times2-0.9\times5+(0.24-0.08)\times0.5\times2\times7+0.4\times4=72.74(m)$$

内墙涂料工程量=内墙面抹灰面积+门窗侧壁面积-踢脚面积-吊顶往上 100 mm 面积

$$=257.02+(0.24-0.08)\times0.5\times[2.1\times14+1.5\times2+0.9\times5+(1.5+1.8\times2)\times7+(2.4+2.1\times2)\times2]-0.15\times72.74-(16.44+14.24\times2)\times0.1=214.161(m^2)$$

消耗量标准选用：子目编号 14-39（墙面，耐水腻子两遍，抹灰面）；

子目编号 14-97（内墙，乳胶漆两遍）。

2. 独立柱装修

独立柱装修工程量计算公式为

$$柱抹灰工程量=柱结构断面周长\times设计柱抹灰高度 \tag{4-73}$$

$$柱面贴块料工程量=柱装饰块料外围周长\times装饰高度 \tag{4-74}$$

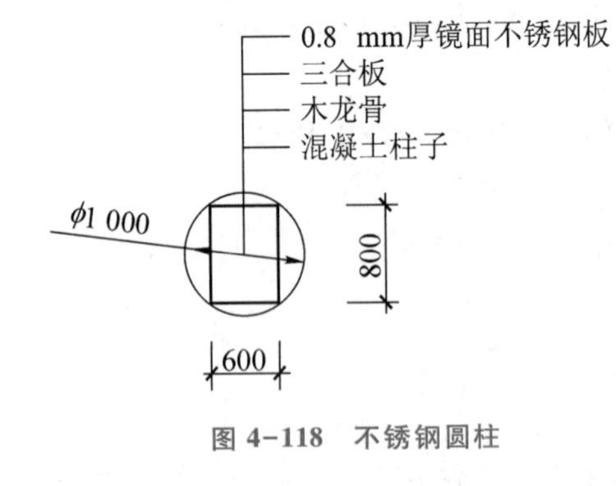

图 4-118 不锈钢圆柱

例 4-25 不锈钢圆柱如图 4-118 所示，将方柱装饰成不锈钢圆形面，采用木龙骨，镜面不锈钢板，柱高为 3.4 m。试计算该不锈钢圆柱的工程量。

解：（1）木龙骨工程量

$$龙骨周长=2\times\pi\times0.5\approx3.14(m)$$

$$木龙骨工程量=3.14\times3.4\approx10.68(m^2)$$

消耗量标准选用：子目编号 12-196（木龙骨，周长 2 500 mm 以外）。

（2）三合板工程量

$$三合板工程量=10.68(m^2)$$

消耗量标准选用：子目编号 12-216（胶合板，圆形）。

（3）不锈钢板工程量

$$不锈钢板工程量 = 10.68(m^2)$$

消耗量标准选用：子目编号 12-225（不锈钢饰面板，圆形）。

随学随练

一、单选题

1. 内墙抹灰工程量，应扣除（　　）所占面积。

A. 踢脚线　　B. 门窗　　C. 挂镜线　　D. 墙与构件交界处

2. 雨罩立板高度超过（　　）mm，执行外墙装修子目。

A. 300　　B. 400　　C. 500　　D. 600

3. 计算外墙面抹灰工程量时不扣除（　　）所占面积。

A. 门洞口　　B. 窗洞口　　C. 外墙裙　　D. 小于 0.3 m^2 孔洞

4. 计算规则中独立柱的块料面层工程量是按（　　）计算。

A. 结构周长乘以相应高度以平方米　　B. 结构体积以立方米

C. 饰面外围尺寸乘以高度以平方米　　D. 独立柱周长乘以相应高度以平方米

5. 吊顶天棚内墙抹灰高度按（　　）计算。

A. 室内地面至吊顶底面　　B. 室内地面至吊顶底面另加 200 mm

C. 室内地面至楼板底面　　D. 室内地面至吊顶底面另加 100 mm

二、多选题

1. 关于墙面抹灰的工程量计算，正确的是（　　）。

A. 扣除墙裙、门窗洞口及单个>0.3 m^2 的孔洞面积

B. 不扣除踢脚线、挂镜线和墙与构件交接处的面积

C. 不增加门窗洞口和孔洞的侧壁及顶面面积

D. 附墙柱、梁、垛、烟囱侧壁并入相应的墙面面积内

2. 关于墙面装饰工程量计算规则描述正确的是（　　）。

A. 飘窗凸出墙面部分并入外墙面工程量

B. 零星抹灰按设计图示尺寸以面积计算

C. 墙面抹灰需扣除单个>0.3 m^2 的孔洞面积

D. 内墙面抹灰需扣除踢脚线的面积

3. 关于柱面装饰工程量计算规则描述正确的是（　　）。

A. 柱面抹灰柱按断面周长乘以高度计算

B. 柱面镶贴块料面层按饰面周长乘以高度计算

C. 干挂块料龙骨按设计图示尺寸以质量计算

D. 以上说法均正确

4. 计算外墙抹灰面积，应包括（　　）。

A. 墙垛侧面抹灰面积　　B. 梁侧面抹灰面积

C. 柱侧面抹灰面积　　D. 洞口侧壁面积

三、计算题

1. 某地一幢三层砖混建筑物，室外地坪为-0.3 m，层高为3.4 m，正立面外墙轴线长为22.8 m，墙厚为240 mm，室外地坪至女儿墙顶的高度为11.5 m，女儿墙高为1 m，底层设洞口为1 500 mm×1 500 mm窗5樘，洞口为1 800 mm×2 100 mm门1樘，窗台线下抹水泥砂浆墙裙，高为1.2 m；外墙为清水墙。二、三层各设洞口尺寸为1 500 mm×1 500 mm窗6樘。试计算正立面外墙面装饰工程量。

2. 某门卫房平面图和立面图如图4-119和图4-120所示，240 mm砖墙；外墙裙为贴瓷砖，外墙上的窗楣和雨罩高为100 mm，外墙面、窗楣和雨罩均为水泥砂浆抹面，白色涂料；挑檐立面做法同雨罩。内墙为底层抹灰，刷涂料。板厚120 mm，门窗尺寸：C1为2 100 mm×1 800 mm，C2为1 200 mm×1 800 mm，M1为900 mm×2 100 mm。门窗框宽为80 mm，居中布置。台阶踏步宽300 mm，踢面高150 mm。试计算外墙裙墙面装修工程量。

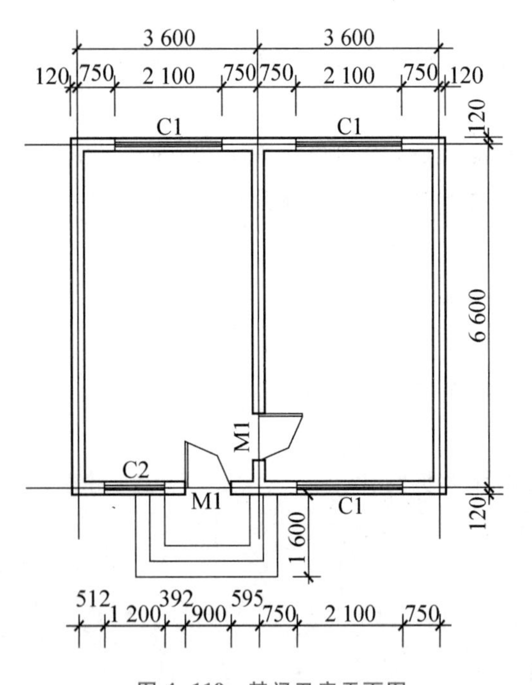

图4-119　某门卫房平面图

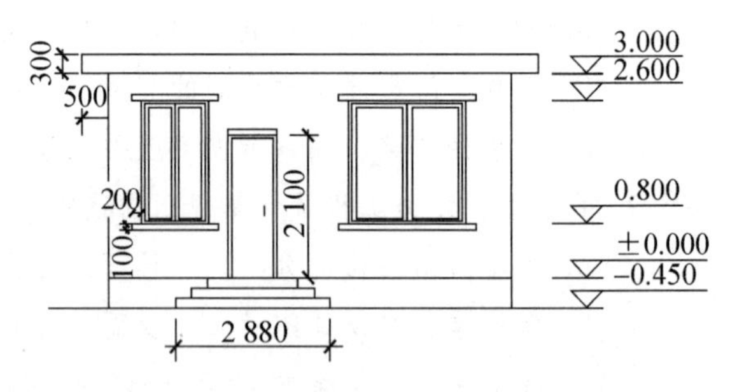

图4-120　某门卫房立面图

4.9　随学随练答案

4.10 措施项目工程量计算

听老师讲：工程水电费及措施项目工程量计算

措施项目是指为了完成工程施工，发生于该工程施工前和施工过程中的项目，主要是技术、生活、安全等方面的项目。它包括脚手架工程、现浇混凝土模板及支架工程、垂直运输、施工排水和降水工程、安全文明施工费、冬雨季施工增加费、工程水电费、现场管理费等。

2021 年《北京市建设工程计价依据——预算消耗量标准》中措施项目工程费计算分为可精确计量措施项目、不可精确计量措施项目、费用指标措施项目，以及企业自主报价措施项目。

4.10.1 可精确计量措施项目

可精准计量措施项目包括混凝土及模板、施工排水和降水工程，其中，混凝土及模板工程量计算在本单元的 4.4 节中已经讲过，本节不再重复讲解。

施工排水、降水工程的工程量计算规则如下：

① 管井成井、轻型井点成井按设计图示井深以长度计算。

② 管井降水按设计的井口数量乘以降水周期以口·天计算。

③ 轻型井点降水按设计井点组数（每组按 25 口井计算，不足 25 口，按一组计算；大于 25 口按增加系数计算费用）乘以降水周期以组·天计算。

④ 基坑明沟排水按设计沟道图示长度（不扣除集水井所占长度）计算。

4.10.2 不可精确计量措施项目

根据 2022 年 10 月北京工程造价信息，不可精确计量措施项目是指依据施工图纸的图示尺寸不能精确计算工程量的措施项目，其费用大小与施工方案和（或）投入时间直接相关，一般表现为按项计价。房屋建筑与装饰工程的不可精确计量的措施项目包括脚手架费、垂直运输费、冬雨季施工增加费、工程水电费、现场管理费共五项。

2022 年 10 月北京工程造价信息

1. 项目组成内容

(1) 脚手架费

脚手架费包括满足施工所需的脚手架及附属设施的搭设、拆除、运输、使用和维护费用，以及脚手架购置费的摊销（或租赁）等费用，不包括脚手架底座以下的基础加固及安全文明施工费用中的防护架及防护网。

① 综合脚手架费包括结构（含砌体）、外装修施工的脚手架和吊篮，不包括设备安装脚手架。

② 室内装修脚手架包括室内层高>3.6 m的内墙面装修、吊顶和天棚装修脚手架。

（2）垂直运输费

垂直运输费包括满足施工所需的各种垂直运输机械和设备安装、拆除、运输、使用和维护费用，以及固定装置、基础制作安装及其拆除等费用，包括垂直运输机械租赁、一次进出场、安拆、附着、接高和塔吊基础等费用，不包括塔吊基础的地基处理费用。

垂直运输费包括因檐高的差异增加的施工机械台班费用和建筑物超高引起的机械降效费用，其中塔吊基础包括基础土方的开挖、运输、回填，钢筋混凝土基础的钢筋、混凝土、模板，预埋铁件、预埋支腿（或预埋节）的摊销费用。

（3）冬雨季施工增加费

冬雨季施工增加费包括冬季或雨季施工需增加的临时设施、防滑、排除雨雪，人工及施工机械降效等费用。

（4）工程水电费

工程水电费包括现场施工、办公和生活等消耗的全部水费、电费，含安全文明施工、夜间施工和及场地照明以及施工机械等消耗的水电费。

（5）现场管理费

现场管理费指施工企业项目部在组织施工过程中所需的费用，包括现场管理及服务人员工资、现场办公费、差旅交通费、劳动保护费、低值易耗品摊销费、工程质量检测配合费、财产保险费和其他等，不包括临时设施费。

2. 计算规则

① 综合脚手架费、垂直运输费、冬雨季施工增加费、工程水电费按建筑面积计算。

特别提示

建筑面积按《建筑工程建筑面积计算规范》（GB/T 50353—2013）计算。

② 室内装修脚手架按吊顶部分或天棚净空的水平投影面积计算，不扣除柱、垛、≤0.3 m^2的洞口所占面积。

③ 现场管理费以2021年《北京市建设工程计价依据——预算消耗量标准》计取的费用（不含设备费）、安全文明施工费、施工垃圾场外运输和消纳费及不可精确计量措施项目费用（不含现场管理费）之和为基数乘以费率计算。

3. 费用指标

表4-12为从2022年10月北京市工程造价信息中截取的费用指标。

表 4-12　从 2022 年 10 月北京市工程造价信息中截取的费用指标

<table>
<tr><th rowspan="2">序号</th><th rowspan="2" colspan="3">措施项目名称</th><th rowspan="2">单位</th><th colspan="2">指标</th></tr>
<tr><th>一般计税</th><th>简易计税</th></tr>
<tr><td rowspan="5">1</td><td rowspan="5">脚手架费</td><td rowspan="3">综合脚手架</td><td>钢筋混凝土结构</td><td rowspan="2">元/平方米</td><td rowspan="2">38~68</td><td rowspan="2">40.9~73.2</td></tr>
<tr><td>型钢混凝土结构</td></tr>
<tr><td>钢结构</td><td>元/平方米</td><td>10~38</td><td>10.8~40.9</td></tr>
<tr><td rowspan="2">室内装修脚手架</td><td>层高≤4.5 m</td><td>元/平方米</td><td>10~22</td><td>10.8~23.7</td></tr>
<tr><td>每增 1 m</td><td>元/平方米</td><td>4~8</td><td>4.3~8.6</td></tr>
<tr><td>2</td><td colspan="3">垂直运输费</td><td>元/平方米</td><td>48~68</td><td>51.4~72.8</td></tr>
<tr><td>3</td><td colspan="3">冬雨季施工增加费</td><td>元/平方米</td><td>2~6</td><td>2.2~6.5</td></tr>
<tr><td>4</td><td colspan="3">工程水电费</td><td>元/平方米</td><td>18~30</td><td>19.6~32.7</td></tr>
<tr><td>5</td><td colspan="3">现场管理费</td><td>—</td><td>3.7%~4.5%</td><td>3.4%~4.2%</td></tr>
</table>

注：综合脚手架、装修脚手架和垂直运输不适用于体育场馆、影剧院等大跨度钢结构。

4.10.3　费用指标措施项目

费用指标措施项目包括安全文明施工费、施工垃圾场外运输及消纳费。

1. 安全文明施工费

(1) 组成内容

安全文明施工费是指在工程施工期间按照国家、地方现行的环境保护、建筑施工安全（消防）、施工现场环境与卫生标准等法规与条例的规定，购置和更新施工安全防护用具及设施、改善现场安全生产条件和作业环境所需要的费用，包括环境保护费、文明施工费、安全施工费及临时设施费等。

① 环境保护费包括现场施工机械设备降低噪声、防扰民措施费用；水泥和其他易飞扬细颗粒建筑材料密闭存放或采取覆盖措施等费用；工程防扬尘洒水费用；土石方、建渣外运车辆冲洗、防洒漏等费用；现场污染源的控制、生活垃圾清理外运、场地排水排污措施的费用；其他环境保护措施费用。

② 文明施工费包括“五牌一图”的费用；现场围挡的墙面美化（包括内外粉刷、刷白、标语等）、压顶装饰费用；现场厕所便槽刷白、贴面砖、水泥砂浆地面或地砖费用，建筑物内临时便溺设施费用；其他施工现场临时设施的装饰装修、美化措施费用；现场生活卫生设施费用；符合卫生要求的饮水设备、淋浴、消毒等设施费用；生活用洁净燃料费用；防煤气中毒、防蚊虫叮咬等措施费用；施工现场操作场地的硬化费用；现场绿化费用、治安综合治理费用；现场配备医药保健器材、物品费用和急救人员培训费用；用于现场工人的防水降温、电风扇、空调等设备费用；其他文明施工措施费用。

③ 安全施工费包括安全资料、特殊作业专项方案的编制，安全施工标志的购置及安全宣传的费用；“三宝”（安全帽、安全带和安全网）、“四口”（楼梯口、电梯井口、通道口

和预留洞口）、“五临边”（阳台围边、楼板围边、屋面围边、槽坑围边和卸料平台两侧）、水平防护架、垂直防护架、外架封闭等防护的费用；施工安全用电的费用，包括配电箱三级配电、两级保护装置要求、外电防护措施费用；起重机、塔吊等起重设备（含井架、门架）及外用电梯的安全防护措施（含警示标志）费用及卸料平台的临边防护、层间安全门、防护棚等设施费用；建筑工地起重机械的检验检测费用；施工机具防护棚及其围栏的安全保护设施费用；施工安全防护通道的费用；工人的安全防护用品、用具购置费用；消防设施与消防器材的配置费用；电气保护、安全照明设施费用；其他安全防护措施费用。

④ 临时设施费包括施工现场采用彩色、定型钢板、砖、混凝土砌块等围挡的安砌、维修、拆除费或摊销费；施工现场临时建筑物（构筑物）的搭设、维修、拆除或摊销费用，应用案例如临时宿舍、办公室、食堂、厨房、厕所、诊疗所、临时文化福利用房、临时仓库、加工场、搅拌台、临时简易水塔、水池等。施工现场临时设施的搭设、维修、拆除或摊销的费用，应用案例如临时供水管道、临时供电线、小型临时设施等。施工现场规定范围内的临时简易道路铺设，临时排水沟、排水设施的安砌、维修、拆除费用；其他临时设施搭设、维修、拆除或摊销费用。

（2）计算规则

京建发〔2021〕404 号

安全文明施工费应执行《关于印发〈北京市建设工程安全文明施工费管理办法（试行）〉的通知》（京建法〔2019〕9 号）和《关于印发配套 2021 年〈预算消耗量标准〉计价的安全文明施工费等费用标准的通知》（京建发〔2021〕404 号）的规定；安全文明施工费的下限费用标准以 2021 年《北京市建设工程计价依据——预算消耗量标准》计取的人工费及机械费之和为基数乘以费率计算。

（3）费用指标

表 4-13 为安全文明施工费的费用指标，该费用指标从《关于印发配套 2021 年〈预算消耗量标准〉计价的安全文明施工费等费用标准的通知》（京建发〔2021〕404 号）中截取。

表 4-13　安全文明施工费的费用指标

项目名称		房屋建筑与装饰工程					
		一般计税方式			简易计税方式		
		达标	绿色	样板	达标	绿色	样板
计费基数		以按《北京市建设工程计价依据——预算消耗量标准》计取的人工费+机械费之和为基数					
费率		23.53%	25.36%	28.23%	24.42%	26.32%	29.30%
其中	安全施工	5.19%	5.71%	6.39%	5.37%	5.93%	6.63%
	文明施工	5.22%	5.80%	6.71%	5.40%	6.01%	6.96%
	环境保护	4.67%	5.04%	5.38%	4.87%	5.22%	5.59%
	临时设施	8.45%	8.81%	9.75%	8.78%	9.16%	10.12%

注：除装配式钢结构工程外，其他钢结构工程按建筑装饰工程执行。

2. 施工垃圾场外运输和消纳费

施工垃圾场外运输和消纳费是指建设工程除弃土（石）方和渣土项目外，施工产生的建筑废料和废弃物、办公生活垃圾、现场临时设施拆除废弃物和其他弃料等的运输和消纳。

施工垃圾场外运输和消纳费应执行《北京市住房和城乡建设委员会关于建筑垃圾运输处置费用单独列项计价的通知》（京建法〔2017〕27 号）和京建发〔2021〕404 号文的规定。

施工垃圾场外运输和消纳费以《北京市建设工程计价依据——预算消耗量标准》计取的人工费及机械费之和为基数乘以费率计算。如表 4-14 所示为施工垃圾场外运输和消纳费的费用指标，该费用指标从《关于印发配套 2021 年〈预算消耗量标准〉计价的安全文明施工费等费用标准的通知》（京建发〔2021〕404 号）中截取。

表 4-14 施工垃圾场外运输和消纳费的费用指标

<table>
<tr><th rowspan="2">序号</th><th rowspan="2" colspan="2">项目名称</th><th rowspan="2">计费基数</th><th colspan="2">施工垃圾场外运输和消纳费费率</th></tr>
<tr><th>五环内</th><th>五环外</th></tr>
<tr><td>1</td><td colspan="2">房屋建筑与装饰工程</td><td rowspan="11">以按《北京市建设工程计价依据——预算消耗量标准》计取的人工费+机械费之和为基数</td><td>1.4%</td><td>1.1%</td></tr>
<tr><td>2</td><td colspan="2">仿古建筑工程</td><td>1.0%</td><td>0.9%</td></tr>
<tr><td>3</td><td colspan="2">通用安装工程</td><td>1.3%</td><td>0.9%</td></tr>
<tr><td>4</td><td colspan="2">市政工程</td><td>1.8%</td><td>1.7%</td></tr>
<tr><td>5</td><td colspan="2">园林绿化工程</td><td>1.5%</td><td>1.1%</td></tr>
<tr><td>6</td><td colspan="2">构筑物工程</td><td>1.7%</td><td>1.3%</td></tr>
<tr><td>7</td><td rowspan="5">城市轨道交通工程</td><td>高架工程</td><td>1.1%</td><td>1.0%</td></tr>
<tr><td>8</td><td>地下工程</td><td>1.1%</td><td>0.8%</td></tr>
<tr><td>9</td><td>盾构工程</td><td>0.5%</td><td>0.4%</td></tr>
<tr><td>10</td><td>轨道工程</td><td>0.8%</td><td>0.7%</td></tr>
<tr><td>11</td><td>设备系统工程</td><td>1.0%</td><td>0.9%</td></tr>
</table>

随学随练

填空题

1. 施工垃圾场外运输和消纳费以《北京市建设工程计价依据——预算消耗量标准》计取的______为基数乘以费率计算。

2. 安全文明施工费的下限费用标准以 2021 年《北京市建设工程计价依据——预算消耗量标准》计取的______为基数乘以费率计算。

3. 现场管理费以2021年《北京市建设工程计价依据——预算消耗量标准》计取的______之和为基数乘以费率计算。

4. 安全文明施工费包括______、______、______、______等。

5. 综合脚手架费、垂直运输费、冬雨季施工增加费、工程水电费按______计算。

4.10 随学随练答案

本单元小结

本单元根据《建筑工程建筑面积计算规范》（GB/T 50353—2013）的规定进行讲解，包括计算全部面积、计算一半面积和不计算建筑面积三个方面。

根据2021年《北京市建设工程计价依据——预算消耗量标准》讲解土方工程、砌筑工程、混凝土工程、屋面防水工程、楼地面工程、天棚工程、墙面工程等各分部分项工程量的计算规则、计算方法和计量单位。

根据《北京市工程造价信息》讲解措施项目的计算规则。

单元5 UNIT 5

建筑安装工程费用计算

本单元共包括3个知识点，需要4个小时的有效时间来学习，学习周期为1周。

学习目标

知识点	教学目标	技能要点
1. 建筑安装工程费用项目组成； 2. 建筑安装工程费用参考计算方法； 3. 建筑安装工程费用计算程序	1. 掌握建筑安装工程费用如何划分； 2. 掌握建筑安装工程费各费用构成要素的计算方法； 3. 掌握建筑安装工程计价的计算方法和程序	1. 能依据公式计算出人工费、材料费、施工机械使用费； 2. 能根据工程建设的不同阶段选择正确的计价程序进行建筑安装工程费用的计算

引例 A公司虚增建筑安装成本事件

A公司成立后，通过政府拍卖获得土地用于房地产项目开发，后被告人钱某、陈某和龙某共谋，企图从公司项目建设过程中获取最大利益，决定在公司名下项目建设施工结算过程中，同承建商为公司虚增建筑安装成本。2016年4月初，钱某、陈某和龙某决定，由承建绿化铺装二标段项目建设的被告单位B公司为A公司虚开发票，并告知作为财务经理的被告人徐某，让其做好虚开发票的相关事宜。后陈某找到B公司法定代表人，即被告人李某，让其以B公司的名义虚开发票给A公司，李某同意。两公司签订了金额为18 401 158元的虚假工程合同，先由A公司将上述虚假工程款转至B公司，徐某负责审核虚假工程付款审批单和A公司向B公司的虚假走账，B公司随即又将虚假工程款回流至A公司指定的由徐某保管的钱某、龙某和钟某的个人账户；同时李某以B公司名义，于2016年4月26日从税务机关开具一张票面金额为18 401 158元，但实际没有此业务金额的建筑业统一发票给A公司，用于该公司虚增建筑安装成本。2020年5月13日，国家税务总局乐山市税务局稽查局对B公司做出税务行政处罚的决定，对A公司做出了税务处理决定。A公司及其直接负责的主管人员被告人钱某和被告人陈某，以及其他直接责任人员被告人徐某违反了《中华人民共和国发票管理办法》，并且在无真实交易情况下，让他人为自己虚开普通发票的行为触犯了《中华人民共和国刑法》。

建筑安装工程费用作为工程造价构成元素之一，是工程项目建设中最活跃的部分，也是建筑市场交易行为的主要评定内容，必须严格按相关的依据和标准进行确定。

思考：建筑安装工程费用由哪些项目组成？建筑安装工程费用中的哪些费用不可作为竞争性费用？作为工程造价从业人员应该如何做到在遵守职业道德和国家法律法规的前提下进行建筑安装工程费用的计算？

本单元导读

建筑安装工程费用亦称建筑安装工程造价，是指构成发承包工程造价的各项费用。为适应深化工程造价改革的需要，加强建设项目投资管理和适应建筑市场的发展，合理确定和控制工程造价，根据国家有关法律、法规及相关政策，国家统一了建筑安装工程费用划分的口径，发布了《建筑安装工程费用项目组成》（建标〔2013〕44号），本单元依据此文件精神重点阐述建筑安装工程费用的计算方法。

5.1 建筑安装工程费用项目组成

建筑安装工程费用项目组成有两类划分方法：按照费用构成要素划分和按照工程造价形成划分。

5.1.1 按照费用构成要素划分

按照费用构成要素，建筑安装工程费可分为人工费、材料（包含工程设备，下同）费、施工机具使用费、企业管理费、利润、规费和增值税。其中，人工费、材料费、施工机具使用费、企业管理费和利润包含在分部分项工程费、措施项目费和其他项目费中，如图 5-1 所示。

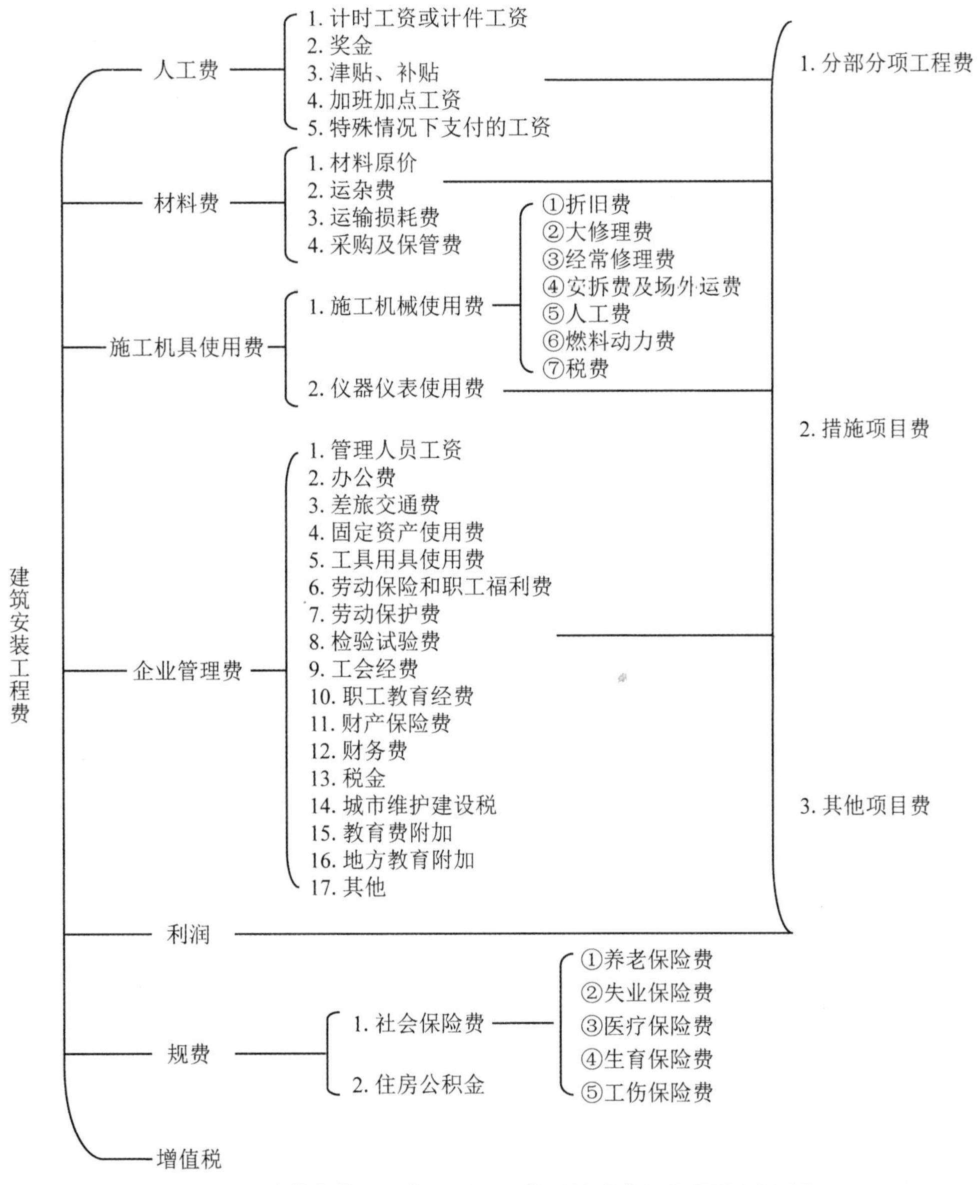

图 5-1 建筑安装工程费用项目组成（按照费用构成要素划分）

1. 人工费

人工费是指按工资总额构成规定，支付给从事建筑安装工程施工的生产工人和附属生产单位工人的各项费用。其包括：

① 计时工资或计件工资。计时工资或计件工资是指按计时工资标准和工作时间或对已

做工作按计件单价支付给个人的劳动报酬。

② 奖金。奖金是指因个人超额劳动和增收节支而支付给个人的劳动报酬，如节约奖、劳动竞赛奖等。

③ 津贴、补贴。津贴是指为了补偿职工特殊或额外的劳动消耗和因其他特殊原因支付给个人的津贴，如流动施工津贴、特殊地区施工津贴、高温（寒）作业临时津贴、高空津贴等；补贴是指为了保证职工工资水平不受物价影响支付给个人的物价补贴。

④ 加班加点工资。加班加点工资是指按规定支付的在法定节假日工作的加班工资和在法定日工作时间外延时工作的加点工资。

⑤ 特殊情况下支付的工资。特殊情况下支付的工资是指根据国家法律、法规和政策规定，因病、工伤、产假、计划生育假、婚丧假、事假、探亲假、定期休假、停工学习、执行国家或社会义务等按计时工资标准或计时工资标准的一定比例支付的工资。

2. 材料费

材料费是指施工过程中耗费的原材料、辅助材料、构配件、零件、半成品或成品、工程设备的费用。工程设备是指构成或计划构成永久工程一部分的机电设备、金属结构设备、仪器装置及其他类似的设备和装置。

材料费包括：

① 材料原价。材料原价是指材料、工程设备的出厂价格或商家供应价格。

② 运杂费。运杂费是指材料、工程设备自来源地运至工地仓库或指定堆放地点所发生的全部费用。

③ 运输损耗费。运输损耗费是指材料在运输装卸过程中不可避免的损耗费用。

④ 采购及保管费。采购及保管费是指在组织采购、供应和保管材料、工程设备的过程中所需要的各项费用。它包括采购费、仓储费、工地保管费、仓储损耗。

3. 施工机具使用费

施工机具使用费是指施工作业所发生的施工机械、仪器仪表使用费或其租赁费。

（1）施工机械使用费

施工机械使用费以施工机械台班耗用量乘以施工机械台班单价表示。施工机械台班单价应由下列七项费用组成：

① 折旧费。折旧费是指施工机械在规定的使用年限内，陆续收回其原值的费用。

② 大修理费。大修理费是指施工机械按规定的大修理间隔台班进行必要的大修理，以恢复其正常功能所需的费用。

③ 经常修理费。经常修理费是指施工机械除大修理以外的各级保养和临时故障排除所需的费用。它包括为保障机械正常运转所需替换设备与随机配备工具附具的摊销和维护费用，机械运转中日常保养所需润滑与擦拭的材料费用及机械停滞期间的维护和保养费用等。

④ 安拆费及场外运费。安拆费是指施工机械（大型机械除外）在现场进行安装与拆卸所需的人工、材料、机械和试运转费用，以及机械辅助设施的折旧、搭设、拆除等费用；场外运费是指施工机械整体或分体自停放地点运至施工现场或由一施工地点运至另一施工地点的运输、装卸、辅助材料及架线等费用。

⑤ 人工费。人工费是指机上司机（司炉）和其他操作人员的人工费。

⑥ 燃料动力费。燃料动力费是指施工机械在运转作业中所消耗的各种燃料及水、电等费用。

⑦ 税费。税费是指施工机械按照国家规定应缴纳的车船使用税、保险费及年检费等。

（2）仪器仪表使用费

仪器仪表使用费是指工程施工所需使用的仪器仪表的摊销及维修费用。

4. 企业管理费

企业管理费是指建筑安装企业组织施工生产和经营管理所需的费用，包括：

① 管理人员工资。管理人员工资是指按规定支付给管理人员的计时工资、奖金、津贴、补贴、加班加点工资及特殊情况下支付的工资等。

② 办公费。办公费是指企业办公用的文具、纸张、账表、印刷、邮电、书报、办公软件、现场监控、会议、水电、烧水和集体取暖降温（包括现场临时宿舍取暖降温）等费用。

③ 差旅交通费。差旅交通费是指职工因公出差、调动工作的差旅费、住勤补助费，市内交通费和误餐补助费，职工探亲路费，劳动力招募费，职工退休、退职一次性路费，工伤人员就医路费，工地转移费以及管理部门使用的交通工具的油料、燃料等费用。

④ 固定资产使用费。固定资产使用费是指管理和试验部门及附属生产单位使用的属于固定资产的房屋、设备、仪器等的折旧、大修、维修或租赁费。

⑤ 工具用具使用费。工具用具使用费是指企业施工生产和管理使用的不属于固定资产的工具、器具、家具、交通工具，以及检验、试验、测绘、消防用具等的购置、维修和摊销费。

⑥ 劳动保险和职工福利费。劳动保险和职工福利费是指由企业支付的职工退职金、按规定支付给离休干部的经费，集体福利费、夏季防暑降温、冬季取暖补贴、上下班交通补贴等。

⑦ 劳动保护费。劳动保护费是企业按规定发放的劳动保护用品的支出，如工作服、手套、防暑降温饮料，以及在有碍身体健康的环境中施工的保健费用等。

⑧ 检验试验费。检验试验费是指施工企业按照有关标准规定，对建筑、材料、构件和建筑安装物进行一般鉴定、检查所发生的费用。它包括自设试验室进行试验所耗用的材料等费用，不包括新结构、新材料的试验费，对构件做破坏性试验及其他特殊要求检验试验的费用，以及建设单位委托检测机构进行检测的费用。此类检测发生的费用，由建设单位在工程

建设其他费用中列支。但对施工企业提供的具有合格证明的材料检测不合格的，该检测费用由施工企业支付。

⑨ 工会经费。工会经费是指企业按《中华人民共和国工会法》规定的全部职工工资总额比例计提的工会经费。

⑩ 职工教育经费。职工教育经费是指按职工工资总额的规定比例计提，企业为职工进行专业技术和职业技能培训，专业技术人员继续教育、职工职业技能鉴定、职业资格认定，以及根据需要对职工进行各类文化教育所发生的费用。

⑪财产保险费。财产保险费是指用于施工管理的财产、车辆等的保险费用。

⑫财务费。财务费是指企业为施工生产筹集资金或提供预付款担保、履约担保、职工工资支付担保等所发生的各种费用。

⑬税金。税金是指企业按规定缴纳的房产税、车船使用税、土地使用税、印花税等。

⑭城市维护建设税。城市维护建设税是为了加强城市的维护建设，扩大和稳定城市维护建设资金来源的附加税，以增值税和消费税为税基乘以相应的税率计算。城市维护建设税税率分别为：纳税人所在地为市区的，税率为 7%；纳税人所在地为县镇的，税率为 5%；纳税人所在地不在市区、县镇的，税率为 1%。

⑮教育费附加。教育费附加是对缴纳增值税、消费税的单位和个人征收的一种附加费。其作用是为了发展地方性教育事业、扩大地方教育经费的资金来源。教育费附加以纳税人实际缴纳的增值消费税的税额为计费依据，征收率为 3%。

⑯地方教育附加。按照《财政部关于统一地方教育附加政策有关问题的通知》（财综〔2010〕98 号）的要求，各地统一收地方教育附加，地方教育附加征收标准为单位和个人实际缴纳的增值税和消费税税额的 2%。

⑰其他。其他包括技术转让费、技术开发费、投标费、业务招待费、绿化费、广告费、公证费、法律顾问费、审计费、咨询费、保险费等。

5. 利润

利润是指施工企业完成所承包工程获得的盈利。

6. 规费

规费是指按国家法律、法规规定，由省级政府和省级有关权力部门规定必须缴纳或计取的费用，其包括：

（1）社会保险费

① 养老保险费。养老保险费是指企业按照规定标准为职工缴纳的基本养老保险费。

② 失业保险费。失业保险费是指企业按照规定标准为职工缴纳的失业保险费。

③ 医疗保险费。医疗保险费是指企业按照规定标准为职工缴纳的基本医疗保险费。

④ 生育保险费。生育保险费是指企业按照规定标准为职工缴纳的生育保险费。

⑤ 工伤保险费。工伤保险费是指企业按照规定标准为职工缴纳的工伤保险费。

（2）住房公积金

住房公积金是指企业按规定标准为职工缴纳的住房公积金。

其他应列而未列入的规费，按实际发生计取。

7. 增值税

增值税是指国家税法规定应计入建筑安装工程造价内的增值税销项税额。税前工程造价为人工费、材料费、施工机具使用费、企业管理费、利润和规费之和，各费用项目均以不包含增值税（可抵扣进项税额）的价格计算。

从工程造价原理上讲，上述建筑安装工程费用又可以划分为直接费、间接费、利润和税金。直接费由人工费、材料费、施工机械使用费组成；间接费由企业管理费和规费组成，规费由社会保险费和住房公积金组成；税金指增值税。

5.1.2 按照工程造价形成划分

按照工程造价形成，建筑安装工程费由分部分项工程费、措施项目费、其他项目费、规费、增值税组成，分部分项工程费、措施项目费、其他项目费包含人工费、材料费、施工机具使用费、企业管理费和利润，如图 5-2 所示。

1. 分部分项工程费

分部分项工程费是指各专业工程的分部分项工程应予列支的各项费用。

① 专业工程。专业工程是指按现行国家计量规范划分的房屋建筑与装饰工程、仿古建筑工程、通用安装工程、市政工程、园林绿化工程、矿山工程、构筑物工程、城市轨道交通工程、爆破工程等各类工程。

② 分部分项工程。分部分项工程是指按现行国家计量规范对各专业工程划分的项目，如房屋建筑与装饰工程划分的土石方工程、地基处理与桩基工程、砌筑工程、钢筋及钢筋混凝土工程等。

各类专业工程的分部分项工程划分见现行国家或行业计量规范。

2. 措施项目费

措施项目费是指为完成建设工程施工，发生于该工程施工前和施工过程中的技术、生活、安全、环境保护等方面的费用，包括：

（1）安全文明施工费

① 环境保护费。环境保护费是指施工现场为达到环保部门要求所需要的各项费用。

② 文明施工费。文明施工费是指施工现场文明施工所需要的各项费用。

③ 安全施工费。安全施工费是指施工现场安全施工所需要的各项费用。

④ 临时设施费。临时设施费是指施工企业为进行建设工程施工所必须搭设的生活和生产用的临时建筑物、构筑物和其他临时设施费用，包括临时设施的搭设、维修、拆除、清理

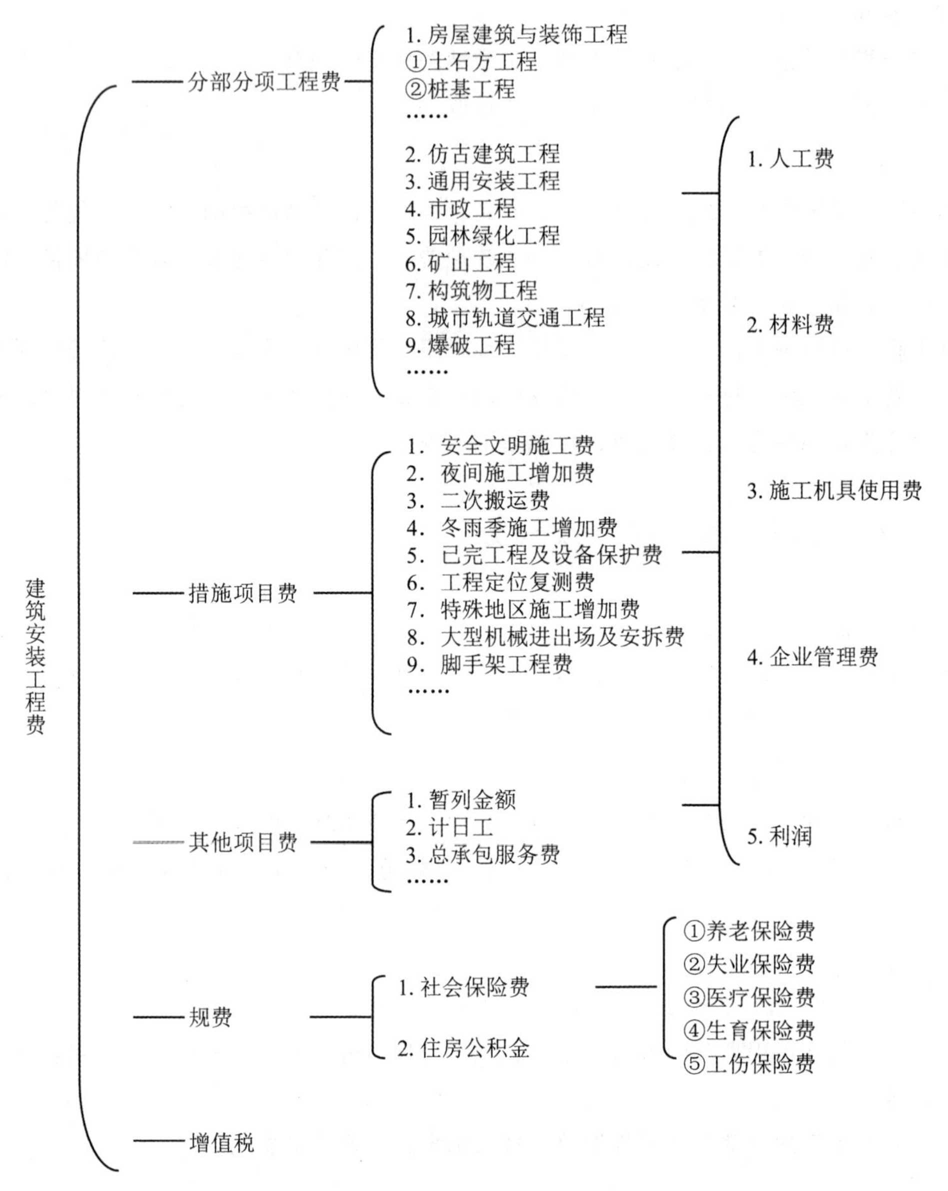

图 5-2　建筑安装工程费用项目组成（按工程造价形成划分）

费或摊销费等。

（2）夜间施工增加费

夜间施工增加费是指因夜间施工所发生的夜班补助费、夜间施工降效、夜间施工照明设备摊销及照明用电等费用。

（3）二次搬运费

二次搬运费是指因施工场地条件限制而发生的材料、构配件、半成品等一次运输不能到达堆放地点，必须进行二次或多次搬运所发生的费用。

（4）冬雨季施工增加费

冬雨季施工增加费是指在冬季或雨季施工需增加的临时设施、防滑、排除雨雪的费用，由于人工及施工机械效率降低等而增加的费用。

（5）已完工程及设备保护费

已完工程及设备保护费是指竣工验收前，对已完工程及设备采取的必要保护措施所发生的费用。

（6）工程定位复测费

工程定位复测费是指工程施工过程中进行全部施工测量放线和复测工作的费用。

（7）特殊地区施工增加费

特殊地区施工增加费是指工程在沙漠或其边缘地区、高海拔、高寒、原始森林等特殊地区施工增加的费用。

（8）大型机械设备进出场及安拆费

大型机械设备进出场及安拆费是指机械整体或分体自停放场地运至施工现场或由一个施工地点运至另一个施工地点，所发生的机械进出场运输及转移费用及机械在施工现场进行安装、拆卸所需的人工费、材料费、机械费、试运转费和安装所需的辅助设施的费用。

（9）脚手架工程费

脚手架工程费是指施工需要的各种脚手架的搭、拆、运输费用，以及脚手架购置费的摊销（或租赁）费用。

措施项目及其包含的内容详见各类专业工程的现行国家或行业计量规范。

3. 其他项目费

① 暂列金额。暂列金额是指建设单位在工程量清单中暂定并包括在工程合同价款中的一笔款项，是用于施工合同签订时尚未确定或者不可预见的所需材料、工程设备、服务的采购，施工中可能发生的工程变更、合同约定调整因素出现时的工程价款调整，以及发生的索赔、现场签证确认等的费用。

② 计日工。计日工是指在施工过程中，施工企业完成建设单位提出的施工图纸以外的零星项目或工作所需的费用。

③ 总承包服务费。总承包服务费是指总承包人为配合、协调建设单位进行的专业工程发包，对建设单位自行采购的材料、工程设备等进行保管，以及施工现场管理、竣工资料汇总整理等服务所需的费用。

4. 规费

定义同“5.1.1 按照费用构成要素划分”中的规费。

5. 增值税

定义同“5.1.1 按照费用构成要素划分”中的增值税。

随学随练

一、单选题

1. 以下属于规费的是（　　）。

A. 工会经费　　B. 劳动保险和职工福利费

C. 养老保险费　　D. 工程排污费

2. 以下属于企业管理费的是（　　）。

A. 工会经费　　B. 失业保险费

C. 养老保险费　　D. 工程排污费

3. 以下属于安全文明施工费的是（　　）。

A. 冬雨季施工费　　B. 临时设施费

C. 劳动保护费　　D. 工程排污费

二、判断题

1. 材料原价是指材料、工程设备的出厂价格或商家供应价格，不包括运杂费等。（　　）

2. 企业按规定缴纳的房产税、车船使用税、土地使用税、印花税等包含在企业管理费中。（　　）

3. 财产保险费属于规费。（　　）

三、填空题

1. 建筑安装工程费用项目组成有两类划分方法：按照____划分和按照____划分。

2. 人工费内容包括：计时工资或计价工资，____，津贴、补贴，加班加点工资，特殊情况下支付的工资。

5.1　随学随练答案

5.2 建筑安装工程费用参考计算方法

根据《住房城乡建设部 财政部关于印发〈建筑安装工程费用项目组成〉的通知》（建标〔2013〕44号）的精神，建筑安装工程费用按如下方法参考计算。

5.2.1 各费用构成要素参考计算方法

1. 人工费

根据适用范围，人工费有两种计算公式，一种是式（5-1），主要适用于施工企业投标报价时自主确定人工费，也是工程造价管理机构编制计价定额时确定定额人工单价或发布人工成本信息的参考依据；另一种是式（5-2），适用于工程造价管理机构编制计价定额时确定定额人工费，是施工企业投标报价的参考依据。

$$人工费 = \sum(工日消耗量 \times 日工资单价) \tag{5-1}$$

式中：$日工资单价=\dfrac{生产工人平均月工资（计时、计件）+平均月（奖金+津贴补贴+特殊情况下支付的工资）}{年平均每月法定工作日}$

$$人工费 = \sum(工程工日消耗量 \times 日工资单价) \tag{5-2}$$

式中：日工资单价是指施工企业平均技术熟练程度的生产工人在每个工作日（国家法定工作时间内）按规定从事施工作业应得的日工资总额。

工程造价管理机构确定日工资单价应通过市场调查，根据工程项目的技术要求，参考实物工程量人工单价综合分析确定，最低日工资单价不得低于工程所在地人力资源和社会保障部门所发布的最低工资标准：普工 1.3 倍、一般技工 2 倍、高级技工 3 倍。

工程计价定额不可只列一个综合工日单价，应根据工程项目技术要求和工种差别适当划分多种日人工单价，确保各分部工程人工费的合理构成。

2. 材料费

① 材料费。材料费的计算公式为

$$材料费 = \sum(材料消耗量 \times 材料单价) \tag{5-3}$$

式中：材料单价=［（材料原价+运杂费）×（1+运输损耗率）］×（1+采购保管费率）

② 工程设备费。工程设备费的计算公式为

$$工程设备费 = \sum(工程设备量 \times 工程设备单价) \tag{5-4}$$

式中：工程设备单价=（设备原价+运杂费）×（1+采购保管费率）

3. 施工机具使用费

① 施工机械。施工机械使用费的计算公式为

$$施工机械使用费 = \sum(施工机械台班消耗量 \times 机械台班单价) \tag{5-5}$$

式中：机械台班单价=台班折旧费+台班大修费+台班经常修理费+台班安拆费及场外运费+台班人工费+台班燃料动力费+台班车船税费

工程造价管理机构在确定工程计价定额中的施工机械使用费时，应根据《建设工程施工机械台班费用编制规则》，结合市场调查编制施工机械台班单价。施工企业可以参考工程造价管理机构发布的台班单价，自主确定施工机械使用费的报价，如租赁施工机械，其施工机械使用费的计算公式为

$$施工机械使用费 = \sum(施工机械台班消耗量 \times 机械台班租赁单价) \tag{5-6}$$

② 仪器仪表。仪器仪表使用费的计算公式为

$$仪器仪表使用费 = 工程使用的仪器仪表摊销费 + 维修费 \tag{5-7}$$

4. 企业管理费费率

① 以分部分项工程费为计算基础。企业管理费费率的计算公式为

$$企业管理费费率(\%) = \frac{生产工人年平均管理费}{年有效施工天数 \times 人工单价} \times 人工费占分部分项工程费比例(\%) \tag{5-8}$$

② 以人工费和机械费合计为计算基础。企业管理费费率的计算公式为

$$企业管理费费率(\%) = \frac{生产工人年平均管理费}{年有效施工天数 \times (人工单价 + 每一工日机械使用费)} \times 100\% \tag{5-9}$$

③ 以人工费为计算基础。企业管理费费率的计算公式为

$$企业管理费费率(\%) = \frac{生产工人年平均管理费}{年有效施工天数 \times 人工单价} \times 100\% \tag{5-10}$$

上述公式适用于施工企业投标报价时自主确定管理费，是工程造价管理机构编制计价定额时确定企业管理费的参考依据。

工程造价管理机构在确定工程计价定额中的企业管理费时，应以定额人工费（或定额人工费+定额机械费）作为计算基数，其费率根据历年工程造价积累的资料，辅以调查数据确定，列入分部分项工程和措施项目中。

5. 利润

① 施工企业根据企业自身需求并结合建筑市场实际自主确定利润，将其列入报价中。

② 工程造价管理机构在确定计价定额中的利润时，应以定额人工费（或定额人工费+定额机械费）作为计算基数，其费率根据历年工程造价积累的资料，并结合建筑市场实际确定，以单位（单项）工程测算，利润在税前建筑安装工程费的比例可按不低于5%且不高于7%的费率计算。利润应列入分部分项工程和措施项目中。

6. 规费

① 社会保险费和住房公积金。社会保险费和住房公积金应以定额人工费为计算基础，

根据工程所在地的省、自治区、直辖市或行业建设主管部门规定费率计算。社会保险费和住房公积金的计算公式为

$$\text{社会保险费和住房公积金} = \sum(\text{工程定额人工费} \times \text{社会保险费和住房公积金费率}) \tag{5-11}$$

式中：社会保险费和住房公积金费率可以每万元发承包价的生产工人人工费、管理人员工资含量和工程所在地规定的缴纳标准综合分析取定。

② 工程排污费。工程排污费等其他应列而未列入的规费应按工程所在地环境保护等部门规定的标准缴纳，按实际计取列入。

7. 税金

税金的计算公式为

$$\text{税金} = \text{税前造价} \times \text{综合税率} \tag{5-12}$$

式中：综合税率的计算分为以下几种情况。

① 对于纳税地点在市区的企业，其综合税率的计算公式为

$$\text{综合税率}(\%) = \frac{1}{1-3\%-(3\%\times7\%)-(3\%\times3\%)-(3\%\times2\%)}-1 \tag{5-13}$$

② 对于纳税地点在县城、镇的企业，其综合税率的计算公式为

$$\text{综合税率}(\%) = \frac{1}{1-3\%-(3\%\times5\%)-(3\%\times3\%)-(3\%\times2\%)}-1 \tag{5-14}$$

③ 对于纳税地点不在市区、县城、镇的企业，其综合税率的计算公式为

$$\text{综合税率}(\%) = \frac{1}{1-3\%-(3\%\times1\%)-(3\%\times3\%)-(3\%\times2\%)}-1 \tag{5-15}$$

④ 实行营业税改增值税的，按纳税地点现行税率计算。

5.2.2 建筑安装工程计价参考公式

1. 分部分项工程费

分部分项工程费的计算公式为

$$\text{分部分项工程费} = \sum(\text{分部分项工程量} \times \text{综合单价}) \tag{5-16}$$

式中：综合单价包括人工费、材料费、施工机具使用费、企业管理费和利润，以及一定范围的风险费用。

2. 措施项目费

国家计量规范规定应予计量的措施项目，其费用的计算公式为

$$措施项目费 = \sum(措施项目工程量 \times 综合单价) \quad (5-17)$$

国家计量规范规定不宜计量的措施项目，其费用计算公式为

① 安全文明施工费，其计算公式为

$$安全文明施工费=计算基数\times安全文明施工费费率 \quad (5-18)$$

式中：计算基数应为定额基价（定额分部分项工程费+定额中可以计量的措施项目费）、定额人工费（或定额人工费+定额机械费），安全文明施工费费率由工程造价管理机构根据各专业工程的特点综合确定。

② 夜间施工增加费，其计算公式为

$$夜间施工增加费=计算基数\times夜间施工增加费费率 \quad (5-19)$$

③ 二次搬运费，其计算公式为

$$二次搬运费=计算基数\times二次搬运费费率 \quad (5-20)$$

④ 冬雨季施工增加费，其计算公式为

$$冬雨季施工增加费=计算基数\times冬雨季施工增加费费率 \quad (5-21)$$

⑤ 已完工程及设备保护费，其计算公式为

$$已完工程及设备保护费=计算基数\times已完工程及设备保护费费率 \quad (5-22)$$

上述②~⑤项措施项目的计费基数应为定额人工费（或定额人工费+定额机械费），其费率由工程造价管理机构根据各专业工程特点和调查资料综合分析后确定。

3. 其他项目费

① 暂列金额由建设单位根据工程特点，按有关计价规定估算，施工过程中由建设单位掌握使用、扣除合同价款调整后如有余额，归建设单位。

② 计日工由建设单位和施工企业按施工过程中的签证计价。

③ 总承包服务费由建设单位在招标控制价中根据总包服务范围和有关计价规定编制，施工企业投标时自主报价，施工过程中按签约合同价执行。

4. 规费和税金

建设单位和施工企业均应按照省、自治区、直辖市或行业建设主管部门发布的标准计算规费和税金，不得作为竞争性费用。

随学随练

一、单选题

1. 施工企业根据企业自身需求并结合建筑市场实际自主确定（　　），将其列入报价中。

A. 利润　　B. 规费　　C. 税金　　D. 社会保险费

2. 国家计量规范规定应予计量的措施项目是（　　）。

A. 安全文明施工费　　B. 夜间施工增加费

C. 混凝土模板费　　D. 二次搬运费

3. 建设单位和施工企业均应按照省、自治区、直辖市或行业建设主管部门发布的标准计算（　　），不得作为竞争性费用。

A. 利润和规费　　B. 规费和税金　　C. 利润和税金　　D. 企业管理费

二、判断题

1. 工程计价定额不可只列一个综合工日单价，应根据工程项目技术要求和工种差别适当划分多种日人工单价，确保各分部工程人工费的合理构成。（　　）

2. 材料单价就是指材料原价。（　　）

3. 工程设备单价要包含设备原价、运杂费和采购保管费。（　　）

三、填空题

1. 计日工由建设单位和施工企业按施工过程中的____计价。

2. 总承包服务费由建设单位在招标控制价中根据总包服务范围和有关计价规定编制，施工企业投标时自主报价，施工过程中按签约____价执行。

5.2　随学随练答案

5.3　建筑安装工程费用计算程序

建筑安装工程费用计算程序亦称建筑安装工程计价程序，是指计算建筑安装工程造价有规律的顺序。

建筑安装工程费用计算程序没有全国统一的格式，一般由省、自治区、直辖市工程造价主管部门结合本地区具体情况确定。

根据《住房城乡建设部 财政部关于印发〈建筑安装工程费用项目组成〉的通知》（建标〔2013〕44 号）精神，建筑安装工程计价可按表 5-1、表 5-2 和表 5-3 所示的程序进行。

表 5-1 建设单位工程招标控制价计价程序

工程名称：　　　　　　　　　　　　标段：

序号	内容	计算方法	金额/元
1	分部分项工程费	按计价规定计算	
2	措施项目费	按计价规定计算	
2.1	其中：安全文明施工费	按规定标准计算	
3	其他项目费		
3.1	其中：暂列金额	按计价规定估算	
3.2	其中：专业工程暂估价	按计价规定估算	
3.3	其中：计日工	按计价规定估算	
3.4	其中：总承包服务费	按计价规定估算	
4	规费	按规定标准计算	
5	税金（扣除不列入计税范围的工程设备金额）	（1+2+3+4）×规定税率	
招标控制价合计=1+2+3+4+5			

表 5-2 施工企业工程投标报价计价程序

工程名称：　　　　　　　　　　　　标段：

序号	内容	计算方法	金额/元
1	分部分项工程费	自主报价	
2	措施项目费	自主报价	
2.1	其中：安全文明施工费	按规定标准计算	
3	其他项目费		
3.1	其中：暂列金额	按招标文件提供金额计列	
3.2	其中：专业工程暂估价	按招标文件提供金额计列	
3.3	其中：计日工	自主报价	
3.4	其中：总承包服务费	自主报价	
4	规费	按规定标准计算	
5	税金（扣除不列入计税范围的工程设备金额）	（1+2+3+4）×规定税率	
投标报价合计=1+2+3+4+5			

表 5-3　竣工结算计价程序

工程名称：　　　　　　　　　　　　　　　　　　　标段：

序号	汇总内容	计算方法	金额（元）
1	分部分项工程费	按合同约定计算	
2	措施项目	按合同约定计算	
2. 1	其中：安全文明施工费	按规定标准计算	
3	其他项目		
3. 1	其中：专业工程结算价	按合同约定计算	
3. 2	其中：计日工	按计日工签证计算	
3. 3	其中：总承包服务费	按合同约定计算	
3. 4	其中：索赔与现场签证	按发承包双方确认数额计算	
4	规费	按规定标准计算	
5	税金（扣除不列入计税范围的工程设备金额）	（1+2+3+4）×规定税率	
竣工结算总价合计＝1+2+3+4+5			

上述计价程序在工程造价确定过程中的具体应用还应与《建设工程工程量清单计价规范》（GB 50500—2013）及各地区的规定相结合。

本单元小结

本单元是根据《住房城乡建设部 财政部关于印发〈建筑安装工程费用项目组成〉的通知》（建标〔2013〕44 号）的文件精神，进行建筑安装工程造价计算的介绍。

建筑安装工程造价按照费用构成要素划分，由人工费、材料（包含工程设备，下同）费、施工机具使用费、企业管理费、利润、规费和增值税组成。

建筑安装工程造价按照工程造价形成划分，由分部分项工程费、措施项目费、其他项目费、规费、增值税组成。

建筑安装工程计价计算程序没有全国统一的格式，一般由省、自治区、直辖市工程造价主管部门结合本地区具体情况确定。

单元6 UNIT 6

招标控制价编制实例

本单元为一个完整的工程招标控制价的编制实例，需要4个小时的有效时间来学习，学习周期为1周。

学习目标

知识点	教学目标	技能要点
招标控制价的编制步骤与方法	掌握综合单价分析表的编制方法	能够完成招标工程量清单计算并编制招标控制价

引例

某工程建筑面积为1 800 m^2，檐口高度12 m，基础为无梁式满堂基础，地下室外墙为钢筋混凝土剪力墙，满堂基础平面布置图如图6-1所示，基础及剪力墙剖面图如图6-2所示。混凝土采用预拌混凝土，强度等级如下：基础垫层为C15，满堂基础、混凝土墙均为C30。分部分项工程和单价措施项目表见表6-1。招标文件规定：土类别为三类土，所挖全部土方场内弃土，运距为50 m，基坑夯实回填，挖、填土方计算均按天然夯实土体积计算。

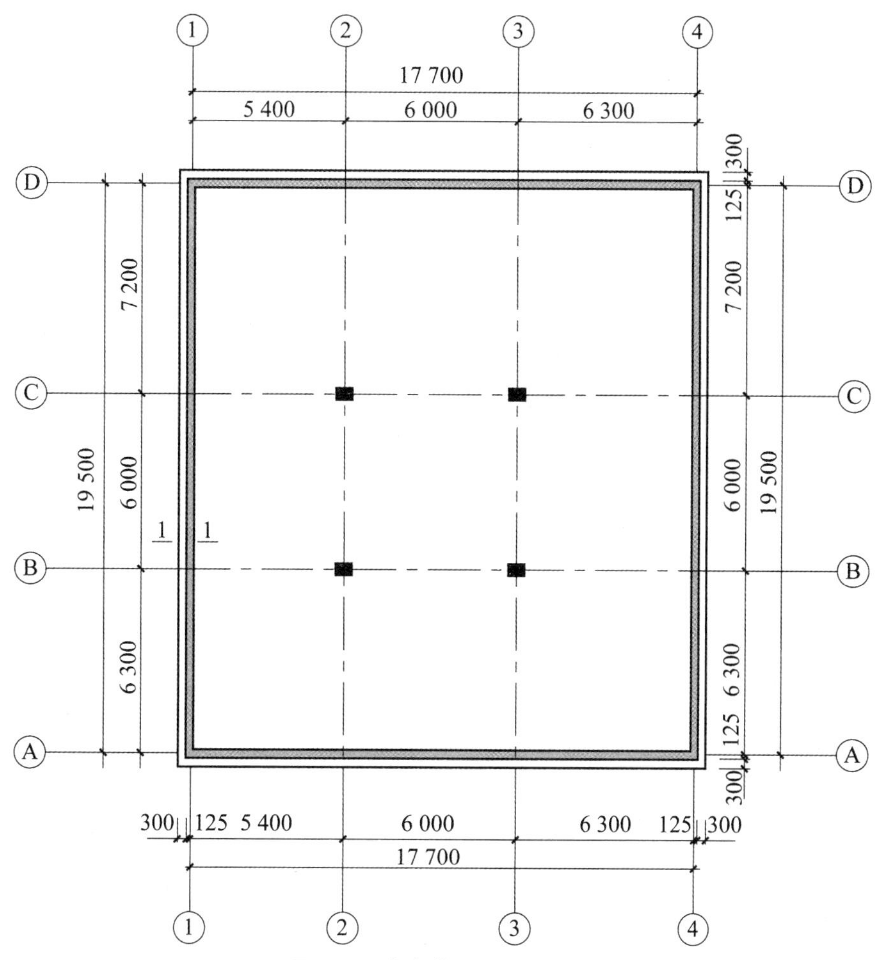

图 6-1　满堂基础平面布置图

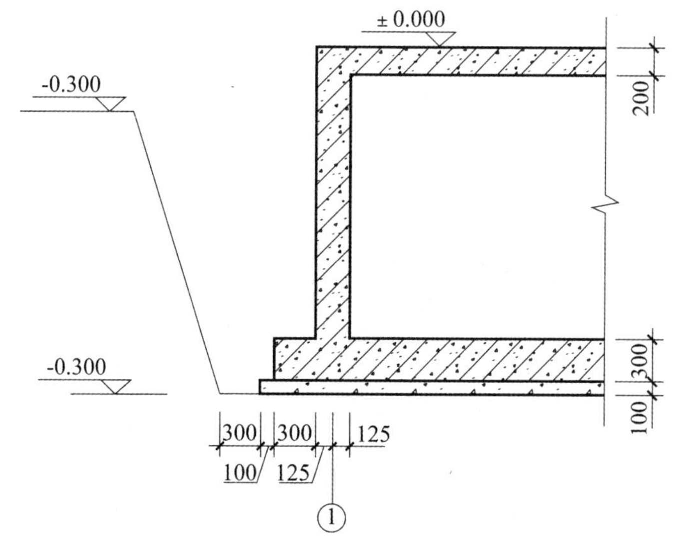

图 6-2　基础及剪力墙剖面图

表 6-1　分部分项工程和单价措施项目表

序号	项目编码	项目名称	项目特征	计量单位	计算过程	工程量
1	010101002001	挖一般土方	1. 土壤类别：三类土； 2. 挖土深度：3.9 m； 3. 夯土运距：场内堆放运距为 50 m	m^3		
2	010103001001	回填土方	1. 密实度要求：符合规范要求； 2. 填方运距：50 m	m^3		
3	010501001001	基础垫层	1. 混凝土种类：预拌混凝土； 2. 混凝土强度等级：C15	m^3		
4	010501004001	满堂基础	1. 混凝土种类：预拌混凝土； 2. 混凝土强度等级：C30	m^3		
5	010504001001	直行墙	1. 混凝土种类：预拌混凝土； 2. 混凝土强度等级：C30	m^3		
6	010515001001	现浇构件钢筋	1. 钢筋种类：带肋钢筋 HRB400； 2. 钢筋型号：Φ 22	t		
7	011702001001	垫层模板	复合模板	m^2		
8	011702001002	满堂基础模板	复合模板木支撑	m^2		
9	011702011001	直行墙模板	复合模板钢支撑	m^2		
10	011701001001	综合脚手架	1. 建筑结构形式：地上框架、地下室剪力墙结构； 2. 檐口高度：12 m	m^2		
11	011703001001	垂直运输机械	1. 建筑结构形式：地上框架、地下室剪力墙结构； 2. 檐口高度：12 m； 3. 层数：3 层	m^2		
12		其他工程	略			

《房屋建筑与装饰工程工程量计算规范》（GB 50854—2013）附录节选

本单元导读

招标控制价是招标人根据国家或省级行业建设主管部门颁发的有关计价依据和办法，按设计施工图纸计算的，对招标工程限定的最高工程造价。《建设工程工程量清单计价规范》（GB 50500—2013）规定国有资金投资的工程建设项目应实行工程量清单招标，并应编制招标控制价。本单元以一个完整的招标控制价编制实例，介绍了招标控制价编制的流程和方法。

6.1 招标工程量清单计算

根据图 6-1、图 6-2 的内容和《房屋建筑与装饰工程工程量计算规范》（GB 50854—2013），计算出招标工程量清单。

分部分项工程和单价措施项目工程量计算表见表 6-2。

表 6-2 分部分项工程和单价措施项目工程量计算表

序号	项目编码	项目名称	项目特征	计量单位	计算过程	工程量
1	010101002001	挖一般土方	1. 土壤类别：三类土； 2. 挖土深度：3.9 m； 3. 夯土运距：场内堆放运距为 50 m	m^3	(17.7+0.25+0.3×2+0.1×2)×(19.5+0.25+0.3×2+0.1×2)×3.9≈1 502.72	1 502.72
2	010103001001	回填土方	1. 密实度要求：符合规范要求； 2. 填方运距：50 m	m^3	1 502.72-38.53-113.25-(17.7+0.25)×(19.5+0.25)×(3.9-0.1-0.3)≈110.15	110.15
3	010501001001	基础垫层	1. 混凝土种类：预拌混凝土； 2. 混凝土强度等级：C15	m^3	(17.7+0.25+0.3×2+0.1×2)×(19.5+0.25+0.3×2+0.1×2)×0.1≈38.53	38.53
4	010501004001	满堂基础	1. 混凝土种类：预拌混凝土； 2. 混凝土强度等级：C30	m^3	(17.7+0.25+0.3×2)×(19.5+0.25+0.3×2)×0.3≈113.25	113.25
5	010504001001	直行墙	1. 混凝土种类：预拌混凝土； 2. 混凝土强度等级：C30	m^3	(17.7×2+19.5×2)×0.25×(4.2-0.1-0.3)=70.68	70.68
6	010515001001	现浇构件钢筋	1. 钢筋种类：带肋钢筋 HRB400； 2. 钢筋型号：Φ 22	t		28.96
7	011702001001	垫层模板	复合模板	m^2	(18.75+20.55)×2×0.1=7.86	7.86
8	011702001002	满堂基础模板	复合模板木支撑	m^2	(18.55+20.35)×2×0.3=23.34	23.34
9	011702011001	直行墙模板	复合模板钢支撑	m^2	(17.7+0.25+19.5+0.25)×2×3.8+(17.7-0.25+19.5-0.25)×2×3.6=550.76	550.76

续表

序号	项目编码	项目名称	项目特征	计量单位	计算过程	工程量
10	011701001001	综合脚手架	1. 建筑结构形式：地上框架、地下室剪力墙结构； 2. 檐口高度：12 m	m^2	建筑面积：1 800	1 800
11	011703001001	垂直运输机械	1. 建筑结构形式：地上框架、地下室剪力墙结构； 2. 檐口高度：12 m； 3. 层数：3 层	m^2	建筑面积：1 800	1 800
12		其他工程	略			

6.2 定额工程量计算

若本工程所在省的《房屋建筑与装饰工程消耗量定额》规定，挖一般土方的工程量按设计图示垫层尺寸，另加工作面宽度和土方放坡宽度的底面积乘以开挖深度，以体积计算；基础上方放坡，自垫层底标高算起。混凝土垫层支模板的工作面均为每边 300 mm，三类土放坡起点深度为 1.5 m。采用机械坑内挖土放坡坡度为 1∶0.25。

计算编制招标控制价时，机械挖一般土方和回填土方的定额工程量。

（1）机械挖一般土方定额工程量

放坡的基坑土方如图 6-3 所示。

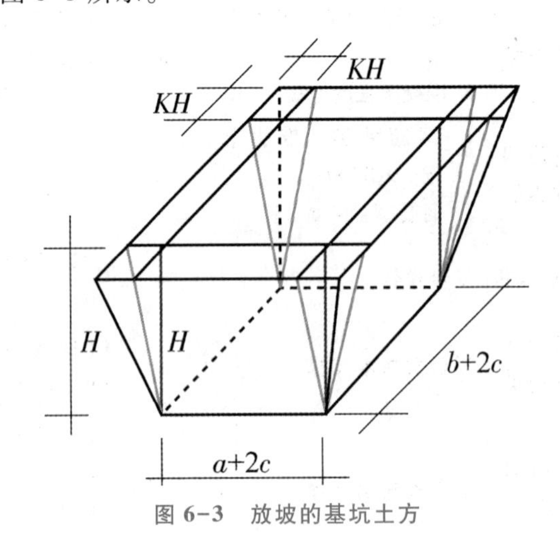

图 6-3　放坡的基坑土方

放坡的基坑土方体积的计算公式为

$$V=(a+2c+KH)\times(b+2c+KH)\times H+\frac{1}{3}K^2H^3$$

式中：a——基础垫层底宽；

b——基础垫层底长；

c——工作面宽度；

H——挖土深度；

K——放坡系数。

根据上述公式计算放坡的基坑土方体积。

基础垫层底宽＝17.7+（0.125+0.3+0.1）×2＝18.75（m）

基础垫层底长＝19.5+（0.125+0.3+0.1）×2＝20.55（m）

挖土深度＝4.2−0.3＝3.9（m）

放坡系数＝0.25

挖土体积＝$(18.75+2\times0.3+0.25\times3.9)\times(20.55+2\times0.3+0.25\times3.9)\times3.9+\frac{1}{3}\times0.25^2\times3.9^3$

$\approx 1\ 755.03\ (m^3)$

（2）场内运土工程量

全部外运 50 m 堆放 1 755.03 m^3。

（3）土方回填定额工程量

挖一般土方量＝1 502.72（m^3）

回填土方量＝110.15（m^3）

室外地坪以下埋设物体积＝挖一般土方量−回填土方量

＝1 502.72−110.15

＝1 392.57（m^3）

土方回填定额工程量＝机械挖一般土方定额工程量−室外地坪以下埋设物体积

＝1755.03−1392.57

＝362.46（m^3）

（4）取土回填工程量

取土回填工程量＝362.46（m^3）

6.3　综合单价计算

《房屋建筑与装饰工程消耗量定额》（节选）见表 6-3，工程造价信息价格及市场资源价格表如表 6-4 所示，单价措施项目消耗量定额费用表（除税）如表 6-5 所示。官方发布的管理费率和利润率分别为定额人工费的 30% 和 20%。招标工程量清单中已经明确所有现浇构件钢筋的暂估单价均为 3 000 元/吨，钢筋的暂估总价为 280 000 元。该省《房屋建筑与装饰工程消耗量定额》中的满堂基础垫层、满堂基础、混凝土墙、综合脚手架、垂直运输的工程量计算规则与《房屋建筑与装饰工程工程量计算规范》（GB 50854—2013）中的计算规则相同。除上述已计算的内容外，该工程其他的分部分项工程费和单价措施项目费分别为 2 000 000 元和 100 000 元。上述价格和费用均不包含增值税可抵扣进项税额。

请计算该工程的各分部分项工程清单项目和各单价措施项目的综合单价，编制挖一般土方、混凝土满堂基础、钢筋等三个分部分项工程项目的综合单价分析表，并完成分部分项工程和单价措施项目清单与计价表。

表 6-3 《房屋建筑与装饰工程消耗量定额》（节选） 单位：10 m^3

定额编号			1-47	1-63	1-133	5-1	5-8	5-24	5-95
项目		单位	挖掘机挖装一般土方	机动翻斗车运土方 ≤100 m	机械夯填土	混凝土垫层	满堂基础（无梁式）	混凝土直行墙	现浇构件钢筋 22 t
人工	普工	工日	0.266		0.852	1.111	0.761	1.241	1.350
	一般技工	工日				2.221	1.522	2.482	2.700
	高级技工	工日				0.370	0.254	0.414	0.450
材料	预拌混凝土 C15	m^3				10.100			
	预拌混凝土 C30	m^3					10.100	9.825	
	塑料薄膜	m^2				47.775	25.095		
	土工布	m^2						0.703	
	水	m^3				3.950	1.520	0.690	0.093
	电	kW·h				2.310	2.310	3.660	
	预拌水泥砂浆	m^3						0.275	
	钢筋 HRB400 以内Φ 22	t							1.025
	镀锌铁丝 Φ 0.7	kg							1.600
	低合金钢焊条	kg							4.800
机械	混凝土抹平机	台班					0.030		
	履带式推土机 75 kW	台班	0.022						
	履带式单斗液压挖掘机 1 m^3	台班	0.024						
	机动翻斗车 1 t	台班		0.584					
	电动夯实机 250 N·m	台班			0.955				
	钢筋切断机 40 mm	台班							0.090
	钢筋弯曲机 40 mm	台班							0.180
	直流弧焊机 32 kV·A	台班							0.400
	对焊机 75 kV·A	台班							0.060
	电焊条烘干箱 45 cm×35 cm×45 cm	台班							0.040

表 6-4　工程造价信息价格及市场资源价格表

序号	资源名称	单位	除税单价/元	序号	资源名称	单位	除税单价/元
1	普工	工日	60.00	13	混凝土抹平机	台班	41.56
2	一般技工	工日	80.00	14	履带式推土机 75 kW	台班	858.54
3	高级技工	工日	110.00	15	履带式单斗液压挖掘机 1 m^3	台班	1 202.91
4	预拌混凝土 C15	m^3	300.00	16	机动翻斗车 1 t	台班	161.22
5	预拌混凝土 C30	m^3	360.00	17	自卸汽车 15 t	台班	985.32
6	塑料薄膜	m^2	2.50	18	电动夯实机 250 N·m	台班	67.36
7	土工布	m^2	2.80	19	钢筋切断机 40 mm	台班	45.46
8	水	m^3	4.40	20	钢筋弯曲机 40 mm	台班	25.27
9	电	kW·h	0.90	21	直流弧焊机 32 kV·A	台班	109.56
10	预拌水泥砂浆	m^3	420.00	22	对焊机 75 kV·A	台班	135.08
11	镀锌铁丝 φ0.7	kg	8.57	23	电焊条烘干箱 45 cm×35 cm×45 cm	台班	14.74
12	低合金钢焊条	kg	10.50				

表 6-5　单价措施项目消耗量定额费用表（除税）

定额编号	项目名称	计量单位	人工费/元	材料费/元	施工机具使用费/元
17-21	基础垫层复合模板	m^2	13.70	26.69	0.62
17-25	满堂基础复合模板木支撑	m^2	17.89	35.12	1.26
17-36	混凝土直行墙复合模板钢支撑	m^2	19.25	45.79	2.39
17-9	综合脚手架	m^2	24.69	15.02	4.01
17-76	垂直运输机械	m^2	1.04	0.00	35.43

解：（1）挖一般土方清单综合单价计算

①挖。查表 6-3 选 1-47 找到人、材、机消耗量；

查表 6-4 找到人、材、机资源价格；

计算：人工费 = 0.266×60 = 15.96（元/10 m^3）

材料费无

施工机具使用费 = 0.022×858.54+0.024×1 202.91 ≈ 47.76（元/10 m^3）

管理费和利润 = 15.96×（20%+30%）= 7.98（元/10 m^3）

合计 = 71.70（元/10 m^3）

②运。查表 6-3 选 1-63 找到人、材、机消耗量；

查表 6-4 找到人、材、机资源价格；

计算：人工费无

材料费无

施工机具使用费=0.584×161.22≈94.15（元/10 m³）

管理费和利润无

合计=94.15（元/10 m³）

清单单位含量=某工程内容的定额工程量/清单工程量

以下简化为：清单含量=定额工程量/清单工程量

挖、运清单每立方米含量=1 755.03÷1 502.72÷10≈0.117

特别提示

此案例定额计量单位为10 m³，所以计算清单单位含量时需除10。

挖一般土方清单综合单价=71.70×0.117+94.15×0.117≈19.40（元/立方米）

挖一般土方综合单价分析表见表6-6。

表6-6　挖一般土方综合单价分析表

<table>
<tr><td>项目编码</td><td colspan="2">010101002001</td><td colspan="2">项目名称</td><td colspan="2">挖一般土方</td><td colspan="2">计量单位</td><td>m³</td><td>工程量</td><td>1 502.72</td></tr>
<tr><td colspan="12">清单综合单价组成明细</td></tr>
<tr><td rowspan="2">定额编号</td><td rowspan="2">定额名称</td><td rowspan="2">定额单位</td><td rowspan="2">数量</td><td colspan="4">单价/元</td><td colspan="4">合价/元</td></tr>
<tr><td>人工费</td><td>材料费</td><td>机械费</td><td>管理费和利润</td><td>人工费</td><td>材料费</td><td>机械费</td><td>管理费和利润</td></tr>
<tr><td>1-47</td><td>挖掘机挖装一般土方</td><td>10 m³</td><td>0.117</td><td>15.96</td><td></td><td>47.76</td><td>7.98</td><td>1.87</td><td></td><td>5.59</td><td>0.93</td></tr>
<tr><td>1-63</td><td>机动翻斗车运土方</td><td>10 m³</td><td>0.117</td><td></td><td></td><td>94.15</td><td></td><td></td><td></td><td>11.02</td><td></td></tr>
<tr><td colspan="2">人工单价</td><td colspan="6">小计</td><td>1.87</td><td></td><td>16.61</td><td>0.93</td></tr>
<tr><td colspan="2">60、80、110元/工日</td><td colspan="6">未计材料费/元</td><td colspan="4"></td></tr>
<tr><td colspan="7">清单综合单价/（元/立方米）</td><td colspan="5">19.41</td></tr>
<tr><td rowspan="4">材料费明细</td><td colspan="3">主要材料名称、规格、型号</td><td>单位</td><td colspan="2">数量</td><td>单价/元</td><td>合价/元</td><td>暂估单价/元</td><td colspan="2">暂估合价/元</td></tr>
<tr><td colspan="3"></td><td></td><td colspan="2"></td><td></td><td></td><td></td><td colspan="2"></td></tr>
<tr><td colspan="6">其他材料费</td><td></td><td></td><td></td><td colspan="2"></td></tr>
<tr><td colspan="6">材料费小计</td><td></td><td></td><td></td><td colspan="2"></td></tr>
</table>

（2）土方回填清单综合单价计算

① 运土。查表6-3选1-63找到人、材、机消耗量；

查表6-4找到人、材、机资源价格；

计算：人工费无

材料费无

机械费=0.584×161.22≈94.15（元/10 m³）

管理费和利润：无

合计 = 94.15（元/10 m^3）

② 填土。查表 6-3 选 1-133 找到人、材、机消耗量；

查表 6-4 找到人、材、机资源价格；

计算：人工费 = 0.852×60 = 51.12（元/10 m^3）

材料费无

机械费 = 0.955×67.36≈64.33（元/10 m^3）

管理费和利润：51.12×（20%+30%）= 25.56（元/10 m^3）

合计 = 141.01（元/10 m^3）

清单含量 = 定额工程量/清单工程量

运、填清单含量 = 362.46÷110.15÷10≈0.329

土方回填清单综合单价 = 94.15×0.329+141.01×0.329≈77.37（元/立方米）

（3）混凝土垫层清单综合单价计算

查表 6-3 选 5-1 找到人工、材料、机械的消耗量，查表 6-4 可得人工、材料、机械的资源价格。计算：

①人工费 = 1.111×60+2.221×80+0.37×110 = 285.04（元/10 m^3）

②材料费 = 10.1×300+47.775×2.5+3.95×4.4+2.31×0.9≈3 168.90（元/10 m^3）

③机械费无

④管理费和利润 = 285.04×（20%+30%）= 142.52（元/10 m^3）

合计 = 3 596.46（元/10 m^3）

清单含量 = 定额工程量/清单工程量 = 1/10 = 0.100

混凝土垫层清单综合单价 = 3 596.46×0.1≈359.65（元/立方米）

（4）混凝土满堂基础清单综合单价计算

查表 6-3 选 5-8 找到人工、材料、机械的消耗量，查表 6-4 可得人工、材料、机械的资源价格。计算：

① 人工费 = 0.761×60+1.522×80+0.254×110 = 195.36（元/10 m^3）

② 材料费 = 10.1×360+25.095×2.5+1.52×4.4+2.31×0.9 = 3 707.50（元/10 m^3）

③ 机械费 = 0.03×41.56≈1.25（元/10 m^3）

④ 管理费和利润 = 195.36 ×（20%+30%）= 97.68（元/10 m^3）

合计 = 4 001.79（元/10 m^3）

清单含量 = 定额工程量/清单工程量 = 1/10 = 0.100

混凝土满堂基础清单综合单价 = 4 001.79×0.1≈400.18（元/立方米）

混凝土满堂基础综合单价分析表如表 6-7 所示。

表 6-7 混凝土满堂基础综合单价分析表

<table>
<tr><td>项目编码</td><td colspan="2">010501002001</td><td colspan="2">项目名称</td><td colspan="2">混凝土满堂基础</td><td colspan="2">计量单位</td><td>m³</td><td>工程量</td><td>110.15</td></tr>
<tr><td colspan="12">清单综合单价组成明细</td></tr>
<tr><td rowspan="2">定额编号</td><td rowspan="2">定额名称</td><td rowspan="2">定额单位</td><td rowspan="2">数量</td><td colspan="4">单价/元</td><td colspan="4">合价/元</td></tr>
<tr><td>人工费</td><td>材料费</td><td>机械费</td><td>管理费和利润</td><td>人工费</td><td>材料费</td><td>机械费</td><td>管理费和利润</td></tr>
<tr><td>5-8</td><td>满堂基础</td><td>10 m³</td><td>0.100</td><td>195.36</td><td>3707.50</td><td>1.25</td><td>97.68</td><td>19.54</td><td>370.75</td><td>9.13</td><td>9.77</td></tr>
<tr><td colspan="2">人工单价</td><td colspan="6">小计</td><td>19.54</td><td>370.75</td><td>9.13</td><td>9.77</td></tr>
<tr><td colspan="2">60、80、110 元/工日</td><td colspan="6">未计材料费/元</td><td colspan="4"></td></tr>
<tr><td colspan="7">清单综合单价（元/立方米）</td><td colspan="5">400.19</td></tr>
<tr><td rowspan="5">材料费明细</td><td>主要材料名称、规格、型号</td><td>单位</td><td>数量</td><td>单价/元</td><td>合价/元</td><td>暂估单价/元</td><td colspan="5">暂估合价/元</td></tr>
<tr><td>预拌混凝土 C30</td><td>m³</td><td>1.010 0</td><td>360</td><td>363.60</td><td></td><td colspan="5"></td></tr>
<tr><td>塑料薄膜</td><td>m²</td><td>2.509 5</td><td>2.5</td><td>6.27</td><td></td><td colspan="5"></td></tr>
<tr><td colspan="3">其他材料费</td><td></td><td>0.88</td><td></td><td colspan="5"></td></tr>
<tr><td colspan="3">材料费小计</td><td></td><td>370.75</td><td></td><td colspan="5"></td></tr>
</table>

（5）混凝土墙清单综合单价计算

查表 6-3 选 5-24 找到人工、材料、机械的消耗量，查表 6-4 可得人工、材料、机械的资源价格。计算：

① 人工费 = 1.241×60+2.482×80+0.414×110 = 318.56（元/10 m³）

② 材料费 = 9.825×360+0.703×2.8+0.69×4.4+3.66×0.9+0.275×420 ≈ 3 660.80（元/10 m³）

③ 机械费无

④ 管理费和利润 = 318.56×（20%+30%）= 159.28（元/10 m³）

合计 = 4 138.64（元/10 m³）

清单含量 = 定额工程量/清单工程量 = 1/10 = 0.100

混凝土墙清单综合单价 = 4138.64×0.1 ≈ 413.86（元/立方米）

（6）现浇构件钢筋综合单价计算

查表 6-3 选 5-95 找到人工、材料、机械的消耗量，查表 6-4 可得人工、材料、机械的资源价格。计算：

① 人工费 = 1.35×60+2.7×80+0.45×110 = 346.50（元/吨）

② 材料费 = 0.093×4.4+1.025×3 000+1.6×8.57+4.8×10.5 ≈ 3 139.52（元/吨）

③ 机械费 = 0.09×45.46+0.18×25.27+0.4×109.56+0.06×135.08+0.04×14.74 ≈ 61.16（元/吨）

④ 管理费和利润 = 346.50×（20%+30%）= 173.25（元/吨）

合计 = 3 720.43（元/吨）

清单含量 = 定额工程量/清单工程量 = 1/1 = 1.000

现浇构件钢筋综合单价=3 720.43（元/吨）

现浇构件钢筋综合单价分析表见表 6-8。

表 6-8　现浇构件钢筋综合单价分析表

项目编码	010515001001	项目名称		现浇构件钢筋		计量单位		t		工程量	28.96
清单综合单价组成明细											
定额编号	定额名称	定额单位	数量	单价/元				合价/元			
				人工费	材料费	机械费	管理费和利润	人工费	材料费	机械费	管理费和利润
5-95	带肋钢筋 HRB400 22	t	1.000	346.50	3 139.52	61.16	173.25	346.50	3 139.52	61.16	173.25
人工单价		小计						346.50	3 139.52	61.16	173.25
60、80、110 元/工日		未计材料费/元									
清单项目综合单价/（元/立方米）								3 720.43			
材料费明细	主要材料名称、规格、型号	单位	数量	单价/元	合价/元	暂估单价/元		暂估合价/元			
	钢筋 HRB400 以内Φ 22	t	1.025			3 000.00		3 075.00			
	低合金钢焊条 E43 系列	kg	4.800	10.50	50.40						
	其他材料费				14.12						
	材料费小计				64.52			3 075.00			

查表 6-5，计算如下措施项目综合单价：

（7）垫层模板综合单价=13.7+26.69+0.62+13.7×50%=47.86（元/平方米）

（8）基础模板综合单价=17.89+35.12+1.26+17.89×50%≈63.22（元/平方米）

（9）墙模板综合单价=19.25+45.79+2.39+19.25×50%≈77.06（元/平方米）

（10）脚手架综合单价=24.69+15.02+4.01+24.69×50%≈56.07（元/平方米）

（11）垂直运输综合单价=1.04+35.43+1.04×50%=36.99（元/平方米）

分部分项工程和单价措施项目清单与计价表见表 6-9。

表 6-9　分部分项工程和单价措施项目清单与计价表

序号	项目编码	项目名称	项目特征描述	计量单位	工程量	金额/元		
						综合单价	合价	其中：暂估价
一	分部分项工程							
1	010101002001	挖一般土方	1. 土壤类别：三类土； 2. 挖土深度：3.9 m； 3. 夯土运距：场内堆放运距为 50 m	m^3	1 502.72	19.41	29 167.80	
2	010103001001	回填土方	1. 密实度要求：符合规范要求； 2. 填方运距：50 m	m^3	110.15	77.37	8 522.31	

续表

序号	项目编码	项目名称	项目特征描述	计量单位	工程量	金额/元		
						综合单价	合价	其中：暂估价
一	分部分项工程							
3	010501001001	基础垫层	1. 混凝土种类：预拌混凝土； 2. 混凝土强度等级：C15	m^3	38.53	359.65	13 857.31	
4	010501004001	满堂基础	1. 混凝土种类：预拌混凝土； 2. 混凝土强度等级：C30	m^3	113.25	400.18	45 320.39	
5	010504001001	直行墙	1. 混凝土种类：预拌混凝土； 2. 混凝土强度等级：C30	m^3	70.68	413.86	29 251.62	
6	010515001001	现浇构件钢筋	1. 钢筋种类：带肋钢筋 HRB400； 2. 钢筋型号：22	t	28.96	3 720.43	107 743.65	89 052.00
7		其他工程	（略）				2 000 000.00	
	分部分项工程小计						2 233 863.08	
二	单价措施项目							
1	011702001001	垫层模板	复合模板	m^2	7.86	47.86	376.18	
2	011702001002	满堂基础模板	复合模板木支撑	m^2	23.34	63.22	1 475.55	
3	011702011001	直行墙模板	复合模板钢支撑	m^2	550.76	77.06	42 441.57	
4	011701001001	综合脚手架	1. 建筑结构形式：地上框架、地下室剪力墙结构； 2. 檐口高度：12 m	m^2	1 800	56.07	100 926	
5	011703001001	垂直运输机械	1. 建筑结构形式：地上框架、地下室剪力墙结构； 2. 檐口高度：12 m； 3. 层数：3层	m^2	1 800	36.99	66 582	
6		其他单价措施项目	（略）				100 000.00	
	单价措施项目小计						311 801.30	
	分部分项工程和单价措施项目合计						2 545 664.38	

特别提示

现浇构件钢筋的暂估单价均为 3 000 元/吨，钢筋用量 28.96 t，定额消耗量为 1.025，则其钢筋暂估价 = 3 000×28.96×1.025 = 89 052.00（元）。

若编制招标工程量清单时，单价措施项目中模板项目的清单不单独列项，按《房屋建筑与装饰工程工程量计算规范》（GB 50854—2013）中工作内容的要求，模板费综合在相应混凝土分部分项的单价中，根据以上计算结果，列式计算包含各自模板费用的混凝土垫层、满堂基础、直行墙等三个分部分项工程的综合单价。

① 含模板费用的混凝土垫层综合单价 = 混凝土垫层综合单价 + 垫层模板合价/基础垫层工程量
= 359.65 + 376.18/38.53 ≈ 369.41（元/立方米）

② 含模板费用的混凝土基础综合单价 = 混凝土满堂基础综合单价 + 满堂基础模板合价/满堂基础工程量
= 400.19 + 1 475.55/113.25 ≈ 413.22（元/立方米）

③ 含模板费用的混凝土墙综合单价 = 直行墙综合单价 + 直行墙模板合价/直行墙工程量
= 413.86 + 42 441.57/70.68 ≈ 1 014.33（元/立方米）

随学随练

1. 编制土方回填分部分项工程项目的综合单价分析表。
2. 编制混凝土基础垫层分部分项工程项目的综合单价分析表。
3. 编制混凝土直行墙分部分项工程项目的综合单价分析表。

6.3 随学随练答案

6.4 总价措施项目清单与计价

若该工程的分部分项工程中的人工费为 403 200 元，则单价措施项目中的人工费为 60 000 元。总价措施项目清单见表 6-10，安全文明施工费、夜间施工增加费、二次搬运费、冬雨期施工增加费、已完工程及设备保护费等以分部分项工程中的人工费作为计取基数，费率分别为 25%、3%、2%、1%、1.2%，总价措施费中的人工费含量为 20%。

编制该工程的总价措施项目清单与计价表。

表 6-10 总价措施项目清单

项目编码	项目名称	项目编码	项目名称
011707001	安全文明施工费（含环境保护、文明施工、安全施工、临时设施）	011707005	冬雨期施工增加费
011707002	夜间施工增加费	011707007	已完工程及设备保护费
011707004	二次搬运费		

总价措施项目费 = 403 200×（25% +3% +2% +1% +1.2%）= 129 830.40（元）
其中，人工费 = 129 830.40×20% = 25 966.08（元）

该工程的总价措施项目清单与计价表见表 6-11。

表 6-11 该工程的总价措施项目清单与计价表

序号	项目编码	项目名称	计算基础/元	费率	金额/元	调整费率%	调整后金额/元
1	011707001	安全文明施工费（含环境保护、文明施工、安全施工、临时设施）	403 200	25%	100 800.00		
2	011707002	夜间施工增加费	403 200	3%	12 096.00		
3	011707004	二次搬运费	403 200	2%	8 064.00		
4	011707005	冬雨期施工增加费	403 200	1%	4 032.00		
5	011707007	已完工程及设备保护费	403 200	1.2%	4 838.40		
合计					129 830.40		

6.5 其他项目清单与计价

若本工程招标工程量清单的其他项目清单中已明确：暂列金额 300 000 元，发包人供应材料价值为 320 000 元（总承包服务费按 1%计取），专业工程暂估价 200 000 元（总承包服务费按 5%计取），计日工中暂估普工 10 个，综合单价为 180 元/工日，水泥 2.6 t，综合单价为 410 元/吨；中砂 10 m^3，综合单价为 220 元/立方米，灰浆搅拌机（400 L）2 个台班，综合单价为 30.50 元/台班。

编制该工程的其他项目清单与计价表。

计日工金额 = 10×180+2.6×410+10×220+2×30.5 = 5 127.00（元）

总承包服务费 = 200 000×5% +320 000×1% = 13 200.00（元）

该工程的其他项目清单与计价汇总表见表 6-12。

表 6-12　该工程的其他项目清单与计价汇总表

序号	子目名称	计量单位	金额/元	结算金额/元	备注
1	暂列金额（不包括计日工）	元	300 000.00		
2	暂估价	元	200 000.00		不计入总价
2.1	材料和工程设备暂估价	元			
2.2	专业工程暂估价	元	200 000.00		
3	计日工	元	5 127.00		
4	总承包服务费 200 000×5% = 10 000.00（元） 320 000×1% = 3 200.00（元）	元	13 200.00		
	合计		518 327.00		

6.6　单位工程招标控制价

若该工程规费按分部分项工程和措施项目费中全部人工费的 26% 计取，则增值税税率为 9%。编制单位工程招标控制价汇总表，确定该单位工程的招标控制价。

综合前文的计算结果，该工程单位工程招标控制价汇总表见表 6-13。

表 6-13　该工程单位工程招标控制价汇总表

序号	项目名称	金额/元	其中：暂估价/元
1	分部分项工程	2 233 863.08	280 000.00
1.1	略		
……			
2	措施项目	441 631.70	
2.1	其中：安全文明施工费	100 800.00	—
3	其他项目	518 327.00	—
3.1	其中：暂列金额	300 000.00	—
3.2	其中：专业工程暂估价	200 000.00	—
3.3	其中：计日工	5 127.00	—
3.4	其中：总承包服务费	13 200.00	—
4	规费 =（403 200.00+60 000.00+25 966.08）×26%	127 183.18	—
5	税金 =（2 545 664.38+441 631.70+518 327.00+127 183.18）×9%	298 890.45	—
	招标控制价合计 = 1+2+3+4+5	3 619 895.41	

该工程单位工程招标控制价为 3 619 895.41 元。

特别提示

1. 措施项目费计算

根据6.3节中的计算结果，单价措施项目费为311 801.30元，根据6.4节中的计算结果，总价措施项目费为129 830.40元，

措施项目费=单价措施项目费+总价措施项目费
=311 801.30+129 830.40
=441 631.70(元)

2. 规费计算

根据6.4节中的内容，该工程的分部分项工程中的人工费为403 200元，单价措施项目中的人工费为60 000元，总价措施项目中的人工费为25 966.08元，

规费=(403 200.00+60 000.00+25 966.08)×26%≈127 183.18(元)

本单元小结

本单元是通过编制一个基础工程的招标控制价，完成了由量到价的计算。

其中清单综合单价计价思路：

清单综合单价 = 完成清单项目所需的方案总费用(或定额总费用)/清单量

方案总费用(或定额总费用) = ∑[完成清单需要的方案量(或定额量)×相应的方案单价(或定额单价)]

单位工程招标控制价汇总表如下表6-14所示。

表6-14 单位工程招标控制价汇总表

序号	项目名称	金额/元	其中：暂估价/元
1	分部分项工程		
1.1	其中：人工费		
……			
2	措施项目		
2.1	其中：安全文明施工费		—
2.2	其中：人工费		
3	其他项目		—
3.1	其中：暂列金额		—

续表

序号	项目名称	金额/元	其中：暂估价/元
3.2	其中：专业工程暂估价		—
3.3	其中：计日工		—
3.4	其中：总承包服务费		—
4	规费	(1.1+2.1) ×费率	—
5	税金	(1+2+3+4) ×税率	—
招标控制价合计		1+2+3+4+5	

References | 参考文献

［1］肖明和，简红，关永冰．建筑工程计量与计价［M］. 3版．北京：北京大学出版社，2015.

［2］夏占国，钟福新，张丽丽．建筑工程计量与计价［M］. 上海：上海交通大学出版社，2015.

［3］黄伟典，尚文勇．建筑工程计量与计价［M］. 大连：大连理工大学出版社，2012.

［4］袁建新．建筑工程计量与计价［M］. 重庆：重庆大学出版社，2014.

［5］丁春静．建筑工程计量与计价［M］. 3版．北京：机械工业出版社，2014.

［6］廖雯，孙璐．建筑工程计量与计价［M］. 西安：西安电子科技大学出版社，2013.

［7］张丽丽．建筑工程定额与预算［M］. 北京：煤炭工业出版社，2008.